U0228357

工业清洗工
职业技能培训系列教程

高压水射流清洗工
职业技能培训教程

GAOYASHUISHELIU QINGXIGONG
ZHIYE JINENG PEIXUN JIAOCHENG

中国工业清洗协会　组织编写
焦阳　主编

化学工业出版社
·北京·

内 容 简 介

本书将高压水射流清洗相关的操作规范、基础知识、专业技术、操作技能、施工经验、维修经验、改造经验、采购经验收集整理，在满足初、中、高级别清洗人员培训的同时，尽量为清洗同行提供翔实的施工方案、应急预案、设备鉴别、维修规范、改造方案等技术资料，希望可以起到清洗专用工具书的作用。

本书可作为清洗工培训用书，也可作为清洗行业工作人员的参考书。

图书在版编目（CIP）数据

高压水射流清洗工职业技能培训教程/中国工业清洗协会组织编写；焦阳主编.—北京：化学工业出版社，2021.9
工业清洗工职业技能培训系列教程
ISBN 978-7-122-39329-6

Ⅰ.①高…　Ⅱ.①中…②焦…　Ⅲ.①高压-液体射流-清洗-职业培训-教材　Ⅳ.①TB4

中国版本图书馆 CIP 数据核字（2021）第 111930 号

责任编辑：刘心怡　　　　　　　　　　　文字编辑：宋　旋　陈小滔
责任校对：王鹏飞　　　　　　　　　　　装帧设计：王晓宇

出版发行：化学工业出版社（北京市东城区青年湖南街 13 号　邮政编码 100011）
印　　装：大厂聚鑫印刷有限责任公司
710mm×1000mm　1/16　印张 19　字数 377 千字　　2021 年 11 月北京第 1 版第 1 次印刷

购书咨询：010-64518888　　　　　　　　售后服务：010-64518899
网　　址：http://www.cip.com.cn
凡购买本书，如有缺损质量问题，本社销售中心负责调换。

定　　价：65.00 元

序

加快技能人才队伍建设，是建设人才强国的重大举措，是解决就业结构性矛盾、稳定就业的必然选择。党的十九大报告指出，要"大规模开展职业技能培训""建设知识型、技能型、创新型劳动者大军"，为做好新时期的技能人才工作指明了前进方向。

2019 年 1 月 24 日，国务院印发《国家职业教育改革实施方案》，指出要"坚持以习近平新时代中国特色社会主义思想为指导，把职业教育摆在教育改革创新和经济社会发展中更加突出的位置。牢固树立新发展理念，服务建设现代化经济体系和实现更高质量更充分就业需要，对接科技发展趋势和市场需求，完善职业教育和培训体系"。

中国工业清洗协会自成立以来，就非常重视行业职业技能人才队伍的建设，专门设立职能部门从事职业技能教育培训工作，以持续不断地推进行业从业人员的技能提升和知识更新，自 2011 年至今，已培训从业人员上万人。 2015 年，由协会负责申报的"工业清洗工"正式纳入《中华人民共和国职业分类大典》（2015 版，简称《职业大典》），这是中国工业清洗行业从业人员的"职业身份"首次在国家职业分类层面上得以确认。《职业大典》中，"工业清洗工"职业目前包含"化学清洗工""高压水射流清洗工""锅炉清洗工""中央空调清洗工""清罐操作工"五个子工种。

为做好"工业清洗工"五个工种的职业技能培训工作，协会组建了工业清洗工职业技能培训系列教程编审委员会，计划立足于行业实际，根据多年职业技能培训教育积累的理论知识和实践经验，陆续出版《高压水射流清洗工职业技能培训教程》《化学清洗工职业技能培训教程》《中央空调清洗工职业技能培训教程》《储罐机械清洗工职业技能培训教程》《管道清洗工职业技能培训教程》等系列职业技能培训教程，并将根据行业发展的需要，进行新工种的培育和拓展。

希望广大行业从业者能够从本系列教程中汲取知识、学以致用。让我们不断创新，开拓进取，为工业清洗行业"知识型、技能型、创新型"技能人才队伍的建设共同努力！

赵智科

2021 年 2 月

前　言

有些人认为高压水射流清洗是又脏又累、技术含量低的力气活儿，不需要职业技能和专业知识，这是一种误解。若要安全、高效、轻松地从事高压水射流清洗工作，必须掌握相关的专业知识和职业技能，否则工作费力费时、效率又低；而操作工不规范的操作就是安全隐患，很容易发生事故，轻则造成身体损伤，重则危及生命。

高压水射流清洗技术属于多专业综合性应用技术。在清洗作业中需要涉及流体力学、机械基础、压力容器设计、金属材料知识、高分子材料知识、往复泵维修技术、柴油机维修技术、施工组织、安全管理、质量管理等专业知识和技术，还需要了解化工装置工艺设备、发电厂工艺设备、氧化铝生产设备、钢铁厂生产设备等施工对象的专业知识。

本书将高压水射流清洗相关的操作规范、基础知识、专业技术、操作技能、施工经验、维修经验、改造经验、采购经验收集整理，在满足初、中、高级别清洗人员培训的同时，尽量为清洗同行提供翔实的施工方案、应急预案、设备鉴别、维修规范、改造方案等技术资料，希望可以起到高压水射流清洗工操作工具书的作用。

笔者从事高压水射流清洗技术研究（包括施工方案设计、组织现场作业、设备维修改造）三十多年，从事高压水射流清洗技术培训工作十多年，具有丰富的使用国内外各种高压水清洗设备的作业经验，积累了一些处理高压水清洗设备现场突发故障的方法，同时具有根据清洗作业实际需要，对高压水清洗设备改造升级的技巧。希望借助此书，向清洗同行分享我们的工作经验，帮助大家转变认识，重视高压水射流清洗工职业技能培训，提高清洗工作效率，杜绝清洗作业事故，减少不必要的损失。

由于编者能力有限，教材中难免存在不足，希望广大读者批评指正。

编者

2021 年 3 月

目 录

第一章

高压水射流清洗基础知识

第一节　高压水射流清洗发展的概况

1850 年左右，北美洲就有先驱者开始使用高压水射流，开采非固结的矿床。1955 年左右，苏联和中国开始应用水射流的冲击和输送作用开采煤矿。当时，很多学者为推广高压水射流技术，深入井下、不断探索、不懈实践、不倦宣讲，使高压水射流技术在开发、应用的道路上砥砺前行。

1970 年以后，高压水射流技术迎来高速发展的机遇。国内外的先驱者将高压水射流技术，应用于工业设备的清洗施工，使其显现出非常明显的优势和突出的效果。以至于在世界范围内，出现了一个新的行业——高压水射流清洗行业。

高压水射流清洗技术在国内起步的时间比国外稍晚一些。但是，经过国内清洗行业的共同努力，尤其是最近的 30 多年，有了突飞猛进的发展。无论是清洗设备的制造、周边设备（执行机构）的开发、清洗器材的配套，还是清洗施工工艺的研究、清洗施工的组织、清洗企业的规范化管理，都令国外同行刮目相看。

纵观这些年，国内高压水射流清洗的发展，在工业设备清洗的应用中，从石化流程设备的清洗，火力发电企业工艺设备的清洗，冶金企业轧钢除磷的清洗，造纸、酿酒和制糖企业的工艺设备的清洗，氧化铝企业工艺设备的清洗，到核电企业工艺设备的清洗……应用范围逐渐扩大，应用规模急剧增加。从事清洗行业的企业数量、规模有了大幅增加。不少企业离开高压水射流清洗的服务，已经不能维持正常生产。

随着近年国内清洗设备、周边设备、配套器材的制造企业数量的增加、能力的提升，高压水射流清洗设备的价格大幅下降，导致清洗施工成本也大幅下降。从事高压水射流清洗行业的企业，有了新的机遇。以前一些因投资太大难以启动的清洗项目，现在已经变为可以开辟的新兴市场。总之，高压水射流清洗行业正在向着更广的应用范围、更大的企业规模快速发展。

第二节　高压水射流清洗应用的范围

高压水射流技术用途非常广泛，目前已在国内外的煤炭、石油、化工、冶金、有色金属、航空航天、汽车制造、市政、建筑、船舶、水利、电力、铁路、医药、轻工以及核工业等领域得到应用。

高压水射流的应用可以细分为切割、破碎、清洗三个方面。

高压水射流在切割方面可以应用于：

① 切割形状复杂的有机复合材料；

② 切割石材、玻璃和钢筋混凝土；

③ 切割难熔金属；

④ 切割金属而无热影响区；

⑤ 切割易燃易爆环境下的储罐或管线；

⑥ 切割人体器官。

高压水射流在破碎方面可以应用于：

① 破碎岩石、矿物；

② 破碎道路、桥梁、建筑物；

③ 破碎弹药、火箭固体燃料。

高压水射流在清洗方面可以应用于：

① 清洗炼油、化工设备（图 1-1～图 1-6）；

图 1-1　换热器管程清洗前后对比

图 1-2　换热器壳程清洗前后对比

图 1-3　清洗前的碱液管线

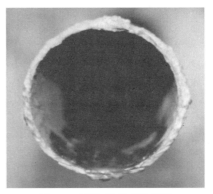

图 1-4　清洗后的碱液管线

图 1-5　容器内清洗前

图 1-6　容器内清洗后

② 清洗采油设备（图 1-7、图 1-8）；

图 1-7　油田和海上采油平台有大量设备需要清洗

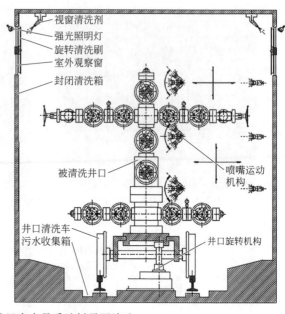

视窗清洗剂
强光照明灯
旋转清洗刷
室外观察窗
封闭清洗箱

被清洗井口

喷嘴运动机构

井口清洗车污水收集箱

井口旋转机构

图 1-8　油田有大量采油树需要清洗

③ 清洗冶金设备、热轧除磷（图 1-9、图 1-10）；

图 1-9　采用高压水射流进行轧钢除磷

图 1-10　冶金企业有大量工艺管线需要清洗

④ 清洗有色金属设备（图 1-11、图 1-12）；

图 1-11　氧化铝企业的溶出工段有大量管内结疤需要经常清洗

图 1-12　矿山有大量设备需要清洗

⑤ 清洗建筑材料生产设备（图 1-13、图 1-14）；

图 1-13　水泥生产的窑炉、料场，需要定期采用高压水清洗

图 1-14　建材生产过程中，木材清除外皮、清理钢模，需要采用高压水清洗

⑥ 清洗电力设备（图 1-15～图 1-21）；

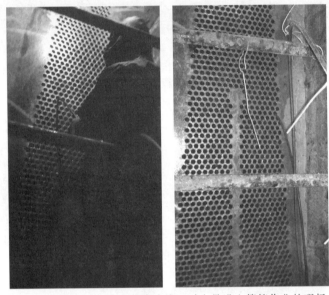

图 1-15　发电厂的复水器清洗施工时人员进入管箱作业的现场

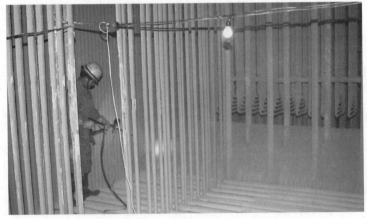

图 1-16　发电厂的锅炉竖井内，炉管外结有灰垢，清洗工作量非常大

图 1-17 发电厂的汽机隔板叶片清洗作业,具有较高的技术难度

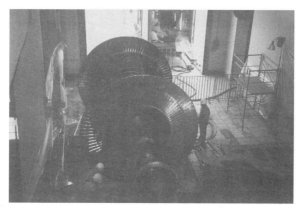

图 1-18 发电厂的汽机转子叶片清洗作业,具有较高的技术难度
叶片上的结垢很薄很硬,需要 200MPa 以上的清洗压力,还要
选择合理的喷射角度与靶距,防止叶片变形

图 1-19 发电厂的空气预热器(DDH)有时采用原位清洗
在原位清洗,工作环境比较恶劣,照明不足、空间狭小。仅从上向下喷射,无法清洗彻底,
还要到设备的下方,从下向上喷射,操作人员面临污水灌入的状况

图 1-20　发电厂的空气预热器（DDH）有时拆除后在场地清洗
在场地可以采用专用机具半自动清洗，可以大幅度提高效率、节省人力。
有时为了保证清洗质量，甚至采用彻底拆散、逐片清洗的方法

图 1-21　发电厂的空冷岛需要定时清洗

⑦ 清洗汽车制造设备（图 1-22、图 1-23）；

图 1-22　汽车厂喷漆房格栅被油漆包裹堵塞的状况

图 1-23　汽车厂喷漆房输送链、滑橇被油漆包裹覆盖的状况

⑧ 清洗市政设施、建筑物、桥梁（图 1-24～图 1-27）；

图 1-24　城市的下水道规模庞大，清洗疏通的工作量非常大

图 1-25　城市有大量的建筑和雕塑的外观需要经常进行清洗

图 1-26　城市生活污水处理场的排泥管、曝气池、消化池、浓缩池需要定期清洗

图 1-27　城市的牛皮癣（小广告、口香糖）采用高压水清洗，可以大大提高效率

⑨ 清洗轻工设备、医药食品设备（图 1-28～图 1-34）；

图 1-28　啤酒厂、制药厂有很多发酵罐需要清洗

图 1-29　制药厂生产过程中的管线容器等设备需要清洗

图 1-30　制药厂的冷换设备需要定期清洗

图 1-31　制药厂的冷冻机冷凝器需要定期清洗

图 1-32　食品行业采用高压水清除输送带、生产线、制作间的油脂、污垢和残渣

图 1-33　食品行业采用高压水清除桶釜、混合罐等容器的油脂、污垢和残渣

图 1-34

图 1-34　食品行业生产线、操作间的通风道、烟道需要采用高压水清洗

⑩ 清洗铁路设备（图 1-35～图 1-37）；

图 1-35　铁路客运车辆的外部需要经常清洗

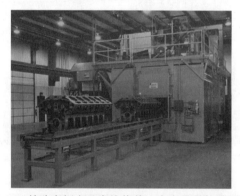

图 1-36　铁路车辆在日常维修前，有大量零件需要清洗

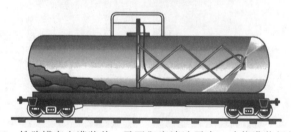

图 1-37　铁路罐车在灌装前，需要彻底清洗干净，才能灌装新的物料

⑪ 清洗核工业设备（图1-38）；

图1-38　核电厂的设备清洗，多数采用遥控清洗技术和机器人清洗技术

⑫ 清理水利设施（图1-39～图1-41）；

图1-39　水坝建设和维护过程中，采用水射流对混凝土表面冲毛的施工现场

图1-40　水坝建设和维护过程中，混凝土表面冲毛以后的效果

图 1-41 水利设施在维护中,需要将失效的混凝土清除,再重新浇筑新的混凝土

⑬ 清理机场跑道(图 1-42);

图 1-42 跑道在飞机降落中,会形成越来越厚的刹车胶痕,需要定期进行除胶

⑭ 清洗航空器(图 1-43、图 1-44);

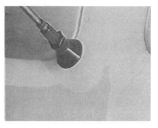

图 1-43　飞机表面的涂层，在正负几十摄氏度温差的反复作用下，涂层会发生脱落，需要采用高压水射流进行除漆作业

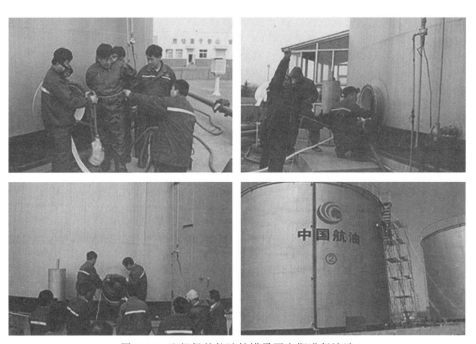

图 1-44　飞机场的航油储罐需要定期进行清洗

⑮ 清理船舶（图 1-45～图 1-47）；
⑯ 清理道路交通标志、桥梁、护栏（图 1-48～图 1-51）；
⑰ 清洗军事装备（图 1-52～图 1-60）；

图 1-45　大型船舶清洗需要大量清洗泵组，在短时间内完成大面积的清洗施工

图 1-46　小型船舶也有一些需要清洗，采用高压水可以缩短时间，提高清洗质量

图 1-47　码头也有一些需要清洗的工作，采用高压水可以缩短时间，提高清洗质量

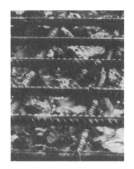

图 1-48 采用高压水清除道路桥梁老化破损的混凝土，然后重新浇筑新混凝土
（行业内称为破拆）

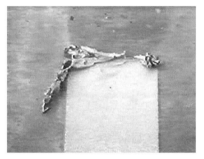

图 1-49 采用高压水清除道路上作废的交通标志，可以保证不伤害路面

图 1-50 采用高压水清洗交通护栏，速度快质量好，同时保证人员安全

图 1-51 采用高压水清洗建筑施工的车辆和机具，可以提高城市清洁卫生状况

图 1-52　驱逐舰、航母、潜艇都有一些需要清洗的工作

图 1-53　装甲车、坦克、火炮、汽车可以采用高压水进行洗消作业

图 1-54　飞机可以采用高压水进行洗消作业

图 1-55　采用高压水射流清洗炮膛，时间短、用人少、劳动强度低，清洗质量好

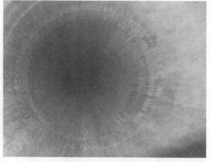

图 1-56　采用高压水清洗炮膛，可以获得很高的清洁度，对射击精度和寿命有提高

图 1-57　采用传统的引爆销毁，容易发生危险事故，造成环境破坏

图 1-58　采用水射流清除弹体内部的火药，并回收利用

图 1-59　水射流切割弹体　　　　图 1-60　水射流切割销毁大型航弹

⑱ 清洗水下设施（图 1-61）。

高压水射流技术还可以应用在喷丸强化、材料粉碎、地基加固等方面。

图 1-61　在水下采用高压水可以进行清洗和切割作业

因为我们为清洗施工进行培训，所以不详细讨论切割、破碎方面的应用技术。重点讨论高压水射流在清洗方面具体应用的技术。下面向大家介绍，高压水射流清洗在各行业的应用实例。

① 炼油化工：换热器、管线、容器的清洗。

② 采油：钻机、井架、油管钻头等设备的清洗。

③ 冶金：轧钢除磷、工艺管线、冷换设备、氧化铝设备的清洗。

④ 建材：水泥生产设备、木材生产过程的清洗。

⑤ 电力：复水器、竖井、转子、隔板、浓缩机、脱水仓、空气预热器、空冷岛的清洗。

⑥ 汽车制造：喷漆房格栅、输送链的清洗。

⑦ 市政：下水道疏通、建筑雕像和楼宇清洗、水处理厂的钙碳垢层清除。

⑧ 医药酿酒食品：发酵罐、管道、锅炉、管汇、食品机械的清洗。

⑨ 铁路：客车外部、零部件、铁路罐车的清洗。

⑩ 核工业：二次蒸发器、管线需要采用高压水射流遥控清洗、机器人清洗。

⑪ 水利：大坝建设、大坝维修中高压水射流的应用。

⑫ 航空：跑道除油、除胶、飞机表面除漆、航油储罐清洗。

在航空领域还有一些项目，可以采用高压水射流清洗。例如航站、机场的制冷机冷凝器、地下排水管线、供热供暖的换热器等。

⑬ 船舶：船体、码头、海生物附着、锈垢等的清除和除漆。

⑭ 交通：道路、桥梁、交通设施的清洗和破拆。

⑮ 军事：海军装备、陆军装备、空军装备、导弹装备的清洗和洗消。

⑯ 水下：石油平台、港口设施、海底管道、打捞作业、文物清理需要高压水清洗。目前在石油平台、港口设施、海底管道、打捞作业、文物清理中，高压水技术得到广泛应用。

在其他行业还有很多可以采用高压水清洗技术的应用领域。例如：铸造行业可以采用高压水进行铸件清砂，机械加工行业可以采用高压水进行清除毛刺，畜牧行业可以采用高压水清洗牲畜和场圈等。

希望清洗行业的同仁，努力开发高压水清洗的应用领域，使清洗行业的市场越来越广阔，清洗企业越来越壮大，取得越来越好的经济效益。

第三节 水射流基础知识

一、水的物理特性

纯净的水是没有颜色、没有气味、没有味道的液体。在 0.101MPa 时，水的凝固点是 0℃，沸点是 100℃，4℃时密度最大，为 $1g/cm^3$。水结冰时体积膨胀，所以冰的密度小于水的密度，冰能浮在水的上面。

水通过电解可以产生氢气和氧气（$2H_2O \xrightarrow{通电} 2H_2\uparrow + O_2\uparrow$）。水与碱性氧化物反应生成碱 $[CaO + H_2O \longrightarrow Ca(OH)_2]$。水与酸性氧化物反应生成酸（$H_2O + CO_2 \longrightarrow H_2CO_3$）。

有关水的物理化学性质及密度、黏度等，在其他书籍中有详细论述，这里仅就与高压水射流清洗技术有关的一些内容展开讨论。

1. 水的物理状态

水随着温度、压力等外部条件的变化，会有气体、液体、固体三种物理状态。图 1-62 表示了水的凝固点与环境压力的关系。横坐标为压力，纵坐标为温度。从图中可以看出，当压力升高时，会出现非常奇特的现象。例如，把一个大气压（1 个大气压约为 101.325kPa）下 20℃ 的水绝热加压至 9000 个大气压时，就会出现结冰现象。因此，在设计超高压器时，需要采取必要的"防冻"措施。常用的措施有两种：一是适当提高增压器的吸水温度；二是在水中加入少量的甘油溶剂，试验表明，加入少量的甘油，可使水的固相线沿纵坐标下移（图 1-62）。

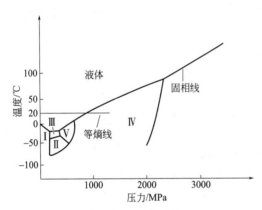

图 1-62 水的物理状态图

Ⅰ—自然状态的冰；Ⅱ～Ⅴ—冰的结构符号

众所周知，当压力减小时，液体水也能蒸发变成气体（水蒸气），通常把水由液体转化为气体的临界压力称作水的饱和蒸气压，其值受温度的影响很大。表 1-1 给出了不同温度下水的饱和蒸气压。

表 1-1 不同温度下水的饱和蒸气压

温度/℃	0	10	20	40
饱和蒸气压/kPa	0.62	1.5	2.38	7.52

当水的压力低于饱和蒸气压时,水将沸腾产生蒸汽泡而使液体间断,导致水不再是连续的均匀介质。

2. 水的压缩性

当压力增大时,水的体积将减小,密度增大。这种性质称为水的可压缩性。水的压缩性一般用体积压缩系数 β 来表示。它是水的体积相对压缩值 dV/V 与压力增值 dp 的比值。即

$$\beta = -\frac{1}{V}\frac{dV}{dp} \tag{1-1}$$

水的压缩性也可用水的密度 ρ 来表示

$$\beta = \frac{1}{\rho}\frac{d\rho}{dp} \tag{1-2}$$

β 的倒数称为水的体积弹性模量,用 K 表示

$$K = \frac{1}{\beta} \tag{1-3}$$

β 与 K 都是水可压缩性的量度,显然 K 值越大、β 值越小,说明越不容易压缩。β 值与 K 值虽然也随水的压力及温度变化而变化,但这种变化不太大,故一般工程中都把它们看作常数。水的 K 值一般可取为 $(2.0 \sim 2.1) \times 10^9 \text{N/m}^2$,即当水的压力增大一个大气压时,水的体积将减少万分之五。因此,当压力变化不太大时,可以不考虑水的体积和密度的变化,认为水是不可缩的。但对于水动力学中的某些特殊问题,不能不考虑该因素的影响。如高压水射流清洗泵组在 3000 个大气压下工作时,液力端内部空间不能完全排出的存水,在柱塞推进时会被压缩,当柱塞后退时又会膨胀,导致产生部分无效功,泵组效率较低。所以高压泵组在设计中,要求尽量减少冗余空间,提高泵组效率。

3. 水的表面张力

在水与固体、气体或其他液体(如水银)的接触周界面上,由于分子之间的吸引力,水能承受极其微小的张力,即所谓水的表面张力。当接触面为曲面时,表面张力的合力将产生一个附加的压力来维持平衡。不过这个压力在一般情况下影响不大,可以忽略不计,但在毛细管现象、水中的气泡或空气中的肥皂泡等特殊情况下,则应考虑其表面张力的作用。

表面张力的大小,用表面张力系数 σ 来表示,σ 为单位长度上的表面张力,单位为 N/m。

由于表面张力的作用,通过水动力学计算,在水中半径为 r 的空气泡中的气体压力,要比其周围水的压力高 $2\sigma/r$。空气中的肥皂泡其内部的压力,要比周围空气的压力高 $4\sigma/r$。

4. 水的溶气性

根据亨利定律,溶解于水中的空气体积 V_g 与水的压力 p 成正比关系。

$$V_g = Kp \tag{1-4}$$

式中　K——比例系数，随温度的升高而减小。

通常在一个大气压下，水能溶解其体积2%的空气，如果压力降低到0.5个大气压时，经过足够长的时间后，将有1%体积的空气（折合至一个大气压下）以气泡的形式逸出。当打开啤酒瓶盖后，泡沫翻腾迅速逸出就是这个道理。

5. 添加剂对水的力学性能的影响

在水中加入微量的长键型高聚物（添加剂）可以改变水的力学特性。用这种低浓度添加剂作介质产生的水射流称作添加剂射流。

常用的添加剂有聚丙烯酰胺，聚氧化乙烯水溶性树脂等，其分子量在10^6量级。这些高聚物的稀溶液属于黏弹性流体，添加剂溶液的浓度一般为1%～5%。

添加剂加入水中后，其聚合物大分子被水化，水介质将重新聚集排列，形成一种黏弹性流体，这种黏弹性流体尽管其黏度增大，但能抑制湍流运动强度，从而总的阻力损失反而会大幅度降低，即所谓流动减阻作用。因此，添加剂射流可以降低喷嘴内部压力损失，提高喷嘴出口压力和射流的密集性、增大射流射程，如图1-63所示。添加剂射流目前主要应用在精密切割和消防水枪中。

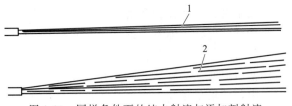

图1-63　同样条件下的纯水射流与添加剂射流
1—添加剂射流；2—普通纯水射流

二、小孔径液体流动的基本理论

液体的出流是流体工程技术中常遇到的问题，主要分为薄壁孔出流和短管出流，前者是在薄壁容器底部或侧壁开一个任意形状的孔，液体从此孔向外流出，后者就是在孔口上连接一段很短的管嘴，液体从短管嘴中流出。高压水射流清洗时采用的是喷嘴出流。本节重点讨论喷嘴出流的基础知识。

1. 薄壁孔出流

图1-64（a）为薄壁孔出流示意图。水箱中的水从四面八方向孔口汇集流出，由于流体质点运动时的惯性，当绕过孔口边缘时流线不可能折角改变方向，只能渐渐弯曲流经孔口，于是水流经过孔口断面后，仍继续沿弯曲的流线向中心收缩。实验表明，在距孔口$1/2d$处（d为孔口直径），流束断面收缩至最小。利

用伯努利方程可以求出断面 C 处的流速 v_C 和流量 Q_C。

$$v_C = \varphi \sqrt{\frac{2p_C}{\rho}} \tag{1-5}$$

$$Q_C = \mu Q_0 \tag{1-6}$$

式中　φ——速度系数，孔口出流时可取 $0.97 \sim 0.98$；

　　　p_C——孔口处的流体压强；

　　　ρ——流体密度；

　　　μ——流量系数，孔口出流时可取 $0.60 \sim 0.62$（$\mu = \varepsilon\varphi$，ε 为流速断面收缩系数，一般为 $0.62 \sim 0.64$）；

　　　Q_0——理想流出量，$Q_0 = \dfrac{1}{4}\pi d^2 \sqrt{\dfrac{2p_C}{\rho}}$。

由式(1-6)可知，薄壁孔出流的速度系数较高，但由于出流断面收缩，其流量系数过小。

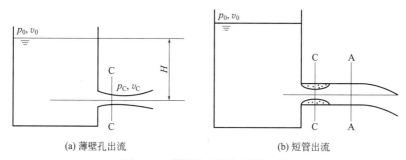

(a) 薄壁孔出流　　　　　　(b) 短管出流

图 1-64　薄壁孔出流与短管出流

2. 短管出流

如图 1-64(b) 所示，在孔口处接一个长 $l = (3 \sim 4)d$ 的圆柱形短管。这样，流入短管的水流首先产生断面收缩，而后流束将逐渐扩大，至短管出口时将充满短管而流出。

经水力学计算可得出，这时的速度系数约为 0.82。又因短管出口为满流无断面收缩，故流量系数 $\mu = \varphi = 0.82$。由此可见，短管出流流量系数要比薄壁孔口出流高。

3. 喷嘴出流

在高压水射流系统中，喷嘴直径都很小，而高压管路直径比较大，如果把短管形喷嘴与高压管路直接连起来，会造成喷嘴出口前阻力损失很大，同时还会在短管内部产生漩涡低压区（图 1-65）。这个漩涡区的压力低于大气压，形成一定的真空度，由流体力学可知，漩涡区的真空度随水压加大而增大。当真空度过大时，会从短管出口吸入空气，破坏了短管管口的满流状态。不仅使漩涡区产生流束与管嘴分离，而且还降低其流量系数。为此，可用一定形状的喷嘴，使高压管路截面连续均匀地过渡到所需要的出口截面积。显然，最佳的喷嘴形状应尽量与喷嘴出口处的流线保持一致，使流速连续均匀收缩而不在喷嘴内部产生漩涡分离区，达到最大的速度系数和流量系数。

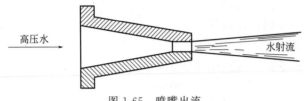

图 1-65　喷嘴出流

由于流线型喷嘴难以加工，特别是小直径喷嘴。因此，目前工程中使用的水射流喷嘴，主要是出口带圆柱段的锥形收敛型喷嘴（图 1-65）。这种类型的喷嘴，其速度系数可高达 0.98，完全可以满足工程需要。

4. 喷嘴出口速度、流量及喷嘴直径的计算

喷嘴出口速度：

$$v = \varphi \sqrt{\frac{2p}{\rho}} \tag{1-7}$$

喷嘴出口流量：

$$Q = \frac{1}{4} \pi d^2 v \tag{1-8}$$

当压力和流量一定时，喷嘴直径可由式(1-9) 计算：

$$d = \sqrt{\frac{4Q}{\pi \varphi \sqrt{\frac{2p}{\rho}}}} \tag{1-9}$$

三、淹没射流及非淹没射流的特性

工程常见的水射流，有一些是直接喷射到空气中的非淹没射流（手持喷枪的射流），也有一些是喷射入相对静止的水中射流（换热器管孔中喷头的射流），这种状况属于淹没射流。淹没射流与非淹没射流的特性有很大差别。

水射流射入静止的水中后，由于水的黏性作用，水微团之间必然要发生动量交换。引起周围水的流动，使得射流直径不断扩大，射流本身速度不断衰减，最后完全消失在周围的水中，犹如被淹没一般。

1. 淹没水射流的结构

淹没水射流的结构如图 1-66 所示。在喷嘴出口处，射流的速度是均匀的，一离开喷嘴就要卷吸周围的水，使射流边界变宽，速度降低，速度保持初始速度 v_0 不变的区域也不断减少。速度等于零的边界称为射流外边界；射流速度保持

初始速度的界限为内边界。内外边界都是直线。内外边界之间的区域为衰减区。显然，衰减区的宽度随离开出口的距离加大而不断扩张，导致射流中保持初始速度不变的区域减少，使更多的静态水卷入射流流动。当内边界线与射流轴线相交时，即射流截面上只有轴线上的速度为 v_0 时，称这个射流截面为转折面或过渡面。在转折面之前，射流轴心线上的速度保持 v_0 不变，在转折面之后，射流轴心线上的速度开始衰减。

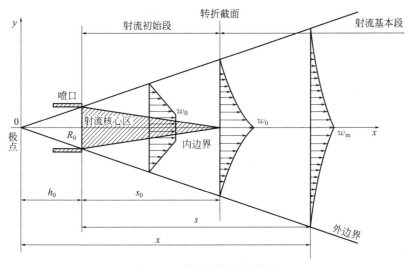

图 1-66　淹没水射流结构图

喷嘴出口至转折面的距离为射流初始段，在初始段内部有一个速度保持不变的核心区，它是以喷嘴出口断面为底，初始段长度为高的圆锥体。转折面以后的部分为射流基本段（消散段）。

射流外边界的交点称为射流极点，它是位于喷嘴内部的一个几何点上。

2. 淹没射流断面上的速度分布

由于射流边界层处于湍流状态，射流的真实速度是非定常的、脉动的，为简化讨论，我们设定的射流速度是在统计意义下的平均速度，即速度不随时间变化，仅是位置的函数。

实验和理论分析证明，淹没水射流的任一截面上，横向速度比轴向速度小得多，可忽略不计。射流的速度就是轴向速度，射流内部的静压就是射流周围水的静压。

图 1-67 所示是测定的轴对称射流，基本段内不同截面上的速度分布。实验时射流初始速度为 87m/s，喷嘴直径为 9mm，S 为不同测量面距喷嘴出口的距离（靶距）。从图中可看出，速度分布是随 S 渐近变化的，S 越大，速度分布越平坦，射流宽度也越大。

将五个截面上的速度分布用无量纲坐标绘出，如图 1-68 所示。图中 v_m 为射流轴心速度，$Y_{0.5}$ 是截面上速度为轴心速度一半处的径向距离。由图 1-68 可看出，五个截面的各测点几乎在同一曲线上，它们的速度分布是相似的。这种特性称作自模性。

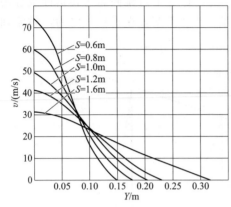

图 1-67　淹没射流不同截面上的速度分布　　图 1-68　无量纲的速度分布图

通过对试验结果的归纳，得到如下经验公式：

$$v/v_m = (1 - \eta^{1.5})^2 \tag{1-10}$$

$$\eta = Y/R$$

式中　　v，v_m——射流速度及射流轴心速度；

　　　　Y——径向距离；

　　　　R——射流半径。

在射流初始段内，式(1-10) 也同样成立，只是将 Y 和 R 从内边界算起即可。因此，式(1-10) 是射流边界层内部的速度分布公式。

式(1-10) 中，v_m 和 R 都是未知的，使用它计算射流速度有实际困难。

利用混合长度理论可以对淹没水射流求解。下面就式(1-10) 进行半经验理论分析，给出一些有用的结果。

由于射流上没有任何外力作用，因此，射流各截面上的动量应守恒。即

$$\int_A \rho v^2 \, \mathrm{d}A = \rho v_0 \pi R_0^2 \tag{1-11}$$

式中　　A——截面面积。

对基本段内任一截面，将式(1-10) 代入式(1-11)，有

$$\rho v_m^2 2\pi R^2 \int_0^1 (1 - \eta^{1.5})^4 \eta \, \mathrm{d}\eta = \rho v_0 \pi R_0^2$$

---

❶ 由于射流速度的脉动，射流半径不易准确测定，用射流半径作为无量纲尺度是不准确的，$Y_{0.5}$ 只是进行绘图的一种技巧。这里要指出的是，无论采用什么方法作 Y 值使之无量纲化，得到的五个截面上的速度分布总是相同的。

定积分
$$\int_0^1 (1-\eta^{1.5})^4 \eta \, d\eta = 0.0668$$

则
$$R/R_0 = 2.74 v_0/v_m \tag{1-12}$$

在转折面处射流半径为
$$R^* = 2.74 R_0 \tag{1-13}$$

由于式(1-10)与实际速度分布有一定的偏差，使得所得结果也有一定偏差，根据实验结果可对式(1-12)、式(1-13)进行修正，得
$$R/R_0 = 3.3 v_0/v_m \tag{1-14}$$
$$R^* = 3.3 R_0 \tag{1-15}$$

3. 淹没射流的扩散与核心段长度

实验表明，淹没射流的外边界是直线，扩散角 θ 近似为 $28°$，则射流半径 $R_{(x)}$ 为
$$R_{(x)} = x \times \tan \frac{\theta}{2} \approx 0.25x \tag{1-16}$$

$$\tan \frac{\theta}{2} = \frac{R_0}{h_0} = \frac{R^*}{h_0 + S_0}$$

核心段长度 S_0 为
$$S_0 = 2.3 h_0 = 2.3 R_0 / \tan \frac{\theta}{2} = 9.22 R_0 \tag{1-17}$$

4. 淹没射流的轴向速度衰减

由式(1-14) 和式(1-16)可以得到射流轴向速度的衰减规律为
$$v_m/v_0 = \begin{cases} 1 & (S \leqslant S_0) \\ 13.2 R_0/S + 4R_0 & (S > S_0) \end{cases} \tag{1-18}$$

5. 淹没射流基本段内各截面的流量

由式(1-11)计算 $Q_0 = \pi R_0^2 v_0$ 得到
$$Q = \int_A v \, dA = 2\pi R^2 v_m \int_0^1 (1-\eta^{1.5})^4 \eta \, d\eta = 2Q_0 \left(\frac{R}{R_0}\right)^2 \left(\frac{v_m}{v_0}\right) \times 0.1285$$

将式(1-14)代入上式，得
$$Q = 2Q_0 (3.3)^2 \frac{v_0}{v_m} \times 0.1285 = 2.8 \frac{v_0}{v_m} Q_0$$

同样对上式也需要修正，即
$$Q/Q_0 = 2.13 v_0/v_m \tag{1-19}$$

转折面处的流量 Q^*
$$Q^* = 2.13 Q_0 \tag{1-20}$$

6. 非淹没连续水射流的结构

喷嘴内部的静压力，对水射流的结构有很大的影响，下面讨论 Ⅰ 、Ⅱ 、Ⅲ 、

Ⅳ种压力状态下，水射流的结构特点。

（1）Ⅰ类水射流[p＜(0.5～1)MPa]

Ⅰ类水射流的结构如图 1-69（a）所示，在射流长度方向上可分为四个阶段。

紧密段——紧靠水射流喷嘴出口，该段水流保持紧密状态，透明清晰，断面上任一点的流速相同，都等于喷嘴出口速度。由于与空气的摩擦表面出现波纹，其波幅随离开喷嘴出口的距离加大而增大，波幅增大到一定程度后，射流表面就开始破裂，吸入空气，由于吸入的空气量较少，射流表面破裂成大块水团。

核心段——该段射流表面已开始破碎为大块水团并吸入空气，而其核心部分仍保持初始喷射速度，呈紧密状态。随着远离喷嘴，核心的截面积越来越小，最后完全消失。

破裂段——该段中射流吸入的空气逐渐增多，射流表面的大块水团进一步被破碎为水滴，而射流中心由紧密状态破碎为大块水团，而

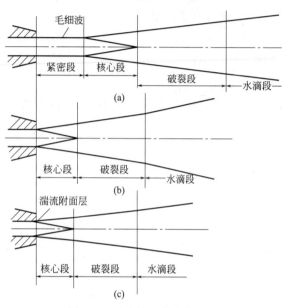

图 1-69 非淹没水射流结构图

(a) Ⅰ类水射流；(b) Ⅱ、Ⅲ类水射流；(c) Ⅳ类水射流

且随着远离喷嘴出口，保持中间大块水团的部分也逐渐减小，最后完全变成水滴。破裂段通常称为基本段（消散段）。

水滴段——射流吸入大量的空气，射流整个断面被空气介质隔离变成水滴状。

（2）Ⅱ类水射流[(0.5～1)MPa＜p＜(3～5)MPa]

随着喷嘴内部的静压力的增大，射流的流速也将增大，见图 1-69（b）。由于脉动速度及漩涡的作用，使得水射流紧密段表面的波纹的波幅加大而破裂，紧密段长度逐渐缩短。当压力大于 0.5～1MPa 后，射流紧密段完全消失。在这种情况下，射流一出喷嘴就吸入空气，使射流表面破碎为大块水团。因此，该水射流的结构与Ⅰ类水射流相似，只是没有紧密段而已。紧密段消失时的压力主要取决于喷嘴的结构及加工质量。

（3）Ⅲ类水射流[p≥(3～5)MPa]

该类水射流的结构基本上与Ⅱ类水射流相似，只是喷嘴出口处边缘上的附面层由层流变为紊流，这也是该水射流的一个特征。根据试验，当压力大于 3～

5MPa 时，层流附面层转化为紊流附面层。同样，这个转化压力很大程度上取决于喷嘴的结构和加工质量。

（4）Ⅳ类水射流（$p > 50$MPa）

该类水射流的结构与Ⅲ类水射流大体相似，不同之处是当压力超过 50MPa 后，射流速度将超过声速，紊流附面层可以侵入喷嘴出口以内 [图 1-69(c)]。试验表明，该类水射流的扩散程度反而有所减小趋于密集。

水射流在空气中喷射时，水射流周围有一环状气流层（它是由空气和水蒸气组成的雾化流），与射流一起向前运动，并不断扩散，最终消失在周围的大气中。

7. 非淹没连续水射流的几何特性

连续水射流的几何特性主要是指射流的扩散规律和核心段长度。由于空气与水射流的动量交换以及空气进入水射流的过程很复杂，至今有关非淹没射流特性的研究还不太完善，主要是由实验结果总结出一些规律和经验公式。由于研究者各自实验条件的差异，所得到的经验公式也不尽相同。然而，所阐述的水射流特性都是相同的。

采用孔径为 0.75mm 的皮托管来测定射流各点压力，使用闪光摄影和高速摄影所得到的照片来确定射流结构和扩散特性。为了消除射流周围滴状雾化流的影响，更准确地测定出射流外径，采用通电探针的电测法。即当探针接触到射流而形成电流回路时，将获得电压输出。记录开始产生电压输出时的探针坐标，即可求得射流直径。

（1）初始段长度

图 1-70 为水射流结构图，图上标出了射流各段名称和符号。图 1-71 为不同雷诺数下射流轴心线上的动压变化曲线，反映了射流轴心动压力（速度）的衰减规律。如图所示，射流轴心动压开始衰减的位置（核心段长度）以及初期衰减的规律与雷诺数有关，而后期衰减规律则与雷诺数无关，大体趋于一致。

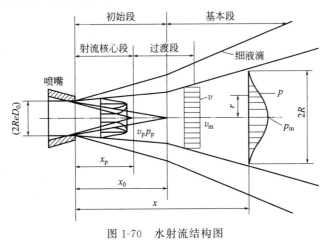

图 1-70　水射流结构图

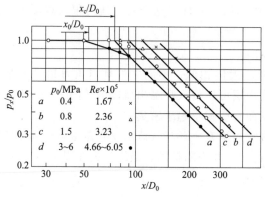

图 1-71 不同雷诺数下射流轴心线上的动压变化曲线

为了便于理论计算和实际应用，把图中动压曲线作切线外推，这样动压曲线就简化为折线。并定义 x_0 为初始段长度。初始段包括了射流核心段和部分过渡段（图 1-70）。

尽管 x_0 不具有实际的物理意义，但它解决了核心段长度 x_p 不易确定和过渡段射流特性变化复杂的问题，使问题得到简化。试验结果表明，当雷诺数大于 0.2×10^3 以后，x_0 与射流压力无关，仅取决于喷嘴形状及其加工质量，一般为 $65 \sim 135$ 倍的喷嘴直径。这为工程中高压水射流的研究提供了灵活的方法。

（2）射流的扩散

图 1-72 为实验得出的射流扩散规律。

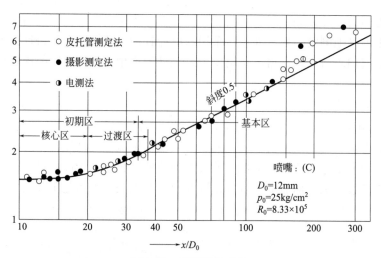

图 1-72 射流扩散规律

从图中可以看出，由于受到水射流出口处形成的湍流边界层的影响，不同喷嘴产生的射流初始段的形状各不相同，但在基本段内，边界层的影响较小，射流的扩散比较稳定，受喷嘴的影响较小。在基本段内射流按下述关系进行扩散。

$$d = k\sqrt{x} \tag{1-21}$$

或

$$d/R_0 = k_1 \sqrt{\frac{x}{R_0}} \tag{1-22}$$

式中　d——射流直径；

　　　x——离开喷嘴出口的距离；

R_0——喷嘴出口半径；

k，k_1——系数，与喷嘴有关，$k_1 = 0.12 \sim 0.18$。

8. 非淹没射流在喷嘴出口处的动压

水射流的动压 $p = \rho v^2 / 2$ 是单位体积的流体所携带的动能，它含有密度和速度两个参数，综合体现了射流速度衰减和卷吸空气量的变化规律。在高压水射流中，动压是最基本、最重要的参数，也是最容易测量的参数之一。

$$p_0 = \frac{1}{2} \rho_0 v_0^2 = \frac{1}{2} \rho_0 \varphi^2 \frac{2 p_i}{\rho_0} = \varphi^2 p_i \qquad (1\text{-}23)$$

式中 p_0，p_i——喷嘴出口和入口的动压；

φ——速度系数。

由式(1-23)可以看出，由于水在喷嘴内部流动的能量损失，使得喷嘴出口动压小于喷嘴入口压力。

9. 非淹没射流基本段上的动压分布

试验表明，射流基本段各截面上的动压分布如图 1-73 所示，其分布规律可用式(1-24)表示：

$$\frac{p}{p_m} = f(\eta) = (1 - \eta^{1.5})^2 \quad (1\text{-}24)$$

式中 p——射流截面上任一点的动压；

p_m——射流截面轴心上的动压；

η——无量纲径向距离，$\eta = Y/R$；

R——射流截面的半径；

Y——至射流轴线的径向距离。

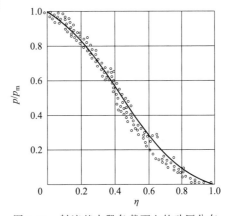

图 1-73 射流基本段各截面上的动压分布

式(1-24)也可用于射流初始段内，只是把核心段边界作为计算径向距离的起点即可。这可以由射流的自模性得到证明。

10. 非淹没射流轴心动压的衰减

如前所述，射流轴心上的动压在核心段内保持不变，只是越过核心段后才开始衰减。本节仅讨论射流基本段内轴向动压的衰减，为简化讨论，提出下面五个假设：

① 不存在水射流卷吸作用所引起的气水混合；

② 射流边界及截面上的静压为大气压力；

③ 喷嘴出口的射流为均匀流；

④ 不存在影响射流的外力；

⑤ 射流与周围气体之间不存在摩擦损失等能量损耗。

根据以上假设，通过射流动量守恒来分析射流轴心上的动压衰减规律，并求出初始段长度 x_0。在喷嘴出口和基本段内各取截面分析，两截面的动量可用式(1-25) 表示：

$$\begin{cases} J_0 = J_x \\ J_0 = \pi R_0^2 \rho_0 v_0^2 \\ J_x = 2\pi \int_0^2 \rho v^2 r \, \mathrm{d}r \end{cases} \tag{1-25}$$

引入无量纲径向距离 $\eta = r/R$，则 $\mathrm{d}r = R \, \mathrm{d}\eta$，代入式(1-25) 并进行变化得

$$2R^2 \frac{\rho_m v_m^2}{\rho_0 v_0^2} \int_0^2 \frac{\rho v^2}{\rho_m v_m^2} \eta \, \mathrm{d}\eta = R_0^2$$

将式(1-21) 代入上式可得

$$\frac{\rho_m v_m^2}{\rho_0 v_0^2} = \frac{1}{2k^2 x} \cdot \frac{R_0^2}{\int_0^1 \frac{\rho v^2}{\rho_m v_m^2} \eta \, \mathrm{d}\eta} \tag{1-26}$$

假设在初始段长度 x_0 上，$\rho_m v_m^2 = \rho_0 v_0^2$ 则

$$R_0^2 = 2k^2 x_c \int_0^1 \frac{\rho v^2}{\rho_m v_m^2} \eta \, \mathrm{d}\eta = 2k^2 x_c \int_0^1 f(\eta)_{x=x_c} \eta \, \mathrm{d}\eta \tag{1-27}$$

将式(1-27) 代入式(1-26) 可得

$$\frac{\rho_m v_m^2}{\rho_0 v_0^2} = \frac{x_c}{x} \cdot \frac{\int_0^1 f(\eta)_{x=x_c} \eta \, \mathrm{d}\eta}{\int_0^1 f(\eta)_{x=x_c} \eta \, \mathrm{d}\eta} \tag{1-28}$$

由于射流截面上的动压分布的相似性，则

$$\frac{p_m}{p_0} = \frac{\rho_m v_m^2}{\rho_0 v_0^2} = \frac{x_c}{x} \tag{1-29}$$

由此，可以用式(1-30) 来表示射流轴心动压的变化规律。它与前面由实验得到的结果相同（图 1-72）。同时也说明了，射流初始段长度这个参数，揭示了水射流的内在规律，简化了水射流特性的研究。

$$\frac{p_m}{p_0} = \begin{cases} 1 & x \leqslant x_c \\ x_c/x & x > x_c \end{cases} \tag{1-30}$$

利用式(1-26) 可以求出 x_c

$$\frac{x_c}{x} = \frac{1}{2k^2 x} \frac{R_0^2}{\int_0^1 f(\eta) \eta \, \mathrm{d}\eta}$$

$$\begin{cases} x_c = 3.89 \left(\frac{R_0}{K}\right)^2 \\ \overline{x_c} = \frac{x_c}{R_0} = 3.89 \frac{R_0}{K^2} \\ \overline{R_c} = \frac{R_c}{R_0} = 1.97 \end{cases} \tag{1-31}$$

式中　$\overline{x_c}$——无量纲初始段长度；

　　　$\overline{R_c}$——无量纲初始段长度处射流半径。

11. 淹没水射流与非淹没水射流主要特性的比较

淹没和非淹没水射流技术特性见表1-2。

表 1-2　淹没和非淹没水射流技术特性

特性	射流种类	
	淹没水射流	非淹没水射流
射流扩散	$R = x \tan\theta/2$ $R^* = 3.3R_0$	$d = K\sqrt{x}$ $R_c = 1.97R_0$
基本段轴心速度衰减	$\dfrac{v_m}{v_0} = 13.2R_0\dfrac{1}{x}$	
基本段轴心动压衰减	$\dfrac{p_m}{p_0} \propto \dfrac{1}{x^2}$	$\dfrac{p_m}{p_0} = x_c\dfrac{1}{x}$
基本段射流断面速度分布	$\dfrac{v}{v_m} = (1-\eta^{1.5})^2$	
基本段射流断面动压分布	$\dfrac{p}{p_m} = (1-\eta^{1.5})^4$	$\dfrac{p}{p_m} = (1-\eta^{1.5})^2$
核心段长度	$S_0 = 9.22R_0$	$x_c = (65\sim135)d_0$

表1-2归纳了淹没水射流和非淹没水射流主要特性，通过比较可以看出：

① 淹没水射流的扩散速度比非淹没水射流快，故其能量消散快，射流射程短；

② 淹没水射流的轴心速度和动压的衰减要比非淹没水射流快得多，故在应用时，其切割破碎能力会大幅下降；

③ 非淹没水射流截面上的速度和动压分布比较平缓，即断面上的速度和动压分布比淹没水射流分布均匀；

④ 非淹没水射流的核心段长度比淹没水射流长很多，即射流的有效射程长很多。

四、磨料射流、空化射流、脉冲射流的特性

（一）磨料射流

磨料射流是20世纪80年代迅速发展起来的新型水射流。磨料射流有许多独特的优点，系统也比较简单，因此，它一问世，便受到极大的重视，见图1-74。

磨料射流中水为载体，磨料微粒被高压水射流加速，由于磨料微粒的质量比水大且具有锋利的棱角，所以磨料射流对切割对象的冲击力和磨削力要比相同条件下的高压水射流大得多。另外，磨料在水射流中是不连续的，由磨料组成的高速粒子流对切割对象还产生高频冲击作用。因此，磨料射流具有很大的威力。磨料射流已广泛用于清洗、除锈、去毛刺及切割钢材、钢筋混凝土以及坚硬的复合材料。

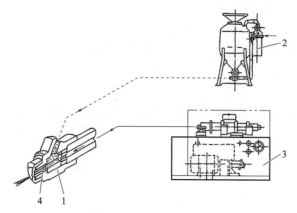

图 1-74　磨料射流系统

1—磨料射流喷头；2—磨料罐；3—高压泵站；4—喷嘴

高压泵站将高压水输送到磨料喷头处，并由喷嘴喷出形成高压水射流。

干磨料装入磨料罐后，盖上顶盖，构成密封容器。压缩空气从磨料罐的上方和下方通入，从磨料罐下方通入的压缩空气在供料的管道中高速流过。磨料在压缩空气和自重的作用下流入下部的供料管道中，然后由高速气流携带到磨料喷头处。

磨料在喷嘴出口处的混合室内与水射流相混合，并经磨料射流喷嘴喷出，形成磨料射流。

由此可见，磨料喷头和磨料供给系统是磨料射流的最关键部分。其他部分如高压泵站与前面讲的高压水射流系统相同。因此，下面仅就磨料射流喷头和磨料及其供给方式进行专门论述。

1.磨料射流喷头

磨料射流喷头是磨料射流的关键部件，它主要由水射流喷嘴、混合室、磨料射流喷嘴组成。

（1）磨料射流喷头的分类

磨料射流喷头的种类很多。按水射流的股数可分为单射流磨料射流喷头和多射流磨料射流喷头；按磨料输入的方位，磨料射流喷头还可分为磨料侧进式、中进式和切向进给式磨料射流喷头。下面介绍几种常见的磨料射流喷头。

① 单射流磨料侧进式喷头。单射流磨料侧进式喷头，是常用的磨料射流喷头，其结构原理如图 1-75 所示。

高压水通过中央管路经高压水喷嘴喷出高压水射流，由于高压水射流在混合室内产生卷吸作用，混合室内的空气随高压水射流一起经过磨料射流喷嘴喷向大气，这样在混合室内将出现局部真空，从而将磨料吸入混合室或由压缩空气吹入混合室，在混合室中磨料被卷入水射流中。最后通过磨料喷嘴喷出，形成磨料射流。混合室的作用是促使磨料与水射流混合。

众所周知，水射流的中心部分的速度很高，从射流外面卷入的磨料很难进入到中心部分，大多聚集在水射流的外层，因此磨料的速度要比水射流中心处，等速核的射流速度要低。大量的试验结果表明，磨料射流的切割能力将大大高于同样压力的水射流。当压力为 200～400MPa，磨料射流能够切割大部分坚硬的材料。

该种喷头的最大特点是结构简单，射流密集性和稳定性都较好，但磨料与水射流的混合效果较差。

② 单射流磨料切向进给式喷头。图 1-76 为单射流磨料切向进给式喷头。该种喷头呈纺锤形，磨料入口沿混合室切线方向布置，在磨料入口处另设一个平行的进气口。该磨料喷头是由浆体泵直接由磨料入口向磨料喷头注入磨料浆液。

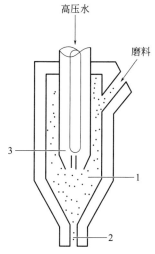

图 1-75　单射流磨料侧进式喷头

1—混合室；2—磨料喷嘴；3—水射流喷嘴

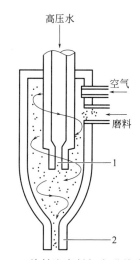

图 1-76　单射流磨料切向进给式喷头

1—水射流喷嘴；2—磨料射流喷嘴

由于高压水射流引射作用，磨料浆与空气同时沿混合室的切线方向进入混合室，并一边旋转，一边前进，使磨料与水射流得以更充分地混合，同时也减少了磨料粒子相互碰撞。从而可以提高磨料射流的切割能力。

③ 多射流磨料侧进式喷头。多射流磨料侧进式喷头的特点，是在喷头内安装有多个水射流喷嘴。根据水射流喷嘴的排列方式不同，又分为平行多射流磨料侧进式喷头和汇聚多射流磨料侧进式喷头。

图 1-77 为平行多射流磨料侧进式喷头的结构原理图。在喷头顶端多个水射流喷嘴平行地呈圆周排列，由于受到水射流喷嘴孔间隔的制约，这种喷头所形成的磨料射流直径很大，卷吸磨料的能力强，磨料与水的混合效果较好，切割能力

有很大提高，但切槽过宽。

为减小磨料射流束的直径，将圆周均布的多个平行水射流喷嘴，设计为向喷头中心线收敛形式，这样多股水射流可以汇聚成单股水射流，如图1-78所示。

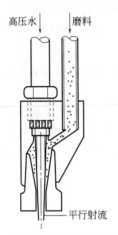

图1-77　平行多射流磨料侧进式喷头

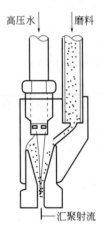

图1-78　汇聚多射流磨料侧进式喷头

④ 多射流磨料中进式喷头。图1-79为多射流磨料中进式喷头结构原理图。在多股汇聚射流的卷吸作用下，磨料从中路进入混合室，并被卷入到水射流中，以期望提高磨料与水射流的混合效果。但试验表明使用这种喷头的混合效果并不明显，且径向尺寸大，因此较少使用。

⑤ 外混合式磨料喷头。图1-80为外混合式磨料喷头的结构原理图。该种喷头的特点是没有混合室，也没有磨料喷嘴。磨料浆从喷头中路喷出，在多股汇聚射流的卷吸作用下，磨料浆被混入水射流流束中，并获得动能。由于没有混合室，从水喷嘴喷出的自由水射流，其卷吸磨料的能力较弱，因此相当一部分磨料浆散落到水射流的外部。

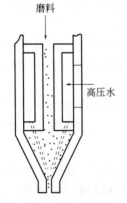

图1-79　多射流磨料中进式喷头

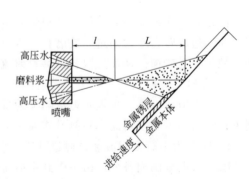

图1-80　外混合式磨料喷头

这种喷嘴的特点是结构非常简单，无磨料喷嘴的磨损问题，但磨料与水射流的混合效果较差，因此磨料射流的品质不高，只能用于大面积去垢除锈作业。

⑥ 旋转引射磨料射流喷头。这种磨料射流喷头是在单射流磨料侧进式喷头上加上一个旋流装置，它能使高压水射流产生旋转动能，如图 1-81 所示。高压水在旋转装置的作用下产生旋转，再经过水喷嘴后形成旋转水射流。这种旋转水射流有较大的扩散角和较强的卷吸作用，使磨料更容易混入水射流，从而提高了磨料射流的冲蚀能力。使用这种喷头可以提高清洗除锈的效率，但由于射流扩散角大而不易用于物料切割作业。

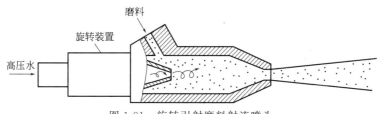

图 1-81　旋转引射磨料射流喷头

⑦ 带校直管的磨料射流喷头。这种喷头也是从单射流磨料侧进式喷头基础上发展起来的，如图 1-82 所示。由水射流喷嘴形成的水射流在混合室卷入磨料后，直接射入校直管，沿管子轴线喷射。磨料射流在较长的校直管内得到进一步的混合和加速。从而提高了磨料射流的冲击能力和射程。

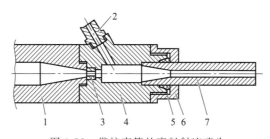

图 1-82　带校直管的磨料射流喷头
1—喷嘴体；2—磨料进口；3—喷嘴芯；4—喷头座；5—密封；6—锁母；7—准直管

校直管有两种形式，一种是直管，另一种是直管前端带收缩段。收缩段可以使磨料射流更密实一些，但却加重了它的磨损。带校直管的磨料射流喷头结构简单，制作方便，它已被广泛用于磨料射流切割作业，特别在切割窄槽时更显示出它的优势。

（2）磨料射流喷头主要尺寸的确定

磨料射流喷头设计的好坏，不仅影响到磨料射流的质量，而且还直接影响着磨料射流喷头的寿命。磨料射流喷头的主要尺寸包括水射流喷嘴直径、磨料射流喷嘴直径、混合腔尺寸及校直管的直径与长度等。尽管国内外学者对磨料射流喷头的设计进行了大量的研究，由于影响因素较多，至今仍未得到一个准确的计算公式，这里只能根据大量的试验结果，分享一些经验。

① 水射流喷嘴直径。水射流喷嘴直径由工作需要及泵站压力和额定流量来定。磨料射流喷头尺寸都与它有关。关于水射流喷嘴直径的确定，见④准直管的直径与长度。

② 磨料射流喷嘴直径。磨料射流喷嘴直径的大小，与水射流喷嘴直径及磨料射流喷嘴距水射流喷嘴的距离有关。大量的试验表明，磨料射流喷嘴直径应略大于该处的水射流直径为好。磨料射流喷嘴直径过小，不仅使其磨损严重，而且还会影响磨料射流喷头自吸磨料的能力，甚至被磨料堵塞。这是由于磨料射流喷嘴处的水射流不能畅通的缘故。相反，磨料射流喷嘴直径过大，虽然可以降低其本身磨损，但是，可能出现空气从喷嘴出口流入混合腔，不仅降低了喷头的自吸能力，而且还会加速磨料射流的扩散。经验表明，磨料射流喷嘴直径约为水射流喷嘴直径的 2～3 倍为宜，同时还必须大于磨料粒径的 3 倍以上。

③ 混合腔体尺寸。混合腔体尺寸对磨料与水射流的混合效果有直接的影响，尺寸较大的混合腔虽然能改善磨料与水射流的混合效果，但也会加大水射流的阻力，使磨料射流的动压力降低，从而使其切割能力降低。因此，混合腔的尺寸不易过大。一般，根据水射流喷嘴结构上的要求来确定，混合腔的直径不宜再故意加大。混合腔的长度取水射流喷嘴直径的 30～40 倍为宜。

④ 准直管的直径与长度。准直管可以促进磨料与水射流的进一步混合，从而提高磨料射流的切割能力。准直管的直径一般与磨料射流喷嘴直径相同为宜，其长度不宜过大，过长的准直管将导致磨料射流的切割能力降低，一般为其直径的 15～20 倍。

2. 磨料及其供给方式

(1) 磨料

磨料是磨料射流的必不可少的工作介质，磨料的品种和性质对磨料射流的工作效率有很大的影响。

① 磨料的种类。一般说来，磨料可分为矿物系、金属系和人造矿物系三大类。几种常见磨料的自然特征见表 1-3。

表 1-3　几种常用磨料的自然特征

磨料名称	符号	硬度(显微硬度)/ (kg/mm^2)	相对密度	成本
硅砂	S. S	1100	3.0	低
石榴石	G.	1300	3.8	中
氧化铝	A. U	1500	3.4	中
金刚砂	S. C	2500	3.2	昂贵
铁渣	I. S	500	3.2	低
铁砂	I. G	800	7.3	中

选用磨料的原则是：

a. 切割效果好；

b. 货源充足，价格便宜。

磨料的硬度、粒度、磨料形状和密度对磨料射流的切割能力有较大的影响。

以金刚砂作为磨料的磨料射流，其切割效果最好，但价格昂贵，不宜普遍采用。

石榴石磨料的切割效果也很好，我国又是盛产石榴石的国家，货源充足，由于石榴石与金刚砂相比，价格便宜得多，国内外已被广泛采用。

在常用的磨料中，硅砂的切割效果最差，但价格便宜，因此也常被采用。

② 磨料粒度。磨料粒度是磨料最重要的参数，一般将磨粒的概率尺寸称为粒度。从粒度就可以知道某种磨粒基本粒径的公称尺寸范围。当然在每一粒度号的磨料中，比基本粒径或大或小的磨粒也占一定的比例。

磨粒的分粒和符号有两个标准：一个标准是以磨粒的公称尺寸（μm）来表示；另一个标准是用每英寸长度筛网的网眼数来表示。磨料粒度号数的标志，是在数字的右上角加一"♯"符号。大量的试验表明，使用 $60^{\sharp}$ 和 $80^{\sharp}$ 磨粒的磨料射流，其切割金属的效果较好。

磨料新国标（GB/T 2481.2—2020）规定：检查筛网孔尺寸系列采用国际标准 ISO 3310/IR40/3 的尺寸系列，其网孔尺寸 L 是以 $10^{3/40}$ 为公比的一个数列，即

$$L = 45 \times (10^{3/40})^n$$

式中，n 取 0，1，2，…，30。

磨料粒度现行的国标有 GB/T 2481.2—2020《固结磨具用磨料 粒度组成的检测和标记》第 2 部分：微粉（F230～F2000）和 GB/T 2481.1—1998《固结磨具用磨料 粒度组成的检测和标记》第 1 部分：粗磨粒（F4～F220），这两个标准采用了国际标准 ISO 8486 中的相关内容，现在国内的磨料粒度规定，已经与国际相同。新国标与旧国标有一些不同规定，采购中如果遇到旧国标，可参见表 1-4。

表 1-4　新旧国标检查筛尺寸系列对照

旧国标			新国标		
序号 n	筛号/粒度	基本粒筛孔尺寸/μm	粒度标记	粒度偏差/μm	基本粒筛孔尺寸/μm
			F400	±1.0	17.3
			F360	±1.5	22.8
			F320	±1.5	29.2
			F280	±1.5	36.5
0	325	45	F240	±2.0	44.5
1	270	53	F230	±3.0	53
2	230	63	F220	−3.0	63/53

	旧国标		新国标		
序号 n	筛号/粒度	基本粒筛孔尺寸/μm	粒度标记	粒度偏差/μm	基本粒筛孔尺寸/μm
3	200	75	F180	−3.0	75/63
4	170	90	F150	−3.0	75
5	140	106	F120	−3.0	106
6	120	125	F100	−3.0	125
7	100	150	F90	−3.0	150
8	80	180	F80	−3.0	180
9	70	212	F70	−3.0	212
10	60	250	F60	−4.0	250
11	50	300	F54	−4.0	300
12	45	355	F46	−4.0	355
13	40	425	F40	−4.0	425
14	35	500	F36	−4.0	500
15	30	600	F30	−4.0	600
16	25	710	F24	−4.0	710
17	20	850	F22	−4.0	850
18	18	1000	F20	−4.0	1000
19	16	1180	F16	−4.0	1180
20	14	1400	F14	−4.0	1400
21	12	1700	F12	−4.0	1700
22	10	2000	F10	−4.0	2000
23	8	2360	F8	−4.0	2360
24	7	2800	F7	−4.0	2800
25	6	3350	F6	−4.0	3350
26	5	4000	F5	−4.0	4000
27	4	4750	F4	−4.0	4750
28	3.5	5600			
29	0.265	6700			
30	5/16	8000			

大量的试验表明，使用 F60 和 F80 磨粒的磨料射流，其切割金属的效果较好。

③ 磨料的复用性。在磨射流切割中，磨料流量一般为 3kg/min 左右，有时甚至高达 6kg/min，因此磨料消耗所占的成本不容忽视。为了降低成本，研究磨

料的复用性很有必要。

磨料在加速和冲击物料的过程中会发生研磨、碰撞和破碎，用过的磨料其平均粒径将随之变小。磨粒粉碎的程度与磨料的性质有关。

如果使用后的磨料其平均粒度和原始的平均粒度相接近，那么这种磨料的复用性就好。例如钢砂，其使用前后的粒度变化不大，具有较好的复用性。然而像硅砂和石榴石这样的脆性材料，使用前后的粒度变化较大，其复用性就很差，循环利用的可能性就受到很大的限制。

图 1-83 为三种磨料切割混凝土和钢铁后，保持原粒度的磨料所占的百分比，用它可以作为评价磨料复用性的指标。

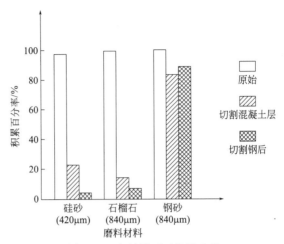

图 1-83 磨料循环可能性比较

图中可以看出，钢砂的复用性约为 90%，硅砂和石榴石的复用性约为 10%。试验表明，使用过后的石榴石再次使用时，在其他条件不变时，其切割能力将下降 40%~60%，作为切割用的石榴石磨料其复用性较差。当然在清洗、除锈作业中，由于磨料射流工作压力较低，磨料的复用性将会明显提高。

④ 磨料的回收。由于磨料的密度较大，一般都能在很短的时间内沉淀下来。用石榴石、硅砂和钢砂切割混凝土后的废水其沉降速度如图 1-84 所示。从图中明显看出，即使不使用凝结剂，三种磨料在混合悬浮液中，几乎都能在 1~1.5min 内完全沉积下来。其中石榴石的沉淀速度最快，切割后的砂水，在 1min 内就完全沉积下来。

由于磨料在水中的沉积速度很快，因此可用多路沉淀槽回收磨料。沉淀槽应有足够大的过流横断面积，使沉淀槽内的水流速度低于磨料沉积速度。当磨料在一个沉淀槽沉积满后，可将水-磨料混合流，导入另一个沉淀槽。回收的磨料须经过

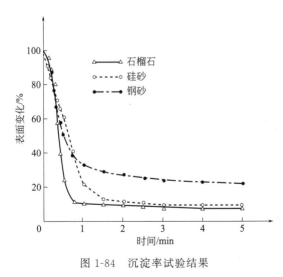

图 1-84 沉淀率试验结果

筛分，经相应的处理后，可以循环使用。

除此之外，还可以采用离心旋流器来快速回收磨料，但其投资费用较大，仅用于磨料连续回收复用的自动化系统中。

（2）磨料供给系统

磨料射流的磨料供给系统，分为干磨料供给系统和湿磨料供给系统两大类。

① 干磨料供给系统。干磨料的流动性能很差，不能在压差作用下水平流动，因此干磨料要靠压缩空气输送。

在气力输送中，最重要的参数是磨料粒子发生沉降的临界速度。当磨料粒径 $d = 0.1 \sim 1\text{mm}$ 时，其临界速度 u 为

$$u = 0.261 \left(\frac{\rho_a - \rho}{\rho_气} \times \frac{g}{\nu^{-\frac{1}{2}}} \right)^{\frac{2}{3}} d$$

式中　u——临界速度；

ρ_a，ρ——分别为磨料、气体的密度；

ν——空气黏度；

g——重力加速度；

d——磨料粒径。

若磨料的密度为 $2.5 \times 10^3 \text{kg/m}^3$ 时

$$u = 6.51d$$

在实际气力输送装置中，由于颗粒之间以及颗粒与管壁之间的碰撞、摩擦，管壁附近存在边界层，在弯头等处空气速度不均匀等原因，所需气流速度远大于粒子的沉降临界速度。实验所得的临界输送气流速度为 $18 \sim 22\text{m/s}$，生产实用的气流速度为 $30 \sim 40\text{m/s}$。

干磨料供给系统又可分为加压式和自吸式两种。

a. 加压式干磨料供给系统——磨料是靠空气压缩机向磨料罐内加压，磨料通过输送管道进入磨料喷头混合室（图 1-85）。压缩空气的压力为 $0.2 \sim 0.4\text{MPa}$。

加压式磨料罐如图 1-85 所示。它主要由加压式密封磨料罐、分水滤气器、气阀、砂阀等组成。压气经分水滤气器分为两支，一支通到加料磨料罐上部，另一支流经加压式磨料罐的下部。气流量由气阀来控制。磨料在空气和自重作用下，流向下部的空气管道中，然后由高速气流将磨料输送到喷头处。

分水滤气器是气动回路中用来清除气源中的水分、油分和灰尘的辅件，它必须垂直安装。

b. 自吸式干磨料供给系统——该系统是靠水射流喷射时在磨料射流喷头混合室内产生抽吸作用，使供砂管路中产生气流，干磨料就是靠这股气流来供给磨料的。系统采用双仓斗，上面主仓斗储存磨料，仓斗内的磨料靠自重漏入下面的接料仓斗（图 1-86）。储料仓斗下端的控制阀可以调节磨料供给量，接料仓与储

料仓之间保持一定距离。这样，磨料可以自由下落产生足够大的初动能。另外，空气可以经两仓之间的间隙被吸进输砂管中形成高速气砂混合流。该系统的磨料供给量仅与仓斗结构和磨料物理性质有关，与料仓中的磨料多少无关。因此，这种供料系统能连续均匀地供给磨料。另外，结构简单，投资少，不需另设动力，是该系统广泛采用的主要原因。

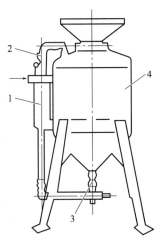

图 1-85　加压式磨料罐
1—分水滤气器；2—气阀；3—砂阀；
4—加压式密封磨料罐

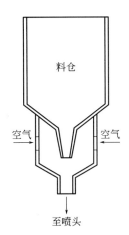

图 1-86　自吸式干磨料供给系统

如输砂管中的气流速度过低，磨料在输砂管中不呈悬浮流，而变成集团流，将使供砂不均。另外，磨料射流喷头附近管路容易潮湿，磨料容易在这里黏结，甚至堵塞输砂管，影响供砂，这是该系统的缺点。

② 湿磨料供给系统。在磨料射流发生装置中，用得较多的是干磨料供给系统，这是由于它的流程简单可靠，效率高。然而，干式供料系统也存在某些缺点，如切缝较宽，容易产生裂口、毛刺、碎片等。另外，干式供料系统中用过的磨料，难于循环使用，这就大大地增加了成本。

湿磨料供给系统如图 1-87 所示。该系统采用切向进料式喷头，由两台并联的高压泵供给高压水。该系统采用磨料浆供料方式。首先在磨料池中将磨料、黏土和水按一定比例调配成磨料浆。黏土可以阻止磨料沉淀和板结。调配好的磨料浆流动性较好，易于控制。由于砂浆泵将磨料浆输送到磨料喷头。用过的磨料浆收集到沉淀池中，经处理后循环使用。

浆状供料射流切割金属与干式磨料射流相比，可产生较窄的切口和较高的光洁度。

3. 前混合式磨料射流

前面所述的磨料射流是早期开发并得到广泛应用的一种磨料射流。由于这种

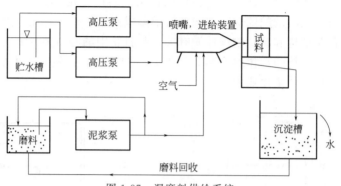

图 1-87　湿磨料供给系统

磨料射流的磨料与水射流的混合效果差，磨料的威力没能得到充分发挥，致使其所需要的水压偏高，切割钢材时一般为 200MPa 以上。

为从根本上提高磨料与水射流的混合效果，近年研制出前混合磨料射流。前混合式磨料射流，不像前面所讲述的磨料射流，即磨料在水射流形成后才混入，而是磨料先和水在高压输水管路中均匀混合成磨料浆水，然后经磨料喷嘴喷射形成的磨料射流。因此，前混合式磨料射流中的磨料具有很高的动能，从而使前混合磨料射流冲蚀物料的效果大大提高。在相同的切割条件下，前混合式磨料射流所需的工作压力要低得多，10MPa 的前混合磨料射流便能有效地切割钢板等坚硬物料。

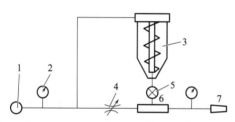

图 1-88　前混合磨料射流系统
1—高压泵；2—压力表；3—磨料罐；4—节流阀；
5—供料阀；6—混合室；7—喷嘴

图 1-88 为一种前混合磨料射流发生装置，它由高压泵、磨料供给装置和喷枪等组成。

前混合磨料射流的高压泵站与纯水射流的完全相同，只是压力等级要低得多。前混合磨料射流所使用的磨料喷嘴，与纯水射流喷嘴大体相似，只是其喷嘴的磨损问题更加突出了一些。因此，前混合磨料射流的技术关键是如何把磨料加到高压水管中去，并且使它与水均匀地混合起来。

从泵站输出的高压水，一股通往磨料罐的上部；一股通往混合室。到达磨料罐上部的高压水，由于磨料向下流的速度很慢，因此基本上以静压形式作用在磨料上，磨料在静水压力和自重的联合作用下，通过供料阀进入混合室。经节流阀流入混合室的高压水流，在混合室与磨料均匀混合后，经管路至磨料喷嘴喷出形成的磨料射流。磨料供给量通过供料阀进行调节。

根据液-固两相流理论，压力管道中磨料浆液的流动速度必须大于临界速度，磨料粒子才不会沉积。压力输送磨料的管道临界流速见表 1-5。

表 1-5　压力输送磨料的管道临界流速　　　　　单位：m/s

砂浆浓度 /%	砂石的平均粒径/mm				
	≤0.074	0.074～0.15	0.15～0.4	0.4～1.5	1.5～3.0
1～20	1.0	1.0～1.2	1.2～1.4	1.4～1.6	1.6～2.2
20～40	1.0～1.2	1.2～1.4	1.4～1.6	1.6～2.1	2.1～2.3
40～60	1.2～1.4	1.4～1.6	1.6～1.8	1.8～2.2	2.2～2.5
60～70	1.6	1.6～1.8	1.8～2.0	2.0～2.5	

注：此表只适合于 $r \leqslant 2.7$mm 的平均砂石粒径。

　　磨料罐是高压容器，其工作压力等于高压水系统的工作压力，一般应容纳 20～30min 的磨料量。为了改善压力容器的受力状况，可采用小直径的细长容器，若采用直径较粗的容器时，应采用复合壁结构。磨料可以采用干的或浆液的形式装入压力容器。当采用人工加料时，容器上部应安装活动封盖，其所承受的作用力与封盖面积大小有关。因此加料口的直径不宜过大，封盖的开启与关闭，应力求操作方便、密封性能好。

　　供料阀的作用是启闭和调节磨料供给量。供料阀可以采用旋塞阀、球阀和往复式滑阀。在选择时，应充分考虑到液-固两相流的特点，避免磨料卡在阀芯和阀座之间，使阀失效。混合室实际上是一个空腔。在混合室的上游有一节流孔，高压水流经该节流孔时，造成压力降，且产生局部涡流，使磨料均匀地混合在水流中。

　　图 1-89 为引射注入式前混合磨料射流系统图，供给磨料的装置主要由高压磨料罐、引射器、控制阀和供水系统等组成。

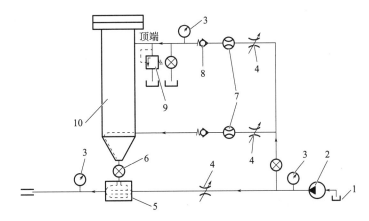

图 1-89　引射注入式前混合磨料射流系统
1—水箱；2—高压泵；3—压力表；4—节流阀；5—引射器；6—闸阀；
7—流量计；8—单向阀；9—安全阀；10—磨料罐

　　从高压泵站输出的高压水流分为三股：一股水经闸阀后再经节流阀通到高压

磨料罐的顶端，对磨料产生一个向下压注的正压力；一股水到闸阀后经节流阀通往高压磨料罐的锥底部，使磨料流态化，以便注入高压水管路中去；另一股水经节流阀至引射器。三股水的流量由各支路上的节流阀来调节。

高压水从引射器喷出时，导致混合室的压力降低，同时，磨料罐锥底处被流态化的磨料，在上面的压力作用下注入引射器的混合室，并被卷入到高速水流中，与水均匀混合，夹带着磨料的高速水经输送管道至磨料喷嘴，经磨料喷嘴喷出，形成前混合磨料射流。

大量的试验表明，上述两种前混合式磨料射流系统都存在着磨料供给不均匀的问题。尽管采取了许多措施加以改进，但问题并没有得到根本解决。这是由于：

① 磨料供给过程中，磨料罐下方流出的磨料浆的体积必然与上方流入的水相同。

② 由于磨料罐中的磨料量的减少，上述流动状态将发生变化。分析表明，流动阻力将随磨料罐内磨料高度的降低而降低。

③ 流动阻力的降低，必然引起流入磨料罐内的水流量的增加。因此，磨料供给量也将不断增加。图 1-90 是实验得出的磨料供给量随时间的变化曲线。

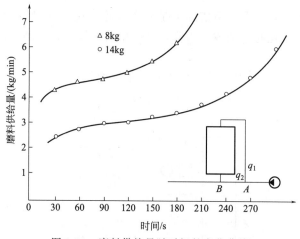

图 1-90　磨料供给量随时间的变化曲线

从图中可以明显地看出，磨料罐上方供水的系统，不可能实现磨料的均匀供给。磨料供给量不仅与时间有关，而且与磨料罐内的装料量有关。

在理论上是很容易解释的。在系统开始工作之前，磨料罐内的磨料处于静止状态，速度为零。当射流开始喷射之后，磨料罐内的磨料在上下压差的作用开始作加速流动，很快就达到一个相对稳定的给料量，这就是磨料供给的启动过程。磨料罐中的磨料量越多，这个启动过程就越长。随后由于磨料罐中磨料量的减小，其流动阻力逐步减小，图 1-90 所示的流量 q_1 就会不断增大，磨料供给量也就不断增大。

总之，如果将磨料罐作为有压流动管路中的一部分进行设计，是不可能得到均匀的磨料供给。要解决这一难题，必须根据其他力学原理设计全新的磨料射流供料系统。

图 1-91 是一种新型的磨料供给系统。高压水流进磨料罐下方的混合腔，对磨料进行水力输送，同时，由于磨料粒子相对密度较大，在磨料罐内作向下的沉降运动，而水则通过磨料粒子之间的空隙向上做渗流运动，两者之间的体积流量相同，通过使用透明有机玻璃的磨料罐进行试验可以直接观察到上述流动状态。

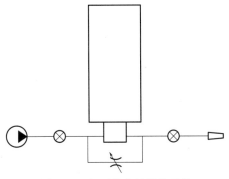

图 1-91　新型的磨料供给系统

在这种供料系统中，磨料罐完全脱离了管路系统，其内部各点压力的差异仅是由高度差造成的静水力压力，也就是说磨料间隙内的流体所承受的压力梯度恒定，为 $\rho^* g$，并在 $(\rho^* - \theta)g$ 作用下做向上渗流运动，与磨料罐内磨料的高度无关，这里 ρ^* 是磨料与水的混合密度。也就是说，磨料罐内磨料量的多少并不会对供料量产生影响。图 1-90 是这种系统实验得到的磨料供给量随时间变化的曲线。使用的磨料为棕刚玉和石英砂，另外在实验中没有使用节流阀。

从图 1-92 可以看到，磨料供给量与磨料的类型（主要是密度）有关。在其他条件相同时，磨料的密度越大，磨料供给量也就越大。

对同一种磨料而言，影响磨料供给量的主要因素是流入混合腔的水流量以及混合腔与磨料罐之间的通径，从调节便利考虑，最好采用调节水流量的方法。图 1-91 就是利用可调节流阀来改变两支路水流量的系统。图 1-93 是节流阀四种开口状态下磨料供给量随时间变化的曲线。节流阀开口度随 A 至 D 逐步增大，相应的过流量也逐步增大，从而使流入混合腔的水流量减小。这样就调节了磨料供给量。

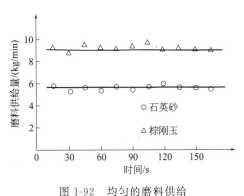

图 1-92　均匀的磨料供给

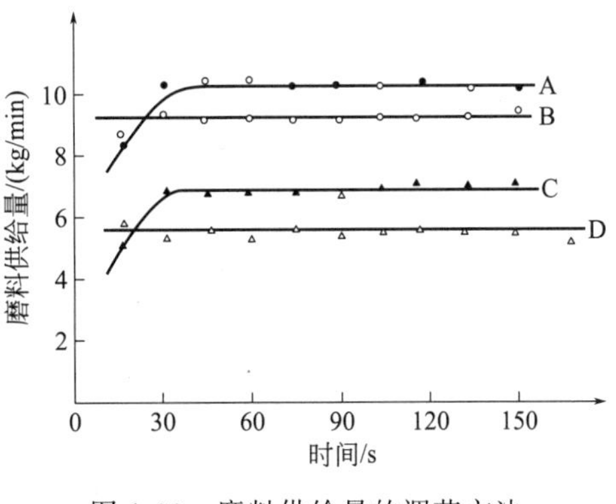

图 1-93　磨料供给量的调节方法

图 1-93 中有两条曲线的启动过程较长，这是由于在向磨料罐装入磨料时带进了空气，而空气的进入将产生不良的影响，首先，当系统压力升高时，空气被压缩，使大量的高压水流进磨料罐，造成工作初期磨料供给量的减少。

此外，磨料罐内存留空气还会造成停止工作后磨料在管路中的堵塞。简单地说，在工作时磨料罐内的空气处于受压状态，贮存了大量的压力能。系统停止工作卸压后，这些压缩空气将膨胀，成为新的动力源，驱使磨料罐内磨料继续流入管路。但此时高压泵已不再提供压力水对磨料进行输送，因此磨料将堵塞混合腔和喷嘴之间的管道。其具体的堵塞过程如图 1-94 所示。

停泵之后，磨料罐内的磨料在其上方的压缩空气作用下漏入管路。由于空气压力与体积是成反比关系，因此，磨料罐内的压力很快就大幅度降低。由于喷嘴的作用，管路内流速降低，磨料在管道中沉降，停止流动，形成沉积床 [图 1-94(a)]，使管路断面变小，但在沉积床的上方，磨料浆液仍然能保持一定的输送速度。当磨料浆液到达沉积床最前端时，由于断面增大，速度降低，磨料沉积，流体水则连续向前从喷嘴流出，沉积床不断向前推移 [图 1-94(b)]。沉积床的延伸使得流动阻力不断增加，加之磨料罐压力的降低，沉积床上方的磨料浆流动受阻，速度降低，磨料在沉积床上方沉降，这一过程从沉积床的最前端向磨料罐方向进行 [图 1-94(c)]。

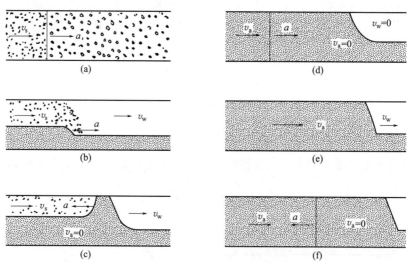

图 1-94　停泵后管路内的流动状态

v_{w}—水流速度；v_{s}—磨料浆速度；a—波速（状态变化速度）；v_{a}—磨料速度

当管路被磨料充满之后，整个断面的磨料在压差的作用下从磨料罐向喷嘴方向运动 [图 1-94(d)]，同时水通过磨料颗粒间做渗流流动 [图 1-94(e)]。

随着磨料在管道内的长度增加，运动阻力也逐步增加，而磨料罐内压力却在减小，因此上述流动将渐渐停止。停止的过程是从喷嘴一侧向磨料罐方向进行，也就是与流动方向相反［图 1-94(f)］。图 1-94(c)~(f) 过程使磨料进一步被压实，堵塞也更加严重。通常情况下，磨料罐内有很低的压力。

如果停泵前喷嘴前方的截止阀处于关闭状态，则停泵时溢流阀处于开启状态。由于磨料罐内的压力高于溢流阀的回复压力，加之阀的响应时间滞后，前述过程将在磨料罐与溢流阀之间发生。如果两者之间的距离较短，则有可能将溢流管路部分或完全堵塞。当水泵再次启动时就会引起事故。

管道发生堵塞之后，应用最高压力疏通。如果逐次提高高压水的压力，只能使堵塞趋于严重，甚至无法使用高压水来疏通。

4. 磨料参数对射流切割能力的影响

影响磨料射流切割能力的因素有很多，大致可分为磨料参数、水力参数、射流工作参数、被切割材料参数等几个方面。其中磨料参数又包括磨料的品种（形状、密度、硬度），粒径，磨料供给量，磨料供料方式等。

水力参数、工作参数对磨料射流切割能力的影响规律与对纯水射流的影响基本相似，本节只介绍磨料参数对切割能力的影响规律。

（1）磨料品种

不同品种的磨料具有不同的力学性质，主要是磨料硬度和形状，它们对切割能力有直接的影响。在常用的磨料中，金刚砂的硬度最高、切割效果最好；硅砂的硬度较低，并且缺少棱角，其切割能力也就低。

图 1-95 给出石榴石（G）、硅砂（S.S）和金刚砂（S.C）三种不同磨料，在不同的粒度下切割混凝土的切割深度。磨料代号下方的数字为磨料的平均粒度，方框内的数字为磨料流量。试验中使用的是很硬的混凝土块，抗压强度为 34.5MPa，射流的工作压力 241.5MPa，喷嘴直径 0.635mm，靶距 7mm，横移速度 3.8mm/s。

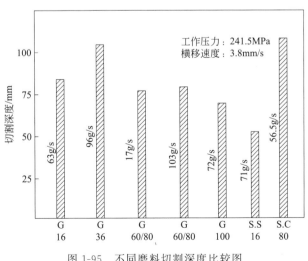

图 1-95　不同磨料切割深度比较图

(2) 磨料粒度

磨料粒度对切割能力和切割表面的粗糙度都有一定的影响。不论是切割脆性材料，还是塑性材料，都存在一个最佳的磨料粒度值，如图 1-96 所示。从图中可以看出，对于脆性材料，磨料的合理尺寸范围，要比塑性材料宽，且磨料的合理尺寸范围 x，随材料的脆性指标的增长而增加。

图 1-97 为石榴石磨料射流切割铝合金和不锈钢时，切割深度和粒径的关系。试验条件如下：工作压力 196MPa，水喷嘴直径 0.6mm，磨料喷嘴直径 1.5mm，磨料流量 0.4kg/min，射流靶距 2mm。铝合金的韧性比不锈钢好，所以其最佳粒度范围比不锈钢的小，且最佳粒度值比不锈钢稍高一点。

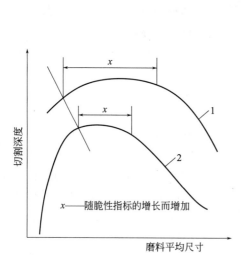

图 1-96　磨料的粒度与切割深度关系曲线
1—切割脆性材料；2—切割塑性材料

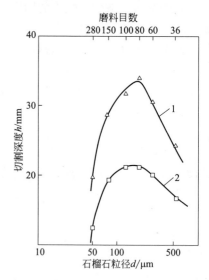

图 1-97　切割深度和石榴石粒径的关系
1—切割铝合金，$u=200$mm/min；2—切割
304 不锈钢，$u=100$mm/min

(3) 磨料流量

磨料流量对切割能力和切割成本都有很大的影响。试验表明，切割深度是磨料流量的函数，是一个凸曲线，因此存在一个最大值，存在一个最佳磨料流量的选用范围。

图 1-98 为石榴石磨料射流，切割混凝土的试验结果。试验压力 241.5MPa，喷嘴直径为 0.635mm，横移速度 3.8mm/s，磨料粒度 36 目。图中实线为趋势线，呈上凸形。可以看出磨料流量约为 68g/s 时，切割深度出现了最大值。但是在 38g/s 时，切割深度仅降低了 11%。如果磨料不重复使用，则需综合考虑切割成本后，再确定磨料流量值。

试验表明，对应最大切割深度的磨料流量值，与磨料的性质、被切割材料的性质、磨料射流水功率等因素有直接关系。

图 1-99 为 60 目石榴石磨料射流切割铝合金、钛合金和镍铬合金的试验结果。

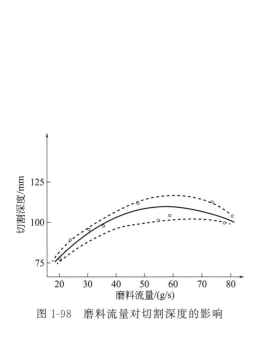

图 1-98　磨料流量对切割深度的影响

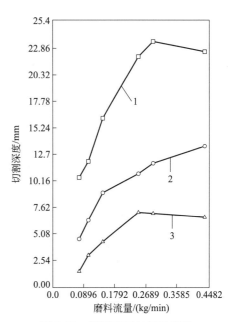

图 1-99　切割不同材料时磨料
流量与切深的关系

1—铝合金；2—钛合金；3—镍铬合金

试验压力 210MPa 喷嘴直径 0.25mm，横移速度 150mm/min。钛合金的切割深度尚未出现最大值，不过切割深度随磨料流量增长的趋势已变得很平缓。铝合金和镍铬合金在实验出现了切割深度的最大值，对应的磨料流量为 3kg/min 和 2.5kg/min。

(4) 供料方式

干式供料和浆状供料对切割能力有一定的影响，并且最大切割深度对应的磨料流量通常也不相同。浆状供料系统比干式供料系统的切割效率一般要低一些。

图 1-100 为 80 目石榴石干磨料和氧化铝浆状磨料切割不锈钢和铝合金的试验结果。试验压力 196MPa，水喷嘴直径 0.4mm，磨料喷嘴直径 1.5mm，靶距 2mm。从图可以看出，干磨料供给系统的切割效率高于浆状供给系统。浆状供给系统的切割深度随磨料流量的变化已出现最大值，而干磨料供给系统尚未出现最大值，随着磨料流量的增加，切割深度仍可能有少量的增加，但增加的速度已经较低。

（二）空化射流

空化射流是一种在射流中产生气泡的连续射流。采用多种方法（空泡、空气、淹没等方法）在流体中形成压力低于当地蒸气压的区域。这样就会激发空化核（流体中的气泡）的生长，这些气泡被卷入射流进一步生长，直到它们接近被

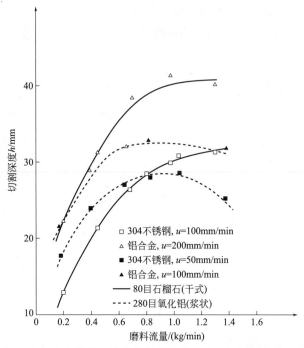

图 1-100　干式供料和浆状供料时磨料流量对切割深度的影响

清洗或切割的表面，由于受阻滞而引起破裂。在破裂过程中，产生非常高的爆破压力和微射流，在靶面形成很高的应力，其强度高于大多数材料的抗拉强度。虽然单独的空泡破裂，造成的破坏程度较小，但持续、大量的作用力，使射流冲击、切割能力大幅增加。

1. 空化现象

通常分析各种流体运动的规律时，都有一个前提，即在流区的所有空间，都

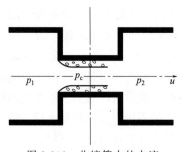

图 1-101　收缩管内的水流

充满了液体，这就是连续性条件。但是，当液流局部区域的压力降低到一定程度时，该区域液流的内部会出现气体（或蒸汽）空泡或空穴，这种现象称为空化（或称气穴现象）。图 1-101 表示，一段收缩管道内水流的上游压力为 p_c，下游压力为 p_2，收缩段的压力为 p_0，主流的速度为 u_0。如上所述，当 p_c 的绝对压力值降低到当地水的饱和蒸气压时，水就要汽化或沸腾形成气泡，这就使整个管道内的流动连续性被破坏。空化在液流系统内一旦出现，空化区的压力变化就不再服从一般的能量定律。

这种现象并不限于水流系统，而且在任何液体流动系统，包括液态金属——

水银流动系统，只要出现低于该种液体饱和蒸气压的局部地区，就会产生空化现象。因此，空化问题涉及水力机械（泵、水轮机）、水工建筑物（坝体、桥墩等等）、液压机械（油泵、油马达及阀件等）以及水下运载工具等众多的领域，引起了学术界及工程技术界的普遍关注。

表 1-6～表 1-8 给出水及其他液体的饱和蒸气压力值。对于空化射流而言，重点在于研究水流系统（包括封闭或开启系统）内的空化问题。

表 1-6   水在不同温度下的饱和蒸气压

$t/℃$	0	5	10	20	30	40	50	60	70	80	90	100
p_v/kPa	0.8	0.9	1.2	2.4	4.3	7.5	12.4	20	31.8	48.3	71.5	103.3

表 1-7   液压油在不同温度下的饱和蒸气压

$t/℃$	20	40	60	80	100	120	140
p_v/Pa	0.009	0.06	0.4	2	8	30	80

表 1-8   几种液体在 20℃ 时的饱和蒸气压

种类	水银	煤油	乙醇	苯	甲醇	汽油
p_v/kPa	1.6×10^{-4}	3.3	5.9	10	12.5	30.4

由表 1-6 可知，在常温 20℃ 条件下，水流系统内的局部压力（指绝对压力）必须降低到 2.4×10^{-3} MPa 以下才能产生瞬态的相变过程，并可能导致空化和冲蚀。反之，在正常的大气压力下，水的温度必须加热到 100℃，才能出现汽化或沸腾现象，这就是日常生活中，为什么水到 100℃ 才能沸腾的道理。因此，有两种不同的方法使水汽化或沸腾。我们强调指出，空化问题涉及的水沸腾过程，是专门指水流系统，由于水的动压降引起的沸腾，并不是指由于加热而使水产生的沸腾过程。这是空化现象公认的定义。

2. 空化冲蚀

以上叙述到空穴或气泡在水流系统中的形成条件和过程，在全部空化过程中称为"空化的初生"。由图 1-101 可知空穴首先在收缩截面的边界层内。粗略地说，空穴在收缩截面的固体内壁面孕育而初生，并在低压区内长大，随主流运动到压力升高区内，然后收缩，接着空穴要溃灭。因此，空化现象的全过程，应该包括空穴的孕育与初生、发育与长大、收缩和溃灭三个阶段。全过程中的每一个阶段（或子过程），都取决于系统内部流体压力的变化。

对于空化现象，还可以与上述煮开水的过程做对比。在烧开水时，如果仔细观察，可以发现气泡并不是先在大气与水的分界面（即自由面）上产生，而是先在容器的与液体接触的壁面附近产生。这是由于加热或用降低压力使水汽化或沸腾的热力学机理。但是，谈到空穴的溃灭，与水蒸气的凝结，则是迥然不同。众所周知，水加热沸腾后，产生蒸汽，遇到降温，蒸汽又凝结成水，这仅是一个热力学过程。而在空化现象中，发生的空穴溃灭，却是一个瞬态的动力释放过程，轻则使机械的效率显著地降低，出现振动和噪声，重则使水力机械的零件被冲蚀破坏。

空化冲蚀（简称空蚀或气蚀）的机理至今仍在探索之中，但它的破坏能力已是有目共睹。据报道，空蚀不但能破坏金属材料，如钢制的泵轮或铜制的螺旋桨（铜比钢的抗空蚀强度要高些）；也能破坏诸如混凝土和橡胶等脆性或韧性的非金属材料。

3. 空化数

水流中是否出现空化，取决于水流内部及水流壁面的压力。如果存在绝对压力等于或低于饱和蒸气压的区域，空化必然会出现。这种检测空化的方法，对于已有的流体设备或系统是行之有效的。但是，如果要预计一种新设计或研制的流体设备是否会出现空化问题，上述方法就行无法实现。必须根据流体动力相似原理，开展模型试验和研究。在模型与实物保持几何相似和运动相似以及动力相似诸多条件下，模型与实物内部的水流过程就必然是相似的。相似条件是用无量纲相似准则数来表示的。例如水力学中的雷诺数、费汝德数。在研究水流中的空化现象时，采用的无量纲参数是空化数，其物理意义是：

$$空化数 = \frac{抑制空化产生的力}{促使空化出现的力} \tag{1-32}$$

这个原理性公式，适用于各种不同类型水流系统中的空化问题。对于具体的水流系统，例如水力机械（离心式水泵等），空化数 σ 等于：

$$\sigma = \frac{p_{atm} - p_{min}}{p} = \frac{p_{atm} - p_v}{p} \tag{1-33}$$

式中　p_{atm}——大气压力；

　　　p_{min}——水流系统中的最小压力；

　　　p_v——水的饱和蒸气压；

　　　p——一级轮叶产生的压力。

这种相似准则和公式最早是由德国工程师托马（D. Thoma）提出，因此在一些水力机械方面的书和文献中，空化数又称为托马数。

对于我们关心的喷嘴流动，空化数的表达式可写为

$$\sigma = \frac{p_2 - p_{min}}{\frac{\rho}{2}u^2} = \frac{p_2 - p_v}{\frac{\rho}{2}u^2} \tag{1-34}$$

式中　ρ——液体介质密度。

通常，上式适用于常压条件下水流中的空化问题。对于高环境压力（简称高围压）条件的空化现象，例如石油钻井用的空化射流或 A·Lichtarowicz 空化冲蚀试验机，最好用下列形式表达：

$$\sigma = \frac{下游压力}{喷嘴总压降} = \frac{p_2}{p_1 - p_2} \tag{1-35}$$

式内符号已在图 1-101 内解释过。因为下游压力，即环境压力很高，原来分子项的 p_v 可以忽略不计。此外，式(1-35) 中的分母 $p_1 - p_2 = \frac{\rho}{2}u^2$，即通过喷嘴的总压降都转换为水射流的动能。这就说明了在环境压力为数百个大气压时，只要射流速度（能量）足够大，使空化数变小，就同样能出现空化和空蚀现象。但是，由于空化数越大，出现空化的可能性就越小。因此，实现高围压下的空化射流，技术上的难度是很大的。通常在淹没式水射流里，$\sigma \leqslant 0.5$，必然会出现稳定的空化。此外，在水力机械里，例如离心式水泵的导水轮、螺壳等局部位置，也存在高围压下的空蚀问题。

4. 空化水射流

水流中的空化现象以及由气体引起的空蚀破坏，对于水力机械、液压元部件以及水力建筑物等，都是有百害而无一利。20 世纪末到第一次世界大战前后，空化引起人们的注意，所有的研究工作，其目的都是为了预防空化的产生或降低空化噪声和空蚀破坏。随着超声波物理学和超声工程的飞速发展，出现了超声波清洗。这实质上就是一种空化清洗技术。超声波可以在坚硬材料上钻小孔，实质上是振荡空化射流的钻孔技术，工作介质不是单纯的水（或油），而是由金刚砂与水（或油）组成的磨料。此外，大多数的冲蚀磨损型材料试验机，都属于空化射流的技术领域。因此，在高压水射流清洗和切割技术兴起的时候，一些学者很快地把空蚀原理与水射流原理结合起来，设计出了形形色色的空化水射流发生装置。

其基本设想是在喷嘴射出的水射流内，诱发含有空气（或水蒸气，或混合气体）的空泡初生，适度地控制喷嘴出口截面与靶材表面之间的距离（射流靶距），使空泡发展长大，当射流冲击到靶材表面上（或附近）发生溃灭，使靶材引起空蚀破坏，以达到清洗、切割或破碎物料的效果。图 1-102 为空化水射流的原理图。

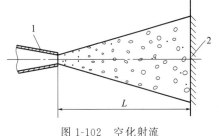

图 1-102　空化射流
1—空气喷嘴；2—靶体；L—靶距

显然，靶距对高速水射流中空化的发展和空蚀的作用影响很大。如果 L 太短，空泡尚未充分发展就溃灭，可能不会出现空蚀或作用很轻微。反之，如果 L 太长，空泡虽已发育长大，但可能在到达靶材表面之前就已溃灭。所以，对于任何一个空化喷嘴，都存在一个相应的最佳靶距，这是空化射流的关键问题之一。另外，影响空化射流的因素还较多，有待于以后进行分析研究。

普通连续水射流对靶体的打击压力与射流的压力有关，采用水射流切割钢材，通常需要高达 700～1000MPa 的压力，这使水射流的工业应用和推广受到限制。但采用空化射流，则可能在比较低的压力下取得较高的打击压力，这从图 1-103 可以看出。

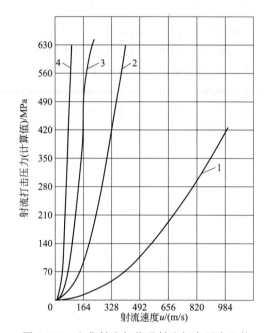

图 1-103　空化射流与普通射流打击压力比较

1—普通水射流；2—空化射流，$a=1/16$；3—空化射流，$a=1/8$；4—空化射流，$a=1/10$

空化射流的冲击压力 p_i 可由瑞利（Lord Rayleigh）理论公式估算，即

$$p_i = \frac{p_s}{6.35}e^{\frac{2}{3a}} = \frac{\rho u^2}{12.70}\exp\left(\frac{2}{3a}\right) \tag{1-36}$$

式中　a——水中的气体含量；

　　　p_s——普通射流的冲击压力或阻滞压力；

　　　u——射流的流速或流体的流速。

在 $a=1/10 \sim 1/6$ 范围内，空化射流冲击压力与普通射流的滞止压力相比有

$$p_i = (8.6 \sim 12.4)p_s \tag{1-37}$$

通过上述的初步估算，如果用空化喷嘴取代现有的普通喷嘴，则泵压可以降低一至二个数量级。因此开发空化射流技术使它逐步达到工业应用水平，无疑是国内外水射流技术界，努力开发的主攻方向。国外报道，空化射流已应用于船体除锈，尤其在水面下，即在淹没条件下，空化射流显著地优于普通的连续水射流。另外，清除退役导弹内部的炸药、油井钻孔、井下采煤以及切割混凝土结构等方面，空化射流正在取得可喜的进展。国内在船体清洗和油井钻孔等部门，近

年来已投入空化射流的实验研究工作，并已得到令人鼓舞的进展和成果。

（三）脉冲射流

脉冲射流是通过一定的装置，将动力源提供的能量贮存起来，间断地传递给水，使水获得巨大的脉冲能量，经过喷嘴射出，形成类似于炮弹的脉冲射流。由于射流是间断发射，因此脉冲射流发生装置又被称为水炮。

水炮有三种主要类型：纯挤压式、冲击挤压式和冲击聚能式。

1. 纯挤压式水炮

图 1-104 是纯挤压式水炮的结构原理图。它实际上就是一个以液压油或乳化液驱动的单级单做用的增压器。油压驱动活塞做往复运动，使活塞推动小直径的柱塞挤压高压缸中的水，高压水从喷嘴中喷出形成射流。根据要求也可以采用两级单作用或双作用增压器。例如英国矿山安全研究院（SMRE）设计制造的两级增压器式水炮，经过两级 10.2

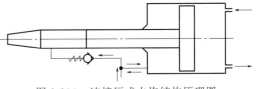

图 1-104　纯挤压式水炮结构原理图

和 42.8 的增压，使最终产生的射流压力达 1400MPa；喷嘴直径 1mm，喷射时间 0.2s，水量为 0.26L。

用纯挤压式产生的脉冲水射流，其几何结构是细而长，其动力结构则与普通的连续水射流相同。实质上这是一种间断发射的连续射流。

2. 冲击挤压式水炮

图 1-105 是冲击挤压式水炮的结构原理图。图中大活塞的右侧腔室内储存有气体，通常是氮气，活塞左侧周期性地以正常流速供给压力水，压缩右侧气体。当气体达到规定的压力后，左侧快速地排水，降低其压力。与此同时，右侧压缩空气膨胀，推动活塞组件高速运动，冲击炮筒即小活塞缸体里处于静止状态的水受到活塞的初始冲击之后，仍在炮筒里受到活塞的继续挤压作用，最后经喷嘴射

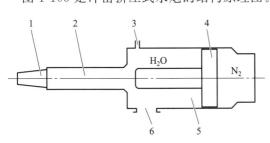

图 1-105　冲击挤压式水炮结构原理图

1—喷嘴；2—炮筒；3—进水口；4—活塞组件；

5—缸体及气室；6—排水口

出形成脉冲射流。

与图 1-104 纯挤压式相比，两者对射流介质的增压方式不同。纯挤压式是一种准静态加载；而冲击挤压式则是动态加载，小活塞以极高的速度对水进行冲击加载，并且射流的压力并不取决于大小活塞的面积比，而是由气体贮存的能量及其膨胀过程确定。

3. 冲击聚能式水炮

图 1-106 是冲击聚能式水炮的结构原理图。与图 1-105 相比，水炮的发射机构基本相同，只是利用了聚能喷嘴取代了普通的收敛型喷嘴。

根据聚能喷嘴的前端初始条件和边界条件，作为已知流动参量，定性地分析，水团在喷嘴内部，瞬态非定常流动过程。如图 1-106 所示，当活塞组件高速地冲击静止的水团时，必将在流体内部产生一个高强度的压缩波，沿着喷嘴内部的流体向前传播。如果是普通的收敛型喷嘴，压缩波在向前传播过程中将发生反射。这些附加的反射波，将使初始的压缩波变形，波形前沿将变得不剧烈，导致能量传输效率降低和能量的耗散。与此相反，聚能喷嘴内部的几何结构，则可降低上述能量耗

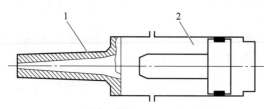

图 1-106　冲击聚能式水炮结构原理图
1—聚能喷嘴；2—发射机构

散，并且在强扰动波形成之后，其伴流区的波速，总是大于本身的波速，因此在聚能喷嘴内部，流体的能量，以一种后浪追前浪的方式向前聚积。最后形成一个压力的强间断面，即激波。上述过程与钱塘江大潮（力学上称为涌波或势涌）的形成完全相似。"聚能"的含义是流体能量的重新分布，其结果是射流的峰值压力以及最大打击力显著提高，而有效冲击时间大大减少。这有利于提高脉冲射流对靶面的破碎效果。

另外，还有通过爆炸式脉冲射流装置、截断式脉冲射流装置、调制式脉冲射流装置获得脉冲射流的试验及应用。

五、水射流在固体表面的压力及分布

1. 连续水射流对物体表面的作用力

水射流冲击物体表面时，由于它改变了方向，在其原来的喷射方向上就失去了一部分动量。这部分动量就将以作用力的形式传递到物体表面上。连续水射流对物体表面的作用力，是指射流对物体冲击时的稳定冲击力——总压力。

由于水射流的速度，随着其喷射距离发生变化，因此射流冲击物体的作用力也是随喷嘴至物体表面的距离（通称靶距）不断变化的。

射流对物体的冲击力，在最小靶距时很小，随着靶距的增加，冲击力逐渐增加，在某一位置，冲击力达到最大值。之后便开始逐渐减小，直至射流消散。冲击力的最大值与理论值大致相当，达到最大打击力的靶距，一般在喷嘴直径 100 倍左右的位置处，而喷嘴出口附近的打击只有最大值的 0.8～0.85，参见图 1-107。

我们一定要注意，射流最大作用力位置，不是在喷嘴出口，而是在离喷嘴一

定距离的位置，喷嘴出口附近的打击力远低于理论值。

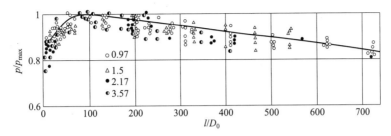

图 1-107　射流作用力随靶距的变化曲线

2. 连续水射流冲击物体表面的压力分布

连续水射流垂直冲击物体表面时，流体将以射流冲击中心，成辐射状均匀地向四周扩散，如图 1-108 所示。在冲击中心处，压力为滞压力，即射流的轴心动压力 P_0。随着距中心径向距离的增大，射流对靶面的作用压力，逐步减小至环境压力。

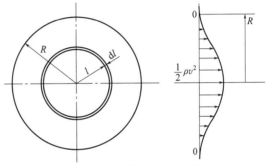

经过试验检测和理论计算，射流冲击物体时的有效作用半径，大约是射流自身半径的2.6 倍。

图 1-108　连续水射流对靶面垂直冲击的压力分布

3. 高速液滴冲击下固体表面的压力及其分布

在高速液滴冲击下，固体表面承受很高的水锤压力，但这个压力维持的时间很短。很多学者从不同角度研究了高速液滴冲击下的压力及其分布，得到的计算公式也多种多样，都是建立于水锤压力理论和弹性压力波理论。

图 1-109 为柱状液滴冲击物体时的示意图。当柱状液滴冲击固体的时候，开始只有固液接触边缘的液体能够自由向外做径向运动，液滴的中心则在强大的水锤压力作用下，处于受压状态。当固液接触面边缘的液体向外移动时，液体压力得到释放。这时波阵面为曲线的稀疏波，将由固液接触面边缘向中心传播，表示受压区的阴影部分逐渐缩小。当稀疏波传到液滴中心后［图 1-109（c）］，固体表面的压力，全部从水锤压力降低到冲击液滴的滞止压力。同时液体沿固体表面做径向流动，液体内部的受压状态消失［图 1-109（d）］。上述过程维持的时间极短，仅是微秒量级。它取决于液滴的大小和应力波的传递速度。我们把液滴开始冲击，到液滴在固体表面上产生径向运动的过程称为"初始期"。在这段时间内，固液接触面上存在一个极高的压应力区域，它对物体的破坏过程有着重要的作用。

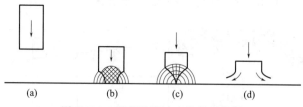

图 1-109　柱状液滴冲击物体示意图

对球型液滴，理论计算表明，由于冲击中心流体的径向运动，受到其周围后续冲击流体的抑制，中心点处压力，可达柱状液滴中心点压力的三倍。

六、水射流形成的应力场

由于高压水射流自身结构的复杂性，它冲击物体后引起的应力场也十分复杂。各国学者对此进行了大量的研究和试验。

通过高速摄影图片研究可以证明，虽然水射流作用点比较集中，但是，如果把水射流单纯按集中应力对待，用一般弹性理论求解水射流的应力场，其结果会很不准确。

通过对直径为 2mm、速度为 300m/s 球状水滴，冲击铝合金半无限体所产生的应力场进行研究。测得数据见表 1-9。

表 1-9　水滴冲击铝合金半无限体产生的正应力和剪应力

序号	应力性质	发生时间 $a_0 t/R_0$	发生位置		数值/MPa
1	拉应力	0.49	$Z=0$	$r=1.2R_0$	140
2	剪切力	0.54	$Z=0.75R$	$r=0$	390
3	压应力	0.59	$Z=0$	$r=0$	890
4	拉应力	0.63	$Z=R$	$r=0$	168

当固体表面受到压应力后，由于卸载和恢复变形等因素，固体表面产生弹起现象，致使固体内部引起拉应力，数值约为 168MPa。这种由卸载恢复变形等而引起的拉应力是岩石等脆性材料破碎的重要原因。

七、水射流造成的物体破坏（包括岩体力学、岩体强度、射流切割金属参数）

高压水射流或高速水滴冲击下物体的破坏，大体是由以下几种作用所引起的。

① 气蚀破坏作用；

② 水射流的冲击作用；

③ 水射流的动压力作用；

④ 水射流脉冲负荷引起的疲劳破坏作用;

⑤ 水楔作用等。

射流冲击物体表面后,流体只是附于材料表面做快速径向流动。柱状液滴的径向流动速度与其冲击速度相等。射流在材料表面径向流的流动过程中,将产生很大的剪切力,使材料表面受到破坏。对于有一定孔隙的物体,在压力作用下,物体的孔隙内也有很高的压力。由于张力作用,孔隙介质颗粒之间连接力减弱,从而加速了材料的破坏过程。

如果液滴冲击速度较低,材料表面受到压缩波和拉应力作用,同时形成气蚀,压力虽然小于使固体产生破坏的临界值,但气蚀作用也能使物体产生破坏。有人认为气蚀是高压水射流作用下物体产生破坏的主要原因,也有人认为气蚀是促使物体破坏的因素,但气蚀破坏只有在液滴低速冲击时才比较明显,尤其对颗粒度较大的非金属脆性材料影响较大。

高压水射流或高速液滴冲击下,物体的破坏大体可以分为两大类型:一是以金属为代表的延性材料,在剪切应力作用下的塑性破坏;二是以岩石为代表的脆性材料在拉伸应力或应力波作用下的脆性破坏。另外有一些材料在其破碎过程中,上述两种破坏形式同时发生。

八、影响水射流切割破碎性能的因素

影响高压水射流切割破碎物料的原因比较多,归纳后可分为三个方面:即高压水射流特性、切割破碎条件和被切割物料的特性。

高压水射流的特性是指:高压水泵及其附属装置、喷嘴形状及尺寸、水射流中的添加剂等。例如喷嘴的收缩角对水射流特性的影响;少量高分子聚合物的加入将有效地抑制水射流的扩散,增加其密集性等,也就是说高压水射流特性就是影响水射流喷射性能的因素。

切割破碎条件是指高压水射流在什么条件下冲击物料。切割破碎条件包括喷嘴直径、喷出压力、靶距、喷嘴横移速度、喷射角度以及水射流在空气中还是在水中切割等因素。

被切割物料特性是被切割物料的物理特性参数。强度特性包括抗压强度、抗拉强度、抗剪强度、坚固性系数及破坏韧性等。材料特性包括相对密度、弹性模量、透水系数、空隙率等。另外被切物料的微观组织和结构,也是影响水射流切割性能的重要因素。

影响水射流切割性能的因素不但多,而且这些因素之间还存在着相互制约和影响,这给研究带来更大的困难。因此,本节只能对其中影响较大的几个因素进行简要分析。

1.水射流喷射压力对切割能力的影响

水射流的喷射压力反映了水射流的速度,它是影响水射流切割能力的最重要的参数。大量的试验表明,水射流冲击物料时,存在着一个使物料产生破坏的最小喷射压力。当水射流喷射压力小于这个压力时，物料只能产生塑性变形而几乎不被破坏。当喷射压力超过这个压力时，物料将产生跃进式破坏。我们把这个使物料产生明显破坏的水射流喷射压力称作门限压力。物料的门限压力与物料的特性有关，例如岩石的门限压力与其坚固性系数成正比。我们进行清洗施工时，选择的射流喷射压力，必须超过门限压力，否则无法实现切割破碎。

2. 喷嘴横移速度对切割能力的影响

喷嘴横移速度是诸因素中唯一与切割时间有关的一个因素，其实质反映了水射流对物料的冲击时间。在不考虑单位时间内冲蚀量的前提下，认为横移速度越小，切割深度越大。实际应用中必须关注射流效率，在切割破碎过程中，我们不仅关注切割深度，更要关注切割破碎的长度和宽度（面积），还要关注所消耗的时间。这就是射流的冲蚀效率。

横移速度为零时，射流效率较低。射流越容易在切割沟槽底部反射折射，这些反射形成"水垫"作用，从而减弱了水射流的破碎能力。

横移速度在合理范围时，可以有效避开"水垫"，获得较高的冲蚀效率，这是清洗施工追求的目标。

横移速度过快时，喷嘴无法形成密集射流，喷射出的水流快速移动，空间中形成散射的微小水滴（雾化），清洗施工中需要避免这种现象。

3. 喷嘴靶距对水射流切割能力的影响

靶距是水射流从喷嘴出口至被切割物料之间的距离。水射流的打击力，随射流离开喷嘴的距离而发生显著变化。因此，靶距也是射流切割破碎的一个重要因素。

有研究结果表明，在不同靶距下，铝板被冲蚀破坏的状况及冲蚀量的变化特点。射流的喷射压力为30MPa，喷嘴直径为1.1mm。当靶距很小时，铝板与喷嘴接触，铝板只受到水射流动压的作用，不足以使铝板破坏。随着靶距的加大，射流冲击区仍无法冲蚀破坏，但其边缘开始出现冲蚀点，而且充蚀破坏呈花瓣形。随着射流靶距加大和冲击时间加长，花瓣个数与花瓣深度都在增加。靶距再加大，冲击中心未遭破坏的圆形残部直径变小，花瓣形破坏变成同心圆状，圆形残部变成中央残丘；靶距继续加大，中央残丘变小，最后消失，冲蚀破坏呈圆锥形。

很多实验和实例都证明，根据不同的射流条件（压力、流量）、不同的使用目的（切割、破碎、清洗）以及不同的切割对象，总可以找出最佳靶距（射流有最大打击力的位置）。从这个位置向喷嘴移动，打击力会逐渐减小。从这个位置向远方移动，打击力也会逐渐减小。清洗施工要努力追求最佳靶距。

4. 喷嘴直径对切割能力的影响

在保持喷射压力一定的前提下，加大喷嘴直径则增大了流量，增加了水射流所携带的能量，射流在物料上施加的能量越大，产生的效果越明显。

很多实验和实例都证明，在射流压力一定时，喷嘴直径增加，切割破碎能力呈比例增加，携带功率呈三倍左右幅度增加。

5. 水射流冲击角度对切割能力的影响

水射流的冲击角度是指在切割平面内，水射流的冲击方向与被冲击表面垂线之间的夹角。大量的实验表明，其他条件相同时，水射流在不同的冲击角下切割物料时，会得到不同的切割深度。水射流垂直冲击物料时（冲击角为 0°）将得到较大的切割深度。随着冲击角的加大，切割深度将逐渐减小，这是由于过大的冲击角加剧了射流的反射作用，从而降低了射流的冲击能力。

还要指出的是水射流的冲击角度还与喷嘴的横移速度方向有关，这是由于切割过后的水流将携带着切屑以一定的速度冲刷被切割物料，从而使切割深度进一步增大。同时，当水射流的冲击角偏向喷嘴横移速度方向时，加长了切割后的高速水流与被切割物的接触时间，从而使切割深度有时超过射流垂直切割时的切割深度。

从清洗的实践数据分析，垂直喷射（冲击角为 0°）时，清洗效率没有倾斜喷射（冲击角为 30°）时更好。

6. 喷嘴出口处环境对切割深度的影响

上面讨论的都是水射流在空气中切割破碎物料的情况。如果水射流在水中切割破碎物料时，即成为淹没水射流切割问题。淹没水射流切割破碎的主要特点如下。

① 气蚀破坏在淹没水射流切割物料过程中起主要作用。从被切割岩石的切槽两侧面的状况，可以明显地看出，在空气中切槽侧面留有明显的水射流流束痕迹，而在水中切割时，切割侧面只呈现气蚀破坏的小麻点而无流束痕迹。

② 在其他条件相同的条件下，在水中切割比在空气中切割时的切割深度要大一些。另外，切割诸参数对切割深度的影响规律也与在空气中切割时一样，也可用结构相似的计算式来表示切割深度。

③ 由于淹没水射流的急剧扩散，衰减较快，使其靶距界限值较低，靶距对切割深度影响较强。

④ 水射流周围的环境水压，对切割深度有一定的影响。在水中水射流切割岩石的试验表明，当射流周围的水压不大时，相当于在浅水中，试验得到的切割深度比同样条件下，在空气中切割时的切割深度大些，这是由于气蚀作用的结果。当水射流周围的水压较大时（相当于在深水中或海底），由于水射流的动压力急剧衰减，切割深度会大幅度减少。当水射流周围的环境加压进一步增大时，其切割深度大体上保持不变。

九、水射流切割破碎物料的比能耗

采用高压水射流切割破碎物料与机械刀具相比，其明显而独特的优点是防尘、防爆及无机械磨损。这些已被国内外大量的实践所证实。而存在的缺点之一是它的切割比能耗较大。所谓比能耗就是切割破碎单位体积物料所消耗的能量。较大的比能耗将给工业上实际应用带来困难。表 1-10 和表 1-11 列举了高压水射流切割岩石和煤炭的比能值。从表中看出，水射流切割岩石的比能耗与机械盘形滚刀切割岩石相比大 3～25 倍，水射流切割煤炭的比能耗与机械化采煤相比大 6～8 倍。因此，充分利用水射流的能量，降低其比能耗，是研究高压水射流切割破碎物料的一个非常重要的问题，也是水射流技术能否在实际应用中得以推广的关键之一。

表 1-10　高压水射流切割岩石

射流喷射压力 /MPa	横移速度 /(m/s)	喷嘴出口直径 /mm	岩石类别	平均比能 /(J/cm³)
100	0.7	3	石灰岩	2000～2500
200	0.14	0.8～1	石灰岩	1800
纯机械盘形滚刀破碎岩石			岩石类别	平均比能
			石灰岩	710
			橄榄岩	150.6

表 1-11　高压水射流采煤

射流喷射压力 /MPa	喷嘴出口直径 /mm	采煤率 /(kg/s)	比能 /(J/cm³)
345	0.4～0.5	2.93	38.7
690	0.4～0.5	4.97	49.7
连续机械采煤机的平均比能为 6			

　　高压水射流切割破碎物料的比能耗，比机械刀具高的主要原因，是由于高压水射流喷射出来的能量，没有得到充分利用。众所周知，机械刀具只有在它接触到被切割物体时才产生切割力，也就是说才消耗能量。一般情况下，消耗的能量与刀具受到的外载荷成正比。如果刀具没有接触到被切割物体而空转，在忽略摩擦的情况下可近似认为它不消耗能量。然而，高压水射流一旦从喷嘴喷出后，即使不破碎物料，其能量也全部消失在空气中。不论水射流工作与否，它总是在消耗着能量。另外，水射流切割不像机械刀具那样，能大块大块地破碎煤岩，而只是在煤岩体上切槽，切槽中的煤岩却被破碎成粉状。因而，造成切割破碎比能耗较高。

　　高压水射流的喷嘴直径虽小，但由于水的压力较高，水射流所携带的能量却很大。如压力为 50MPa、喷嘴直径为 2mm 的高压水射流所携带的能量就有 40kW。因此，关于如何充分利用水射流的能量，降低其比能耗的问题，国内外学者做了大量的研究工作，并提出了一系列的有效措施。下面从几个方面概括介绍一下。

1. 合理选择水射流切割参数

　　在水射流切割参数中，水射流喷射压力、喷嘴横移速度及靶距是最主要的三个参数。合理确定这些切割参数，将会提高其切割能力，从而降低水射流的切割比能耗。

对压力而言，由于切割深度与压力成正比，而射流功率却与压力的 3/2 次方成正比，因此，压力既不能太低，也不能太高。压力的理论最佳值是 $3p_c$，p_c 是水射流冲蚀的临界压力，或称为门限压力。

对横移速度而言，提高横移速度会减少切割深度，但却增大了切割面积，降低比能耗。理论上的最佳横移速度极高，通常难达到。一般采用旋摆和摆振射流这两种方法来提高射流的移动速度。但是，在实际工作中必须充分考虑空气对快速移动射流的影响以及射流的雾化等问题。

2. 改变射流结构，提高射流能量利用率

现在高压水射流领域中已出现了各种结构的射流，其目的都是增加射流的工作能力，提高射流能量的利用率。添加剂射流、气蚀射流、间断射流、磨料射流等都是在普通连续高压水射流的基础上，改进和发展起来的新型射流结构，它们在许多场合得到了广泛的应用。

3. 选择合适的射流工作方式

根据工作目的不同，选用合适的工作方法。在水射流清洗作业时，可选用旋摆射流，使射流以较高速度旋转，同时以一个相对较低的速度移动，从而提高水射流相对于工作物的移动速度，增大单位时间的清洗面积。对于深槽切割，可以使用旋转射流和摆振射流，从而切出一个宽槽，使喷嘴能够进入槽内，就能够有效地切割深槽。

4. 充分利用被切割材料的特性

对于节理、裂纹比较多的煤岩，适当控制和改变射流的喷射方向，使水射流冲击时产生水楔作用对被切割物进行拉伸破坏。在水力采煤时，利用水射流在煤层底部开槽，使煤层在重力作用下垮落。

5. 水射流与机械工具联合作业

在切割破碎煤岩等物料时，使用水射流与机械刀具联合破碎，可以得到极好的效果，既可以降低水射流的工作压力，又可以减少机械刀具受力。此外，在水射流清洗作业时，扩张工具的辅助作业，可以大大提高水射流的清洗速度和清洗质量。

第四节　高压水射流清洗参数

一、泵组参数

1. 泵组压力

（1）泵组压力等级分类

① 低压水射流。工作压力不大于 10MPa 的水射流。其设备主机多为离心泵

或低压往复泵。

② 高压水射流。工作压力在 10～100MPa 之间的水射流。其设备主机多为高压往复泵。

③ 超高压水射流。工作压力不小于 100MPa 的水射流，其设备主机多为超高压往复泵和增压器。

（2）清洗常用压力单位（表 1-12）

表 1-12　清洗常用压力单位

MPa	bar	psi	kg·f/cm²
兆帕	巴	磅/平方英寸 （俗称磅）	千克力/平方厘米 （俗称公斤）

（3）常用压力换算（表 1-13）

现场粗算：10000psi＝70MPa，10MPa＝1450psi，1MPa＝10bar＝10kg/cm²。

表 1-13　常用压力换算

单位	psi	MPa	kg/cm²	bar
psi	1	0.00689476	0.07037	0.0689476
MPa	145.038	1	10.1972	10
kg/cm²	14.2233	0.0980665	1	0.980665
bar	14.5038	0.1	1.01972	1

（4）计算公式（理论值）

$$p(\text{MPa})=\frac{60N(\text{kW})}{Q(\text{L/min})} \qquad p(\text{psi})=\frac{1715N(\text{HP})}{Q(\text{gpm})} \qquad p(\text{bar})=\frac{600N(\text{kW})}{Q(\text{L/min})}$$

泵组压力计算实例（驱动余量 1.15）见表 1-14。

表 1-14　泵组压力计算实例

物理参数	1# 泵组	2# 泵组	3# 泵组
理论功率	82kW	110HP	82kW
理论流量	70L/min	18.5gpm	70L/min
理论压力	70MPa	10197psi	702bar
驱动功率	95kW	126HP	95kW

（5）门限压力

不同的清洗对象（污垢），具有不同的强度和韧性，当逐渐提高清洗压力，清洗对象从可以抵抗冲蚀，转变为不能承受冲蚀，开始被切割破碎，此时的清洗压力称为该清洗对象（污垢）的门限压力。清洗压力的适用范围见表 1-15。

表 1-15 清洗压力的适用范围

工业部门	高压水射流的用途	工作压力/MPa
航空	机场跑道除胶、除油,飞机表面除漆	70~200
制铝	清除罐槽、滤网、磨机和污水池内坚硬的铝矾土垢层	70~280
汽车	车身除漆、除焊渣、底盘、罐槽涂装前预处理	70~280
酿造	清洗发酵罐、管道内的发酵物和沉淀物,以及锅炉、管汇	35~150
水泥	清除栅栏、楼板、管道外壁和生产设备的油脂水泥垢层,以及炉床、预热器、旋转窑等的垢层	53~70
化工制药	锅炉、换热器、罐槽、阀门、管道、蒸发器、反应釜、电解槽、过滤器的清洗去污	35~220
建筑业	车辆、混合罐、铺路机、沥青撒布机、沥青炉上清除污物、沥青、油渍、焦油、水泥、胶黏剂	35~70
食品加工	清除桶釜、罐、输送带、蒸发器、换热器上的油脂、污垢和残渣	35~70
铸造	铸件清砂,清除金属氧化皮	70~100
高速公路	修路设备上的油脂、水泥和沥青,桥梁和路面标识,色污、焦油等的清除,路面破碎	35~250
船舶	船体、钻井平台、码头、储罐、锅炉、换热器上的污垢,海生物附着物,锈垢等的清除	35~250
肉类加工	清除烤箱、搅拌机和桶、罐的油脂、血污和烟垢	30~50
机械制造	去除容器、管道、罐槽上的轧皮、锈层和焊渣、毛刺等	70~140
采矿	清洗矿车、输送带、地下作业线和竖井,疏通由煤、石块、污泥、油污造成的设备堵塞	50~70
市政工程	下水道疏通,公共设施和楼宇清洗,水处理厂的钙碳垢层清除	35~140
油田	钻井平台和储罐石蜡和底泥、钻井套管的泥垢清洗,管道疏通	35~280
石油化工橡胶	各种设备、容器内外壁的污垢,换热器、冷却塔、炼焦炉中的原油残渣、焦油污垢,各种沉淀物、橡胶、乳胶等的清洗	70~280
电站	核燃料室的放射性污垢,锅炉、换热器、过热器、蒸发器的水垢,汽轮机叶片的清洗除垢等	70~280
轻工	换热器、管道、造纸机、储罐、蒸发器等设备的油脂、树脂、污垢、木浆和糖垢的清除	50~140
冶金	清除换热器、锅炉、加料槽、贮仓的污垢,轧材表面除磷	35~280

2. 泵组流量

清洗常用流量单位见表 1-16,常用流量换算见表 1-17。

表 1-16 清洗常用流量单位

L/min	m³/h	gpm	gal
升/分钟 (俗称升)	立方米/时 (俗称立方米)	美加仑/分钟 (俗称加仑)	英加仑/分钟 (俗称英加仑)

表 1-17　常用流量换算

单位	L/min	m³/h	gpm	gal
L/min	1	0.06	0.264172(min)	0.219969(min)
m³/h	16.6667	1	264.172(h) 4.40287(min)	219.969(h) 3.66615(min)
gpm	3.7854	0.227124(h) 0.0037854(min)	1	0.832674
gal	4.54609	0.2727654(h) 0.00454609(min)	1.20095	1

泵组流量计算公式(理论值)

$$Q(\text{L/min}) = \frac{60N(\text{kW})}{p(\text{MPa})} \qquad Q_{理}(\text{L/min}) = 2.1d^2(\text{mm}^2)\sqrt{p}\,(\text{MPa})$$

计算实例

已知：一只管线清洗喷头，共有五个喷孔，每个喷孔直径 1.0mm，现有一台 70MPa/95kW 的泵组。

试问：泵组流量能否匹配喷头的流量？

计算：一个喷孔的流量为 17.6L/min，五个喷孔共计需要流量 88.0L/min，泵组流量为 70.0L/min。

结论：泵组不能匹配喷头，可以调整喷孔直径。

3. 泵组功率

清洗常用功率单位见表 1-18，清洗常用功率换算见表 1-19。

表 1-18　清洗常用功率单位

kW	HP(美制)	HP(英制)
千瓦	马力	马力

表 1-19　清洗常用功率换算

单位	kW	HP(美制)	HP(英制)
kW	1	1.35962	1.34102
HP(美制)	0.735499	1	0.98632
HP(英制)	0.7457	1.01387	1

功率计算公式(基础公式、便于记忆、便于心算)

$$N = \frac{pQ}{60}$$

式中　N——功率，kW；

$\qquad p$——压力，MPa；

$\qquad Q$——流量，L/min。

计算实例

清洗一条直径 800mm 的管线，采用径向分布八只喷孔的喷头才能全部覆盖污垢表面（因为没有旋转喷头）。

已知：这只喷头需要 140L/min 的流量、70MPa 的工作压力。

试问：泵组需要多大功率？

心算：$9800 \div 60 = 160kW$　　（驱动功率 $160 \times 1.15 = 184kW$）

不同功率的泵组适用范围（行业内经验数据）如下：

50kW 的泵组适用于小型零星清洗项目；

100kW 的泵组适用于 70% 的清洗项目；

200kW 的泵组适用于大直径管线、超高压清洗；

350kW 的泵组适用于特大直径管线、坚硬管线污垢。

4. 泵组参数的匹配

匹配步骤：

① 首先选择压力等级；

② 然后测算匹配流量；

③ 结合设备调整优化。

匹配原则：

① 必须超过门限压力；

② 量体裁衣匹配流量；

③ 节约能源消耗、控制成本；

(1) 首先选择压力等级

清洗压力是决定清洗能力的重要参数，是高压水清洗作业的首要参数。只有（动）压力大于清洗对象的抗压、抗剪和黏结等强度，才能破碎污垢，才能完成清洗作业，否则清洗时间再长、流量再大，污垢也不会破碎脱落。清洗压力必须达到或超过污垢的门限压力。

人们通常直观感觉，破碎污垢是靠泵组压力完成，这是一种误解。实际上水射流的清洗压力是一种动压力，不是泵组表压（静压）。表压经过喷嘴的转化，静压力已完全转化为水射流的动压力或速度能，其静压力为零。

水射流对垢物的打击力，实际上是由射流速度和动能来完成的。

泵组的静压力大，通过喷嘴转换成的动压力和射流速度就大，打击力也强，与人们直观感觉一致。

(2) 然后测算匹配流量

清洗流量是决定清洗速度的重要参数。当清洗压力超过门限压力后，流量大小反映出作用于污垢的能量多少。根据能量守恒，流量越大，清洗速度将越快。

清洗行业的专家陈玉凡教授反复论证："射流打击力 F_s 与射流流量 Q_s 的平

方成正比。提高清洗效率，主要应当提高射流流量"。

$$F_s = \frac{p_s Q_s^2}{\alpha A_z}$$

刘廷成教授提出："要想大幅度地提高清洗效率和台班生产率必须提高射流打击力。"而提高打击力从公式中可见，流量 Q_s 比压力 p 效果更大。

$$F_s = p_s Q_s \sqrt{\frac{p_d \times 2}{p}}$$

专家的结论是："当动压力足以克服污垢的强度时，再增加泵组压力，其作用将很有限。要想大幅度提高清洗效率，主要依靠提高流量"。

（3）结合设备调整优化

由于各清洗企业的泵组参数，未必能够正巧与测算吻合。需要根据本企业的实际情况进行调整优化。

在匹配过程中应当注意，不要贪图预留太多。一线的操作人员，有一种心态，担心到现场作业时，能力不足不能完成任务。所以，在工程准备中，宁大勿小、宁多勿少。这样，容易造成大马拉小车，浪费燃料、增加成本、损耗设备。

应当考虑采用旋转射流、刚性喷杆、牵引机构、减小压力损失、泵组并车增加流量等预备方案，应对现场情况。

节约能源、减少成本、充分利用现有资源，是我们追求的目标，不要被习惯做法约束手脚、集思广益、优化方案，争取以巧制胜。

二、管路参数

1. 管内的流速

管内流速计算公式

$$V = \frac{Q/60000}{(D/1000)^2 \times 0.785}$$

式中　V——管路内流体的流速，m/s；

　　　Q——管路内流体的流量，L/min；

　　　D——管路的内径 mm。

2. 管内极限流速

按照标准规定，管内流速一般应当 $<10\text{m/s}$，实际比较难以实现。管内流速表见表 1-20。

表 1-20　管内流速表　　　　　　　　　　　　　　单位：m/s

流量	$\phi 4\text{mm}$	$\phi 6\text{mm}$	$\phi 8\text{mm}$	$\phi 10\text{mm}$	$\phi 13\text{mm}$
35L/min	46.44	20.64	11.61	7.43	4.40
40L/min	53.08	23.59	13.27	8.49	5.03

流量	φ4mm	φ6mm	φ8mm	φ10mm	φ13mm
45L/min	59.71	26.54	14.93	9.55	5.65
50L/min	66.35	29.49	16.59	10.62	6.28
55L/min	72.98	32.44	18.25	11.68	6.91
60L/min	79.62	35.39	19.90	12.74	7.54
70L/min	86.25	38.33	21.56	13.80	8.17
80L/min	92.89	41.28	23.22	14.86	8.79
90L/min	106.16	47.18	26.54	16.99	10.05
100L/min	119.43	53.08	29.86	19.11	11.31
110L/min	132.70	58.98	33.17	21.23	12.56

管内沿程损失（表 1-21）计算公式

$$\Delta p = \frac{\left(7.96 + \dfrac{40.53Q}{D}\right)Q}{D^4}$$

式中　Δp——管路内沿程压力损失，bar/m；

Q——管路内流体的流量，L/min；

D——管路的内径，mm。

表 1-21　管内沿程损失表　　　　单位：bar/m

流量	φ4mm	φ6mm	φ8mm	φ10mm	φ13mm
35L/min	49.6	6.6	1.6	0.5	0.14
40L/min	64.6	8.6	2.1	0.7	0.19
45L/min	81.6	10.8	2.6	0.9	0.23
50L/min	100.5	13.3	3.2	1.1	0.29
55L/min	121.4	16.1	3.9	1.3	0.35
60L/min	144.4	19.1	4.6	1.5	0.41
65L/min	169.3	22.4	5.4	1.8	0.48
70L/min	196.1	26.0	6.2	2.0	0.55
80L/min	255.8	33.9	8.1	2.7	0.72
90L/min	323.4	42.8	10.2	3.4	0.91
100L/min	398.9	52.7	12.6	4.1	1.12
110L/min	482.3	63.7	15.2	5.0	1.35

三、喷头参数

1. 喷嘴直径

喷嘴直径常用单位见表 1-22，常用喷嘴直径对照见表 1-23。单位换算：1in＝25.4mm，1mm＝0.0394in。

表 1-22 喷嘴直径常用单位

mm	in
毫米	英寸

表 1-23 常用喷嘴直径对照表

mm	0.2	0.3	0.41	0.51	0.61	0.71	0.84	1.07	1.17
in	0.008	0.012	0.016	0.020	0.024	0.028	0.033	0.042	0.046
mm	1.40	1.60	1.70	1.78	1.85	1.98	2.06	2.26	2.36
in	0.055	0.063	0.067	0.070	0.073	0.078	0.081	0.089	0.093

2. 喷嘴流量

喷嘴流量计算公式

$$Q = 2.1d^2\sqrt{p}$$

式中　d——喷孔直径，mm；

　　　p——喷孔处压力，MPa；

　　　Q——喷孔处流量，L/min。

喷孔尺寸与喷口流量关系对照表见表 1-24。

表 1-24 喷孔尺寸与喷口流量关系对照表

喷孔尺寸		10000psi (690bar)		15000psi (1034bar)		20000psi (1379bar)		25000psi (1724bar)		30000psi (2069bar)		40000psi (2758bar)	
in	mm	gpm	L/min	gpm	L/min	gpm	L/min	gpm	L/min	gpm	L/min	gpm	L/min
0.008	0.2					0.17	0.65	0.19	0.73	0.21	0.80	0.24	0.92
0.016	0.41					0.69	2.6	0.77	2.9	0.84	3.2	0.97	3.7
0.024	0.61					1.5	5.9	1.7	6.5	1.9	7.2	2.2	8.3
0.042	1.07	4.8	18.2	5.8	21.7	4.7	17.9	5.3	20.1	5.8	22.0	6.7	25.4
0.055	1.40	8.2	31.1	10.0	37.2	10.3	38.9						
0.070	1.78	13.2	50.5	16.2	60.3	16.6	63.0						
0.081	2.06	17.7	67.6	21.7	80.7								
0.093	2.36	23.4	89.1	28.6	106.0								

应当注意：

理论计算与实际存在一定误差；

不同的喷孔结构阻力系数不同，对实际流量有一定影响；

喷孔内光洁度对实际流量有一定影响；

泵组表压高于喷头处实际压力，造成计算流量高于实际流量。

3. 喷嘴流速

喷嘴流速计算公式

$$v = 44.77\sqrt{p}$$

式中　v——喷孔出口射流速度，m/s；

　　　p——喷孔内的系统压力，MPa。

经过计算得到

当 $p=60$MPa 时，喷嘴流速 $v=343$m/s，达到声速；

当 $p=200$MPa 时，喷嘴流速 $v=633$m/s，接近两倍声速；

当 $p=500$MPa 时，喷嘴流速 $v=1001$m/s，接近三倍声速。

如图 1-110 所示，喷嘴入口流速小于声速时，收敛形喷嘴将压力转化为速度，喇叭形喷嘴将速度转化为压力。当喷嘴入口流速大于声速时，情况完全相反。

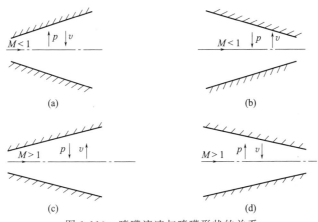

(a)　　　　　　　　　　　　　　　(b)

(c)　　　　　　　　　　　　　　　(d)

图 1-110　喷嘴流速与喷嘴形状的关系

喷嘴内腔不同的形状对射流速度产生不同的影响见表 1-25。

表 1-25　不同喷嘴内腔形状对射流速度的影响

喷嘴名称	喷嘴图形	射流能力	适用范围
圆锥收敛形		射流聚集性较差	适用于中低压水射流
圆锥+圆柱形		射流聚集性较好	适用于中低压水射流
收敛转扩散形		产生有效的空化作用	适用于中低压和淹没水射流

喷嘴名称	喷嘴图形	射流能力	适用范围
喇叭口扩散形		射流聚集性好,穿透能力强	适用于高压和超高压水射流
流线收敛形		射流聚集性好阻力小	设计加工难度大,应用较少

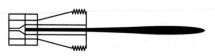

图1-111 超高压清洗的宝石喷嘴组装

遵守科学规律的供应商,会按照流体力学的原理,为用户匹配合理的喷嘴型腔。例如,超高压清洗的宝石喷嘴组装时,必须将喇叭口向喷射方向安装,如图1-111所示。

需要注意:喷嘴的形状对射流速度有本质性的影响;射流质量与喷嘴的加工质量密切相关。

4. 喷嘴反力

喷嘴反力计算公式

$$F_{反} = 0.745Q\sqrt{p} \quad F_{反} = 1.56d^2p$$

计算实例

已知:手持喷枪13°锥角单孔喷嘴,喷嘴直径1.5mm,清洗压力50MPa,此时喷嘴流量33.4L/min。

结论:按两种方法计算,喷枪反力均为176N(约为18kg),计算结果小于安全规定(200N)可以使用。

需要注意:

当使用旋转喷枪、多孔喷枪和喷孔具有一定角度时,需要考虑多孔角度的复合作用力效果;

当使用自进喷头时,需要精确计算,确保喷头具有自进能力。

5. 喷嘴靶距

计算公式

核心段靶距 $\quad\quad\quad\quad S_h = (70\sim130)d_0$

基本段靶距 $\quad\quad\quad\quad S_j = (300\sim600)d_0$

式中 $\quad d_0$——喷嘴直径,mm。

射流最大冲击力位于 $L \approx 200d_0$ 的距离上。

清洗的实践经验证明,用直射喷嘴清洗时,在远离喷嘴一定距离处连续流区,如图1-112所示,清洗效果会更好。

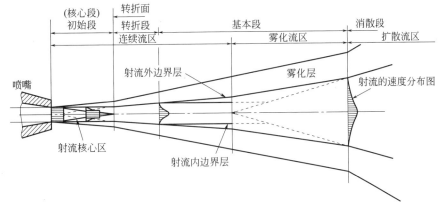

图 1-112　射流各阶段截面图

相关技术：

国外研究证明，异形喷孔（图 1-113）可以大幅度提高靶距；

在喷嘴内安装紊流器可以提高靶距；

国内研究在清洗用水中加入低聚物也可以提高靶距。

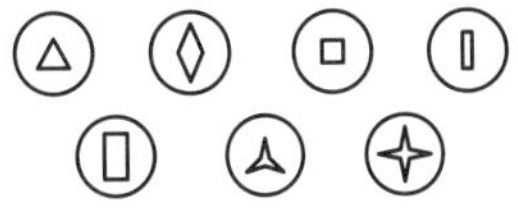

图 1-113　异形喷孔

需要注意：

操作中必须尽量调整控制清洗靶距；

不能太近，不能太远；

根据污垢强度、面积，选择适当的靶距和角度。

四、参数匹配及优化

匹配步骤：

首先确定压力等级；

然后测算流量范围；

结合设备参数优化匹配。

匹配原则：

保证清洗能力（确保破碎、指向污垢、覆盖全面、靶距合适）；

保证运动能力（自进、旋转）；

保证操作安全（反力合适、喷射方向）。

五、提高效率的措施

1. 采用旋转射流提高效率

在清洗换热器管内和管线内壁时，如果喷头没有旋转运动，只是直进直退，射流不能完全覆盖清洗表面，很难彻底清洗干净，所以清洗效率较低。当采用旋转射流（旋转喷头）时，射流可以完全覆盖清洗表面，射流还有效避开反射，避免水垫效果，旋转射流还会脉动吹扫垢渣，提高排渣能力，所以会大幅提高清洗效率。

在清洗容器和设备的表面时，不旋转的手持喷枪，单线扫射，很难快速高效清洗。当采用旋转射流（旋转喷枪），环形射流的扫射轨迹，可以方便高速地覆盖清洗表面，大幅提高清洗效率。

平面清洗器、三维清洗头、换热器壳程清洗机等旋转射流清洗机具，在清洗施工中同样可以大幅提高清洗效率，在清洗施工中应当尽量采用旋转射流。

2. 采用刚性喷杆提高效率

在清洗较硬污垢完全堵塞的换热器时，如果采用柔性喷枪清洗，会非常困难和费时。因为管孔内堵满了硬垢，柔性喷枪只能选择向前喷孔较少、向后喷孔较多的喷头，这样真正参与破碎前方污垢的喷孔非常有限（前一后四或者前三后六），大大降低了水射流切割破碎的能力。这时，更换刚性喷杆后，会发现清洗效率会提高很多倍，原因是所有的喷孔全部在向污垢喷射，打击点位增加了数倍，消除了部分死角，使清洗效率提高。同时，刚性喷枪比柔性喷枪的压力损失小很多，外表光滑、排渣顺畅，清洗难度下降很多。所以，遇到较难清洗的换热器管程，应当尽量采用刚性喷枪替换柔性喷枪，可以大幅提高清洗效率、降低清洗难度。

3. 采用牵引机构提高效率

在清洗管线时，通常采用自进式喷头，大量喷孔向后喷射，这时射流切割破碎污垢的效果都不好。如果条件允许，采用牵引机构，牵着喷头向前行进，将喷嘴布置为向前喷射，清洗效率和能力都会大幅提高。

4. 通过减小压力损失提高效率

施工现场如果高压软管配置得不合理，会产生 40～80MPa 的沿程压力损失。我们如果能够合理配置软管，消除这部分损失，相当于泵组提高了很大的压力，使我们不增加设备投入、不增加燃油消耗，就大幅提升清洗能力。这是非常符合节能减排一种作业方法。

5. 采用泵组并车增加流量提高清洗能力

在清洗大直径管线中的硬垢时，需要较大的压力和流量。遇到这种情况很多企业会采购大功率的泵组，满足施工需要。其实，这不是唯一的选择。例如，在清洗管线时，需要 100MPa、100L/min、196kW 的泵组。如果企业没有合适的设备，只有两台 100MPa、50L/min、100kW 的泵组，这时完全可以将这两台泵组并联使用。并联后与 100MPa、100L/min、196kW 的泵组效果一样，不会有什么问题。我们经常采用一台设备的流量通过三通，分别带两只喷枪作业。并联就是用三通将两台泵的流量合并到一起，供一个喷头使用。柱塞泵的结构可以保证多台泵组并联使用，在大型化工企业的生产中，常有多台柱塞泵并联连续运转数月的情况。这种方式灵活机动，并车使用可以满足大流量，分开使用可以满足多地施工。

第二章

高压水射流清洗的对象

第一节　被清洗的设备及装置概况

一、换热器

换热器清洗现场见图 2-1～图 2-5。

图 2-1　卧式列管换热器　刚性喷枪清洗现场

图 2-2　卧式列管换热器　柔性喷枪清洗现场

图 2-3　立式列管换热器　刚性喷枪、柔性喷枪清洗现场

图 2-4　板式换热器　手持喷枪清洗现场

图 2-5　空冷器　柔性喷枪清洗现场

二、容器

容器清洗现场见图 2-6～图 2-10。

图 2-6 反应釜内部 清洗施工现场

图 2-7 反应釜内盘管外部 清洗后效果

图 2-8 反应釜内列管外部 清洗后效果

图 2-9　发生暴聚的反应釜　清洗施工现场

图 2-10　发生暴聚的胶液罐　清洗施工现场

三、管线

管线清洗现场见图 2-11～图 2-14。

图 2-11　胶液管线　清洗现场

图 2-12　脆性污垢管线　清洗现场

图 2-13　炼油厂催化装置　油气管线的外景及管线内部结焦情况

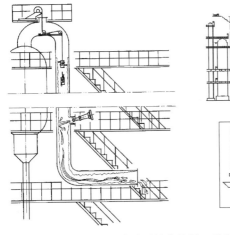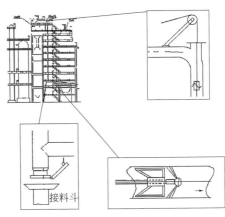

接料斗

图 2-14　炼油厂催化装置　油气管线清洗现场施工示意图

四、转子、DDH 空预

转子、DDH 空预清洗现场见图 2-15～图 2-20。

图 2-15　乙烯装置压缩机转子　清洗施工现场

图 2-16　发电厂汽轮机转子　清洗施工现场

图 2-17　发电厂汽轮机隔板　清洗施工现场

图 2-18　发电厂空气预热器（DDH）　机械清洗施工现场

图 2-19　发电厂空气预热器（DDH）　人工清洗施工现场

图 2-20　发电厂浓缩机和竖井　清洗施工现场

第二节　被清洗的污垢特性及强度

1. 脆性污垢的特性

炼油化工行业中的碳酸盐水垢、有色金属行业中的硅酸盐垢、火力发电行业中的碳酸钙灰垢和氧化铝行业的结疤等，都属于脆性污垢。其硬度、强度、外观非常接近岩石。这些脆性污垢的成分、结构和力学性能都与岩石类似。下面介绍一些研究岩石特性的方法和数据供我们在分析比对中加以借鉴。

(1) 强度

岩石的强度分为简单应力（单轴应力）条件下的强度和复杂应力（三轴应力）条件下的强度两类。对清洗而言，一般仅需考虑简单应力条件下的岩石强度。

其他行业的测试证明，岩石的抗压、抗拉、抗剪、抗弯强度差别很大。表 2-1 列出了在简单应力条件下一些岩石各种强度间的比例关系。

表 2-1　岩石不同强度间的比例关系

岩石种类	抗压强度	抗拉强度	抗剪强度	抗弯强度
花岗岩	1	0.02～0.04	0.08	0.09
砂岩	1	0.02～0.05	0.06～0.2	0.1～0.2
石灰岩	1	0.01～0.04	0.08～0.1	0.15
煤	1	0.016～0.085	0.025～0.5	—

从表 2-1 可以看出，在简单应力条件下，岩石的抗压强度最大，抗拉强度最小。其顺序是：抗压强度＞抗剪强度＞抗弯强度＞抗拉强度。

岩石或脆性污垢，可耐很大的压力，很小的弯曲、拉伸力即可使其断裂。

岩石强度间之所以有这样的差别，是由于拉伸情况下，晶粒间的分子力要随载荷的增加而减少，而在压缩情况下，分子力随载荷的增加而增大。在拉伸情况下，随着载荷的增加相互作用力减小，其弹性模量逐渐地减小，抗拉强度相应减小。在压缩情况下，其弹性模量增加，抗压强度相应地增加，表 2-2 给出了几种岩石的力学性质。

表 2-2　几种岩石的力学性质

岩石种类	抗压强度/MPa	抗拉强度/MPa	弹性模量/10^4MPa
花岗岩	98～245	6.85～24.5	4.9～9.8
流纹岩	176～294	14.9～29.4	4.9～9.8
安山岩	98～245	9.8～19.6	4.9～11.76
辉长岩	176～294	14.9～34.3	6.86～14.7
玄武岩	147～294	9.8～29.4	5.88～11.76
砂岩	19.6～196	3.9～24.5	0.98～9.8
页岩	9.8～98	1.96～9.8	1.96～7.84
石灰岩	49～195	4.9～19.6	4.9～9.8
白云岩	78.4～245	14.2～24.5	3.92～7.84
片麻岩	49～196	4.9～19.6	0.98～9.8
大理岩	98～245	6.86～24.5	0.98～8.82
石英岩	149～343	9.8～29.4	5.88～19.6
板岩	58.8～196	6.86～14.7	1.96～7.84

（2）硬度

根据测试方法的不同，岩石硬度有多种表示方法。

（3）侵入硬度

采用端面积为 $1\sim3mm^2$ 的平端面压头，以岩石发生脆性破碎时，压头端面的压强作为硬度指标：

$$p_y = \frac{P}{S}$$

式中　p_y——硬度，MPa；

　　　P——产生脆性破坏时压头上的载荷，N；

　　　S——压头的端面积，mm^2。

按岩石硬度的大小，可将岩石分为六类十二级，见表 2-3。

表 2-3　岩石的硬度分类

类别	软		中软		中硬		硬		坚硬		极硬	
级别	1	2	3	4	5	6	7	8	9	10	11	12
硬度/MPa	≤100	100～250	250～500	500～1000	1000～1500	1500～2000	2000～3000	3000～4000	4000～5000	5000～6000	6000～7000	>7000

一些岩石的侵入硬度级别见表 2-4。

表 2-4　岩石的侵入硬度级别

名称	级别											
	1	2	3	4	5	6	7	8	9	10	11	12
石英岩									■	■	■	■
花岗岩							■	■	■	■		
砂岩				■	■	■	■	■				
白云岩					■	■	■					
石灰岩				■	■	■	■					
粉砂岩			■	■	■	■						
泥板岩			■	■	■							
泥岩	■	■	■									

标准矿物莫氏硬度见表 2-5。

表 2-5　标准矿物莫氏硬度表

硬度等级	1	2	3	4	5	6	7	8	9	10
标准矿物	滑石	石膏	方解石	萤石	磷灰石	正长石	石英	黄玉	刚玉	金刚石

在清洗作业现场，可用下述方法估计莫氏硬度，粗略确定污垢硬度等级。

① 指甲可刻划痕迹的污垢，为 1～2.5 莫氏硬度。

② 铁片可刻划痕迹的污垢，为 3～3.5 莫氏硬度。

③ 普通钢刀可刻划痕迹的污垢，为 4～5 莫氏硬度。

④ 壁纸刀、钻头可刻划痕迹的污垢，为 5～6 莫氏硬度。

⑤ 陶瓷刀、硬质合金刀可刻痕迹的污垢，为 6～7 莫氏硬度。

（4）坚固性系数

煤属软岩，很难制成强度试验所需的试块。为此，经常使用捣碎法确定煤的强度性质，并用 F 表示，称为普氏系数或坚固性系数。清洗施工中，也可以使用这种方法，对污垢的坚固性进行比较和测定。

捣碎法通常取 20～30mm 的小块试样 50g，共 5 份。分别用 23.5N 的重锤提高到 600mm 的高度落下，各重复捣 n 次。将捣碎后的试样，用孔径 0.5mm 的金属筛，进行筛分。取筛下煤粉装入专用量杯（清洗企业可以采用普通量杯，仅做硬度比较，不强调系数的精确），量出高度后，用下式计算 F 值。

$$F = \frac{20n}{h}$$

式中　n——试验时，试样所受的冲击次数，一般为 3～10 次，可取 5 次；

　　　h——试样捣碎后，筛出的粉体在量杯中的高度，mm。

这种测试方法简便易行，稳定性好，故也用来测定其他岩石（污垢）的坚固性。此时，夯捣次数 n 要多一些。表 2-6 为普氏岩石坚固性分级表。

表 2-6　普氏岩石坚固性分级表

等级	坚固性程度	岩石	F 值
1	最坚固	最坚固、致密、有韧性的石英岩与玄武岩，其他各种特别坚固的岩石	20
2	很坚固	很坚固的花岗质岩石、花岗岩、石英斑岩、硅质片岩，略软一些的石英岩，最坚固的砂岩和石灰岩	15
3	坚固	花岗岩（致密的）和花岗质岩石，很坚固的砂岩和石灰岩，石英质矿脉，坚固的砾岩，极坚固的铁矿石	10
3a	坚固	石灰岩（坚固的），不坚固的花岗岩，坚固的砂岩，坚固的大理岩和白云岩，黄铁矿	8
4	较坚固	一般的砂岩，铁矿	6
4a	较坚固	砂质页岩，铁矿	5
5	中等	坚固的黏土质岩石，不坚固的砂岩和石灰岩	4
5a	中等	各种页岩（不坚固的），致密的泥灰岩	3
6	较软弱	较软弱的页岩，很软的石灰岩、白垩、盐岩、石膏、冻土、无烟煤、普通泥灰岩、破碎的砂岩、胶结砾石、石质土壤	2
6a	较软弱	碎石质土壤、破碎的页岩、凝结成块的砾石和碎石、坚固的煤、硬化的黏土	1.5
7	软弱	黏土（致密的）、软弱的烟煤、坚固的冲积层、黏土质土壤	1.0
7a	软弱	轻砂质黏土、黄土、砾石	0.8
8	土质岩石	腐殖土、泥煤、轻砂质土壤、湿砂	0.6
9	松散性岩石	砂、山麓堆积、细砾石、松土、采下的煤	0.5
10	流沙性岩石	流沙、沼泽土壤、含水黄土及其他含水土壤	0.3

对于那些还不掌握其力学性能的脆性材料，可参照表 2-6 用类比法得到基本了解。

2. 黏性污垢的特性

炼油化工行业中的油浆、胶液、焦油、导热油、橡胶聚合物，有色金属行业中的焦油，煤化工行业中的焦油、沥青，食品行业的烟道积油、管道沉积等，都属于黏性污垢。其外观类似芝麻酱、树胶、松香。这些黏性污垢的化学成分比较复杂（有毒有害、腐蚀灼伤），在高压水清洗中会影响操作人员的防护、清洗污水的处理。这些黏性污垢的物理性能（黏度、流动性）对高压水清洗的主要影响表现为，排渣过程中的反复粘连、流动不畅、喷头顶出、清洗效率降低、安全风险增加。

由于黏性污垢本身的强度、硬度都很低，不需要太高的清洗压力（30～60MPa）就可以切割破碎。这时需要较大的流量，将破碎后的污垢冲散、排出，如果排渣不顺畅，会引发麻烦（堵塞排渣通道、产生柱塞效应、顶出喷头伤害操作者）。

在高压水清洗行业内，普遍认为黏性污垢的清洗难度大于脆性污垢。难度不是反映在压力等级方面，主要反映在施工中的安全问题（容易伤人）、效率问题（因为反复粘连，需要反复清洗）。

所以针对黏性污垢的高压水清洗，应当调整转变思路，不能采用常规的处理方式（难清洗就提高清洗压力），应当想办法（加热降低黏度、增加流量加快排渣）降低清洗难度，应当想办法（采用机械替换人工）避免事故。

第三章

高压水射流清洗装备

第一节　高压泵组

1. 增压器

增压器的工作原理见图 3-1，首先由电动机（柴油机）7 驱动液压泵 8，产生 50MPa 的液压油，通过换向阀 9 和油管进入油缸，高压油推动活塞（大直径）3 向一侧运动，推动与之相连的柱塞（小直径）4 一同运动，在不同直径（截面）

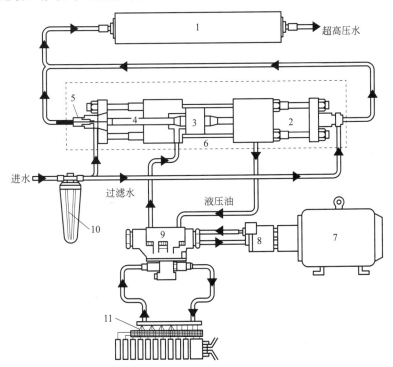

图 3-1　增压器工作原理示意图

1—稳压容器；2—缸体；3—活塞；4—柱塞；5—进出水阀组件；6—增压器；7—电动机；
8—液压泵；9—换向阀；10—过滤器；11—电气控制/动力负荷控制

的作用下，柱塞4获得增加数倍的作用力，可以在水缸内形成超高压的水流体，经过进出水阀组件5，流体进入稳压容器1和输出管路，为清洗喷嘴提供强大能量，再经喷嘴转化为超高压射流。一般增压器的液压油缸，均采用双作用的结构，即在活塞3的两侧分别连接两只柱塞4，活塞向右运动时为右侧水缸加压，活塞向左运动时为左侧水缸加压，这样设备结构紧凑、双向做功效率提高。

图 3-2　早期的超高压增压器型清洗设备

在早期清洗施工中，仅增压器可以产生超高压射流，使其成为清洗施工唯一的选择（图 3-2）。现在大量曲轴连杆结构的柱塞泵，均可以产生超高压射流，已经很少采用增压器，进行清洗施工。因为增压器系统复杂（液压系统、换向控制、超高压水缸）、故障点较多、维修难度较大、备件成本较高，使其逐渐退出清洗市场。

2. 卧式泵

卧式柱塞泵的工作原理见图 3-3，由柴油机（电动机）驱动高压泵动力端的输入轴，经过齿轮轴与齿圈的减速，带动曲轴旋转，通过连杆和十字头，将圆周运动转换为直线往复运动，再通过中间杆输出，推动柱塞做往复运动，对填料函内部的水进行加压，然后经过进排液阀组和管路，输送到喷头，进行清洗作业。

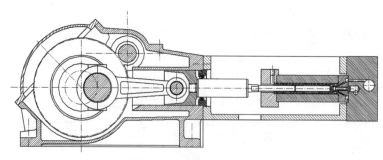

图 3-3　曲轴连杆结构的卧式柱塞泵示意图

由于卧式柱塞泵的十字头、中间杆、柱塞等，都是在水平方向运动，所以称为卧式。其优点为运行平顺、拆装方便、便于观察。但是存在占地面积大、受重力影响容易偏磨、旋转轴处于泵头一侧，导致高压泵偏置，布局不合理等缺陷。

卧式柱塞泵的综合优势较高，得到广大用户的认可。其生产难度相对较低，也使制造企业比较容易生产。所以目前清洗施工现场，80%以上的高压泵组，均为卧式柱塞泵。早期卧式柱塞泵的往复次数一般在 300 次/min，随着世界范围内技术的进步，往复次数逐渐提高至 400～600 次/min。目前世界上高端的生产企业，已经在提供往复次数 1800～2200 次/min 的高压清洗泵组。少数企业生产的泵组，动力端内部没有减速机构，需要外置减速机或带轮，导致泵组尺寸增加、重量增加、故障点增加，属于不合理的结构，给用户带来较多故障和麻烦。

3. 立式泵

立式泵（图 3-4）与卧式泵大同小异，主要区别是其十字头、中间杆、柱塞等，都是在垂直方向运动。垂直的优势为避免了重力的影响，使得泵组的往复密封元件不容易发生偏磨，寿命更长。泵组的输入轴处于泵头中部，泵组的布局比较紧凑合理。但是，立式泵并非十全十美。由于泵头立式布置，液力端处于高点，维修时比较困难。同时液力端发生漏水时，非常容易漏入动力端，造成润滑油乳化。该种形式的泵组在清洗市场上所占比例在 20%以下，以德国哈莫尔曼公司为代表。

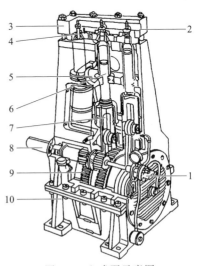

图 3-4　立式泵示意图
1—润滑系统；2—出水口；3—液力端；
4—进排液阀组；5—低压水入口；
6—柱塞及套筒；7—十字体及连杆；
8—输入轴（小齿轮轴）；9—曲轴；
10—动力端箱体

4. 轴（径）向柱塞泵

轴（径）向柱塞泵（图 3-5）的工作原理为，通过旋转斜盘（或旋转凸轮）推动柱塞向前做功，依靠弹簧推动柱塞复位，在柱塞的往复运动中，对水进行压缩，然后通过进排液阀组和管路，输送至喷头进行清洗作业。

轴（径）向柱塞泵的优点为，传动结构简单（相比曲轴连杆机构减少很多易损件）、不易发生故障、体积小重量轻等。

由于该形式的泵组，可以在圆周方向，布置数量较多的柱塞，导致驱动轴受力更均匀、出水更平稳。同时，由于柱塞数量多，分担至每个柱塞的流量大幅减少，柱塞的行程可以缩短数倍。相比曲轴连杆机构的泵组，减少了很多的零件数量和空间尺寸。所以该泵组是高压泵中最紧凑、最轻便、最高效的泵型。但是，目前全世界生产这种形式泵组的企业寥寥无几，清洗市场上也极少有企业使用。

5. 动力端

清洗行业的用户习惯将高压泵组的曲轴连杆部分称为动力端（图 3-6）。主要由箱体、输入轴（小齿轮轴）、齿圈、曲轴、连杆、十字头、中间杆组成。

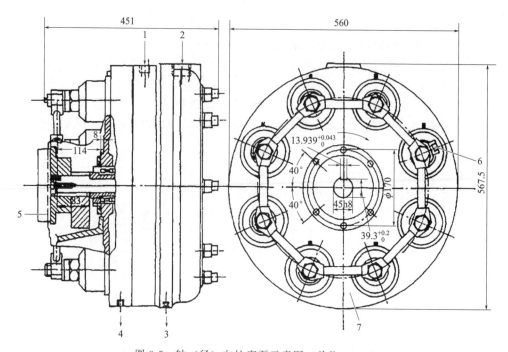

图 3-5　轴（径）向柱塞泵示意图（单位：mm）

1—润滑油入口；2—进水口；3—排污口；4—润滑油出口；5—联轴器；6—出水口；7—泵壳

图 3-6　动力端样机剖面示意图

动力端的核心部件为曲轴、连杆、连杆瓦（图 3-7）、齿轮、齿圈。高品质的产品，核心部件在保证良好润滑的状况下，可以无故障运行十万小时以上。劣质的产品，可能 200h 就彻底报废。所以，采购设备时，不能仅追求价格便宜，一定要考虑使用过程的维修和配件消耗，否则就可能会"捡了芝麻，丢了西瓜"。

如果用户具有较高的机械维护能力，采购时应当进行严格的验收，参照相关标准逐项检验，不符合要求时拒绝接受。如果不具备专业能力，可以走访实际用户，参考其他企业的使用经验。

图 3-7　动力端的核心部件之连杆和连杆瓦

6. 液力端

清洗行业的用户习惯将高压泵组的进排液阀、填料函部分称为液力端（图 3-8～图 3-10）。主要由填料函、柱塞、密封、进排液阀、泵头体等组成。

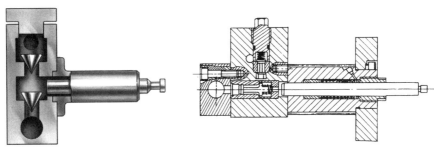

图 3-8　早期的 T 形结构　　　　图 3-9　中期的 L 形结构

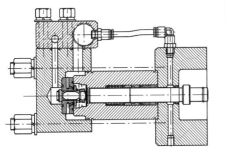

图 3-10　目前的直通形结构

液力端是高压泵的核心技术，科学合理的结构设计，才能保证其长时间稳定工作。在最近的几十年中，液力端从 T 形结构，转变至 L 形结构，目前逐渐转变为直通形结构。经过不断的改进完善，耐压能力逐渐提高，泵组效率逐渐提高，使用寿命逐渐提高，零件数量逐渐减少，维修越来越方便。

7. 供水系统

高压泵组需要一套完整的低压供水系统（图 3-11），包括水箱、离心增压泵、过滤器、滤前滤后水压检测元件等。必须注意增压泵要留有较大的余量（流量、压力），确保高压泵入口压力不能低于 0.2～0.3MPa，防止发生气蚀，损坏阀座阀片。

图 3-11　高压泵组完整的低压供水系统示意图

8. 润滑系统

多数高压泵采用强制润滑系统，完整的系统包括润滑油泵、过滤器、油冷器、油压、油温检测元件、机械密封、曲轴中心油道等。

采购时应当注意油冷器的换热面积是否满足使用条件，注意南北方气温的差异，必须保证在夏季高温时，连续满负荷运转时，油冷器有足够的降温能力。

油压、油温检测，安全报警联锁保护，是非常重要的保护装置，可以避免事故。

采购时应当注意 200kW 以上的泵组，是否具有机械密封、曲轴中心油道，否则连杆瓦无法保证良好润滑和降温，使用寿命会大幅下降。

9. 控制系统

目前多数高压泵组采用嵌入式单片机（图 3-12）自动控制泵组运行状态。控制系统主要的安全联锁保护应当包括润滑油油压低和油温高报警保护、供水压力低报警保护、过滤器堵塞报警保护、高压泵超压报警停车、柴油机油压低和油温高报警保护、柴油机水温高报警保护、泵组故障记录等。高压泵控制功能，应当包含设定工作压力，自动调整转速配合的模式，远程控制泵组的怠速与工作转速转换模式等。

图 3-12　嵌入式单片机的控制面板

10. 柴油机

高压泵所匹配的柴油机（图 3-13）功率应当是高压泵功率的 1.15 倍。柴油机的工作转速应当与高压泵的转速相适应。多数高压泵的额定转速为 1500r/min。多数柴油机的最佳转速为 1800～2200r/min。

图 3-13　高压泵所匹配的柴油机

柴油机驱动的泵组，使用时比较方便，进入现场直接可以启动施工，减少了准备时间，比较适合短时间移动作业。

柴油机比较复杂，日常需要维护保养的内容比较多，有些故障需要专业的维修人员才能处理，运行成本较高，燃油消耗较大。

11. 电动机

高压泵所匹配的电动机（图 3-14）功率应当是高压泵功率的 1.15 倍。一般电动机的转速不可以调整，导致高压泵的流量也不能调整。这样就要求操作中，必须精确匹配喷嘴，努力将全部流量从喷嘴喷射出，避免大量高压水从调压阀溢流，否则高压水会对调压阀产生严重冲蚀。

图 3-14　高压泵所匹配的电动机

电动机的结构简单，日常维护保养的内容较少，运行成本较低，有些施工现场，甲方可以免费提供电源，会大幅降低施工成本。

电动机泵组进入现场后，需要铺设临时电缆，对于大功率泵组电源距离较远时，铺设电缆的劳动强度较大，接线手续烦琐费时，电动机泵组比较适合在固定位置、长期施工的现场使用。

第二节　高压软管

1. 软管管体特性

高压软管的管体由内衬层、钢丝层、外衬层组成（图 3-15～图 3-18）。钢丝层是保证软管可以承受高压的核心结构，钢丝材质的状况、编织的方式、编织的质量，对软管的可靠性有着非常重要的作用。

图 3-15　编织式钢丝增强软管

图 3-16　缠绕式钢丝增强软管

图 3-17　内外衬层为橡胶的高压软管

图 3-18　内外衬层为树脂的高压软管

高压水清洗施工中，应当使用缠绕式钢丝增强软管，不能使用编织式钢丝增强软管。缠绕式钢丝增强软管中，钢丝层数为双数，即 2 层、4 层、6 层、8 层，钢丝层数越多，耐压等级越高。软管通径越大，耐压等级越低。高压软管的最小爆破压力应是工作压力的 2.5 倍，高压软管应至少在 1.5 倍工作压力下进行试压，并经过不少于 30min 的保压检验，管体没有鼓泡、渗漏，接头没有位移、松动，才能进入现场使用。

高压水清洗施工中，内外衬层为树脂（工程塑料）材质的软管，适用于高压、超高压等级，内外衬层为橡胶材质的软管，适用于中压、高压等级。应当认真了解软管的技术参数（图 3-19）并严格遵守使用要求。

型号编号	软管内径				软管外径 /mm	额定压力 (最高工作压力) MPa/psi		爆破压力 MPa/psi		最小弯曲半径 /mm	重量 /kg/m
	公称内径 公制 DN	英制 size	实际内径 公制 mm	英制 Zoll							
#	◎		◎		◎	◔		☄		∢	🔋
2440D-025V32	4	-025	3,9	5/32	10,4	220	31900	550	79750	100	0,21
2440D-03V32	5	-03	4,7	3/16	11,5	180	26100	450	65250	130	0,28
2440D-04V32	6	-04	6,3	1/4	12,5	164	23780	410	59450	155	0,33
2440D-05V32	8	-05	8,0	5/16	15,1	150	21750	375	54375	175	0,44
2440N-06V30	10	-06	9,7	3/8	19,4	140	20300	350	50750	190	0,70
2440N-08V30	12	-08	12,8	1/2	22,5	130	18850	325	47125	200	0,94
2440N-12V30	20	-12	19,6	3/4	30,0	100	14500	250	36250	250	1,39
2440N-16V30	25	-16	25,0	1	37,0	90	13050	225	32625	300	1,90

图 3-19　软管的技术参数

2. 软管接头的扣压

软管扣压端部接头后称为软管总成（图 3-20～图 3-24）。高压软管每个端部接头，都要由经过专业人员扣压连接，并经过试压检验。

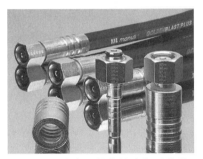

图 3-20　中高压软管接头扣压状况

图 3-21　超高压软管接头扣压状况

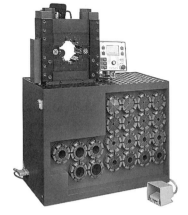

图 3-22　八瓣挤压形式的扣压机

图 3-23　高压软管试压机

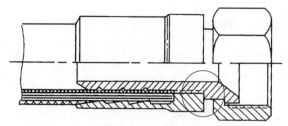

图 3-24 高压软管扣压接头的薄弱部位

高压软管的扣压机，应当是八瓣挤压形式，不能采用滚压形式。

高压软管使用中，必须注意防止扣压接头的薄弱部分，防止该部位受到弯曲、冲击、扭转等外力，否则非常容易从该部位断裂，引发伤人事故。

3. 软管接头形式

高压软管的接头形式有多种（图 3-25～图 3-28），使用中应当根据工作的压力等级，进行正确选择。一般工作压力在 150MPa 以下，应当选择 24°锥形密封形式。一般工作压力在 180MPa 以上，应当选择不锈钢正反螺纹连接金属硬密封形式。

平面铜垫或平面 O 形圈密封形式接头，密封容易损坏或泄漏，目前逐渐被淘汰。金属 U 形卡形式接头，属于低压等级（50MPa 以下）的接头，避免用于高压力等级的施工现场。

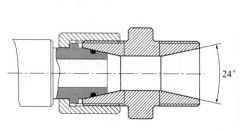

图 3-25 24°锥形密封形式的接头

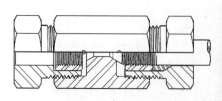

图 3-26 不锈钢正反螺纹连接金属硬密封形式的接头

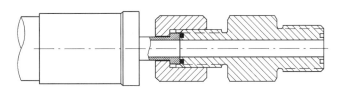

图 3-27　平面铜垫或平面 O 形圈密封形式接头

图 3-28　金属 U 形卡形式接头

第三节　高压喷枪

1. 截止型喷枪

高压水清洗施工中使用的手持喷枪，根据其开关阀的形式，分为截止型、溢流型、电控型（图 3-29～图 3-31）。

图 3-29　截止型喷枪

截止型喷枪的开关阀，在松开扳机（停止喷射）时，喷枪阀处于关闭（截止）状态。当握紧扳机（开始喷射）时，喷枪阀处于开启（喷射）状态。

截止型喷枪属于早期的产品。在使用时（正常喷射），泵组处于设定的清洗

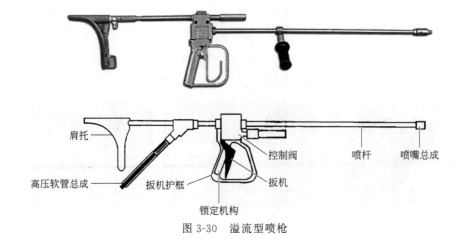

肩托   控制阀   喷杆   喷嘴总成

高压软管总成   扳机护框   扳机

锁定机构

图 3-30   溢流型喷枪

图 3-31   电控型喷枪

压力,停止工作时(停止喷射),泵组的压力会高于设定的工作压力。这是非常不合理的状况,不工作时,泵组压力更高、燃油消耗更高、设备磨损更大,所以用户非常不愿意采用。在施工现场,这种喷枪被逐渐替换。

2. 溢流型喷枪

溢流型喷枪的开关阀,是有一个入口、两个出口的阀,一个连通喷嘴(直径很小的喷孔),另一个连通溢流口(直径很大的出口)。

在松开扳机(停止喷射)时,喷枪阀处于两个出口全部开启(连通)状态,由于溢流口是很大的开口在释放流量,泵组无法建立清洗压力。

当握紧扳机(开始喷射)时,喷枪阀将溢流口关闭,使全部流量集中从喷嘴射出,这时泵组的流量要通过很小的喷孔挤出,使得泵组系统压力上升至工作压力。

这种的工作状况,比较符合用户要求,泵组工作时压力升高,松开扳机停止工作时,泵组压力降低,处于低负荷运转,燃油消耗降低、设备磨损减轻,泵组近似于自动控制状态,所以用户非常喜欢这种形式的喷枪。

3. 电控型喷枪

以上两种喷枪,均采用机械形式的高压阀控制。此类喷枪阀设计难度大、制造难度大、生产成本高,使用中故障频繁、维修不便。

电控型喷枪颠覆了传统的思路，采用工业级电开关，替换传统的机械喷枪阀。工业电开关属于成熟技术，其可靠性很高、故障率很低，其成本远远低于喷枪阀。

第四节　脚踏阀

脚踏阀的状况与手持喷枪类似，不再重复论述（图3-32～图3-34）。

图 3-32　截止型脚踏阀

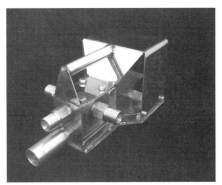

图 3-33　溢流型脚踏阀

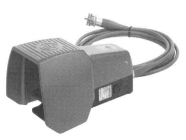

图 3-34　电控型脚踏阀

第五节　喷头喷嘴

1. 喷孔结构及阻力系数

喷孔内部的结构（形状），对流体的阻力有着重要的影响。科学合理的喷孔结构可以很好地将流体压力转化为射流动能和打击力，否则，会大幅损耗能量，降低射流的清洗能力。通过表 3-1 可以了解喷孔结构的阻力系数。

表 3-1　喷孔结构的阻力系数

喷嘴内腔形式	示意图	流量系数（阻力系数）	等速核长度 L_0
直角形入口		0.663	—
圆锥收敛＋圆柱		0.963	$4.8d_0$
流线型		0.972	$5.9d_0$

在清洗施工中应当注意：

理论计算与实际存在一定误差；

不同的喷孔结构阻力系数不同，对实际能量转换的影响最大；

喷孔内光洁度对能量转换也有一定影响。

2. 喷嘴元件

为提高喷头的射流质量，有一部分喷头采用镶嵌喷嘴的方式（图 3-35）。直接在喷头体上加工喷孔，由于喷孔角度复杂不易加工。另外，一般喷孔为内部孔径大，外部孔径小，也非常不容易加工。还有，喷孔处射流速度很高，一般的材料无法抵抗其冲蚀，需要采用一些特殊的超硬的材料，这样的材料价格非常高，仅适合在小范围的喷孔位置应用。所以，有一部分喷头采用宝石、硬质合金材料，单独加工成喷嘴元件，利用螺纹、热镶的方式，组装到喷头体。

喷头元件的标准化、专业化显得尤为重要。专业企业生产的高品质喷嘴元件，可以大幅度地为清洗企业提供方便。用户根据清洗施工的需要，设计加工专用的喷头体，采购标准的喷嘴元件，便可组装出针对具体对象的适用、高效的清洗机具。

喷头元件主要的技术要求为，喷孔直径的序列化（供用户选择）、连接螺纹

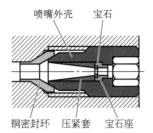

喷嘴外壳　宝石

铜密封环　压紧套　宝石座

图 3-35　高品质的喷嘴元件

的标准化（方便用户配套）、喷孔质量的优质化（一定要远远高于一般水平，转化高效射流，大幅提高清洗效率，否则没有必要使用）。

目前，国内清洗市场中，提供的喷嘴产品，经常采用低价竞争，不注重喷嘴的射流质量。长此以往，将来用户将不会再采购，因为它不比用户自己加工得好。

3. 旋转喷头的阻尼形式与原理

由于在清洗施工中，旋转射流可以提高清洗效率，所以越来越多的清洗施工项目，采用旋转喷头进行作业。但是，如果喷头的旋转速度过快，会导致射流雾化、打击力降低，所以，旋转喷头必须通过阻尼机构，将喷头控制在合理的转速范围。

在清洗现场的旋转喷头中，有磁性涡流阻尼机构、黏滞阻尼机构、液压阻尼机构，也有离心阻尼机构，下面进行分别介绍。

（1）磁性涡流阻尼机构的工作原理

在手持喷枪的旋转喷头、清洗管线的两维旋转喷头、平面清洗器的旋转水套等喷头上，都有采用磁性涡流阻尼机构的产品。

以手持喷枪的旋转喷头为例（图 3-36），该喷头是借助喷头体前端，数个具有一定角度和偏心距的喷嘴，产生的旋转反力，推动旋转轴高速旋转。

同时，安装在旋转轴上的永磁铁转子，与安装在喷头壳体上的紫铜涡流环，也相对高速转动，在旋转过程中，转子与涡流环产生电磁涡流效应，生成一个与转子旋转方向相反的作用力，而且，转子正向旋转的速度越快、产生的反向作用

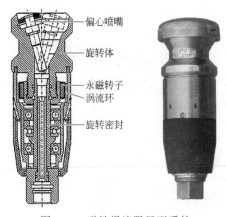

偏心喷嘴

旋转体

永磁转子
涡流环

旋转密封

图 3-36 磁性涡流阻尼型手持
喷枪的旋转喷头

力越大。对于防止喷头转速过快，这个机构非常有效。

由于多数固体材料都是静摩擦系数大、动摩擦系数小，这种情况在旋转喷头上形成一种非常不利的现象。喷头内部的密封件、传动件，在喷头开始旋转之前，处于静摩擦状态，摩擦阻力较大，需要较大的扭矩才能启动。当喷头开始旋转，所有摩擦阻力从静摩擦转变为动摩擦，阻力大幅下降。导致旋转喷头，要么无法启动，要么启动后越转越快，形成"飞车"。在高速旋转过程中，密封件、轴承快速损坏。这曾经是困扰清洗企业的一个难题。

随着磁性涡流阻尼机构的出现，这个问题迎刃而解。该机构的转子与涡流环之间，没有接触，始终保持间隙，这样就没有之前的静摩擦问题，当喷头旋转后，转速慢时产生的反作用力较小，转速越快产生的反作用力越大，正好符合我们的阻尼需要。所以，很多旋转喷头都采用这种机构。

(2) 黏滞阻尼机构的工作原理 (图 3-37)

旋转喷头中，有数组定子片与旋转轴固定，另外数组转子片与喷头壳体固定，转子片与定子片之间保持间隙、没有摩擦，并在其空间充满黏度较大的油液，黏油的一侧与转子片黏附，另一侧与定子片黏附，当转子相对定子旋转运动时，在黏油内产生流体剪切效应，转子与定子若要转动，必须克服黏油的剪切阻力。不同于固体的摩擦阻力，这种阻力不存在静摩擦系数大、动摩擦系数小的问题，可以较好地限制旋转喷头"飞车"的状况。

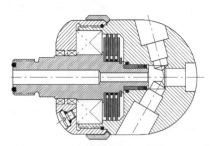

图 3-37 黏滞阻尼型管道清洗旋转喷头

(3) 液压阻尼机构的工作原理

液压阻尼机构（图 3-38）是通过喷头的旋转轴，带动液压油泵旋转，将油池内液压油吸入泵内，通过安装在液压油泵出口的节流阀，调整油泵的出油量，节流阀开大时出油量大，油泵转速高（同时喷头旋转轴的转速也高）。节流阀关小时，油泵的出油量减小，油泵转速降低（同时喷头旋转轴的转速也降低）。这种阻尼机构有效地避开了静摩擦系数大、动摩擦系数小的问题，可以方便地调整喷头转速。这种阻尼机构，相比其他阻尼机构，转速调整范围最大、调整操作最方便。

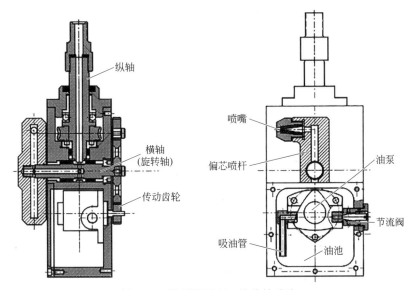

图 3-38　液压阻尼型三维旋转喷头

（4）离心阻尼机构的工作原理（图 3-39）

离心阻尼机构通过在喷头的旋转轴上，装配一组由三件扇形块拼合的圆环，在圆环外径用弹簧或橡胶圈箍紧。没有旋转时，在弹簧的作用下扇形块收紧，外径减小。当喷头高速旋转时，在离心力的作用下扇形块向外张开，外径加大。转速越高，离心力越大，扇形块向外张开的力量越大。在扇形块的外部，设计有一刹车摩擦环。当喷头没有旋转时，扇形块向内收紧，与刹车环没有接触，喷头启

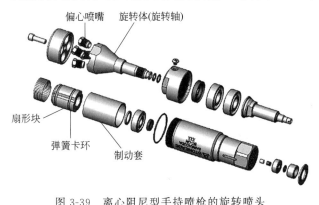

图 3-39　离心阻尼型手持喷枪的旋转喷头

动时没有刹车力。当喷头高速旋转时，扇形块向外张开，与刹车环接触，增加了喷头的刹车力。喷头转速越高，刹车的力量越大，很好地起到了阻尼作用。这是一种利用摩擦力的巧妙设计。

4. 魔鬼喷头的特点（图3-40）

魔鬼喷头是国外公司为喷头确定的名称。从功能分类，该喷头属于单喷孔手持喷枪的旋转射流喷头。该产品的设计非常优秀，结构简单、加工方便、易损件少，需要流量较小，打击能力较强。

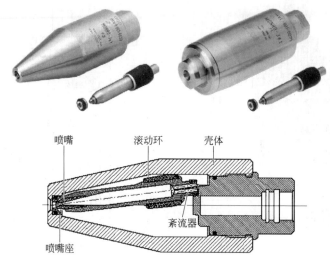

图 3-40　单孔偏转转子型手持喷枪的旋转喷头（魔鬼喷头）

魔鬼喷头采用一个较长的喷嘴导流管加紊流器，使其射流质量非常好，大大超过其他类型喷头的打击力。

魔鬼喷头在形成旋转射流时，不需要高压旋转密封、高精度轴承、阻尼机构，喷头体内近乎空壳。这样的结构几乎没有可以损坏的零件。

采购时需要认真分辨，喷嘴、喷嘴座是否采用硬质合金制造，否则无法正常使用。

运输、使用中避免坠落、磕碰，硬质合金喷嘴容易摔碎。

5. 三维喷头的轨迹

三维清洗头通过横轴纵轴的旋转，形成三维旋转喷射（图3-41）。在清洗对象的表面形成有规律的清洗轨迹。射流轨迹所到之处污垢被清除，轨迹的空隙之处会残留污垢。这样就要求，随着时间的推移，射流轨迹应不断密布，达到均匀覆盖被清洗表面。同时应当避免射流轨迹出现重复的现象。

在三维清洗头运动参数中，对运动轨迹起决定作用的是传动速比 i。

由于：$i = n_1/n_2$；

在某一时刻 t，横轴、纵轴所转过的转数分别为：$N_1 = n_1 t$、$N_2 = n_2 t$；

因此有：$i=N_1/N_2$。

当 N_1 为整数，同时 N_2 也为整数时，射流的运动轨迹封闭，即轨迹终点与始点重合。这时，若继续旋转，也只是重复上一个周期，而不会出现新的轨迹，这种情况即为重复清洗。若 N_1、N_2 始终不能同时为整数，则轨迹永远不会封闭。

若 $i=N_1/N_2$ 中 N_1、N_2 同为素数，则轨迹不易重复、封闭（详细内容请查阅相关论文）。

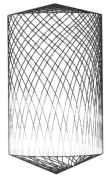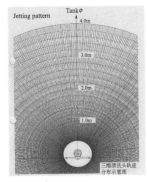

图 3-41 三维清洗头射流轨迹示意图

第六节 换热器管程自动清洗机具

随着国内人力资源的缺乏，以往采用大量人力的清洗项目，越来越难以实施。采用专用机械设备，代替人工操作高压水清洗施工，将是今后的发展方向。

对于一些人工操作软管，可以轻松清洗的项目，确实没有必要采用专用清洗机。

目前，清洗市场上有几类换热器管程清洗机（图 3-42～图 3-45）。

图 3-42 便携型喷钻式清洗机

图 3-43 豪华型喷钻式清洗机

图 3-44 强力喷枪式清洗机

图 3-45 软管自动进退式清洗机

① 依靠刚性喷杆旋转，高压、超高压射流破碎脆性污垢，机械动力推动喷杆自动前进、后退的喷钻式清洗机。

② 依靠刚性喷杆产生强大推力，将具有流动性的黏性污垢，推挤出换热器管孔的强力喷枪式清洗机。

③ 采用机械装置带动柔性喷枪，做前进后退运动，同时对多个换热器管孔进行清洗的软管自动进退式清洗机。

喷钻式清洗机主要针对坚硬的脆性污垢进行清洗，其清洗原理与人工操作刚性喷枪没有太大差别。仅仅减少操作人员的数量、降低劳动强度，该机型对于解决人员紧张有一定作用。单杆的清洗速度没有提高，清洗效率也没有提高。多杆式清洗机，喷杆前进速度只能以最难清洗的一根为准，每一组换孔时并不能正好与喷杆数量相符，导致实际清洗效率并不像厂家宣传得那么高。

强力喷枪式清洗机主要针对换热器管孔内堵塞有可流动的黏性污垢（炼油厂油浆、乙烯厂急冷区裂解黏油），利用刚性喷杆上几吨的推力，如同挤牙膏一样，将黏油从一端向另一端推挤，用时 0.5～1min，将一根管孔清洗干净。这种清洗机不仅减少操作人员、减小劳动强度，还大幅提高清洗速度和效率。人工清洗炼油厂完全堵塞的油浆换热器时，每根列管的管孔，至少需要清洗 10min，采用该清洗机仅需要 1min 左右。这种清洗机仅适用于黏性污垢，对于脆性污垢不能使用该机型。

软管自动进退式清洗机主要针对较松软的污垢清洗，由于采用柔性喷枪清洗，喷头向前的喷孔很少，大量喷孔是向后喷射，如果面对坚硬污垢，其清洗能力非常有限。采购时应当分析判断生产厂家的宣传，结合实践经验和本企业的实际情况确定采购机型。该型清洗机对于狭小空间、大量管孔松软污垢的清洗施工（发电厂的复水器），具有一定优势。

第七节　换热器壳程自动清洗机具

目前清洗市场上，换热器壳程清洗机有台架式和便携式两类，见图 3-46～图 3-50。

国外市场以台架式为主，衍生的结构有门式、曲臂式、车载式等。台架式清洗机在施工时必须有吊车配合，将换热器吊装至清洗机的支架、转辊上，才能开始清洗。完成后还需要吊车吊装下来，然后再吊装上另外一台。在国内的施工现场，不能保证经常有吊车在随时待命进行吊装，导致清洗机经常闲置，大量管束通常还是人工清洗。

一些轻便简易的壳程清洗机，在国内市场大有前景。这一类清洗机，不需要吊车配合，换热器摆放在平地即可，清洗机很轻便，人工即可方便地移动至换热器附近。清洗机以换热器为轨道，沿换热器轴线运动，通过旋转喷头扫射。这类清洗机虽然比较"土"，但是比较符合咱们的国情。

图 3-46　门式换热器壳程清洗机

图 3-47　曲臂式换热器壳程清洗机

图 3-48　车载式换热器壳程清洗机

图 3-49　便携式换热器壳程清洗机（简单导轨人工可以移动）

图 3-50　便携式换热器壳程清洗机（有滚轮的框架沿换热器移动）

第八节　管线自动清洗机具

　　清洗长距离管线时，采用人工操作劳动强度比较大。采用管线清洗机是其发展的方向。

　　目前，清洗市场上有转管小车式和卷筒式两类管线清洗机，见图 3-51～图 3-53。

　　转管小车式管线清洗机，出现得较早。该机型在一小车上，安装有液压马达和旋转水套，通过马达带动整根高压软管旋转，软管带动喷头旋转。软管的前进与后退，采用推进器控制。在推进器上，有三只滚轮向中心挤紧高压软管，滚轮与软管的中心线形成一定的夹角，软管旋转时受滚轮夹角的作用，形成螺旋状进退。

图 3-51　转管小车式管线清洗机

图 3-52　转管小车式管线清洗机（推进器）

图 3-53　卷筒式管线清洗机

　　该清洗机存在一个缺陷，当喷头最初进入清洗管线较短时，有较长的软管在外部旋转，如果这些软管不能拉成直线，扭曲的软管在施工现场的地面扭曲翻滚，场面非常危险，不符合安全要求。

　　为改进早期的清洗机，设计了将所有软管卷在卷筒上的机型。新机型的卷筒，在收放软管的同时，沿另一轴线做滚动。这样就解决了高压软管满地"滚大龙"的危险情况。目前，这类清洗机在氧化铝溶出管线清洗中，得到大量应用。

第九节　容器自动清洗机具

目前中小型容器清洗经常采用的机具有三维清洗头（见图 3-54～图 3-56）、机械臂等。

图 3-54　德国 URACA 公司的三维清洗头

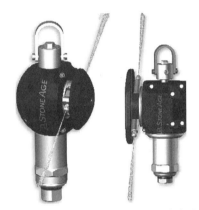

图 3-55　美国 StoneAge 公司的三维清洗头

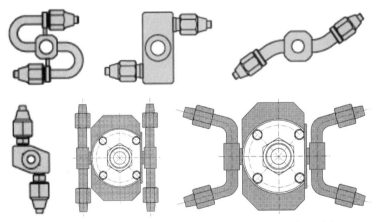

图 3-56　不同形式的三维喷头之喷杆（针对不同的清洗对象，
合理的喷射方式可以提高清洗效率）

加油站地下储罐普遍采用车载式抽吸清洗装置（不属于高压水清洗方式）。

特大型原油储罐普遍采用撬装式清洗装置（不属于高压水清洗方式）。

三维清洗头是同步绕着两个相互垂直轴旋转的喷头，其横轴转速可在 5～100r/min 之间调节，最佳工作转速为 20～40r/min。

三维清洗头的主要部件为横轴、纵轴、旋转密封、传动机构和阻尼机构等。

横轴纵轴是形成三维旋转喷射的基本部件。纵轴与高压软管连接，横轴与喷头喷杆连接，横轴有单侧喷射和双侧喷射两种形式，形成三维旋转射流覆盖清洗表面。

旋转密封是横轴纵轴在旋转过程中，保证高压水不泄漏、摩擦阻力较小的部件。旋转密封有高分子材料加工成形和特殊纤维编织填料两种密封形式。由于该部件需要承受较高的压力等级，还需要尽量小的摩擦阻力，并需要部件尺寸尽量小。这些要求使得旋转密封非常难于设计和制造。旋转密封是三维清洗头的核心技术。

传动机构是约束横轴纵轴之间旋转速比、连接阻尼机构、驱动清洗头旋转的部件。传动机构有直齿轮组、伞形齿轮组、蜗轮蜗杆机构等传动形式。

阻尼机构是调整控制清洗头转速的部件。阻尼机构有磁性涡流阻尼、黏滞阻尼、液压阻尼等形式。阻尼机构可以保证三维清洗头，启动时旋转扭矩较小，启动后产生适当地阻止飞车的阻力矩。阻尼机构可以保证三维清洗头，始终处于最佳旋转速度，防止射流高速旋转时产生雾化，获得较高的射流打击力和清洗效率。

清洗容器的内壁时，往往借助于三维清洗头及进给机构（机械臂）实现人员不进入容器内部的清洗作业（图3-57～图3-60）。

(a) 较复杂的伸缩机械臂，用四套复杂传动机构实现四个方向的动作

(b) 简单的滑动钢管机构，球形结构控制方向，钢管插拔控制深浅

(c) 简单的钢管控制软管机构，球节钢管控制方向角度，软管抽放控制清洗头高度

图3-57　三种形式的容器清洗进给机构（机械臂）

清洗头控制机构的本质，就是通过专用的机械臂，操纵控制清洗头，将其定位在预定的清洗作业位置，完成清洗除垢的目的。

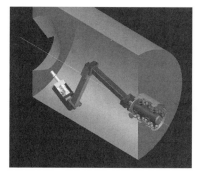

图 3-58　曲臂形式的控制机构

图 3-59　球节钢管套软管的控制机构

在实际应用中，由于清洗对象（立式容器、卧式容器、搅拌式容器等）的多样性，清洗头控制机构（机械臂）也呈现多样性。完成同样的清洗项目，可以采用不同的机械结构，使得清洗头控制机构呈现更多的种类和样式。

图 3-60　四连杆形式的控制机构

从使用者的角度考虑，清洗头控制机构的自动化、结构的复杂化不应是追求的目标。我们应当追求结构简单、操作方便、不易损坏、成本低廉的实质内容。

对于有一定制造能力的企业，应当针对自己的清洗对象，动手自制一些结构简单、可靠适用的清洗头控制机构。

球节钢管套软管机构（图 3-61、图 3-62）是清洗立式储罐的方案，它采用两片法兰夹住一个球形节点，球节中心穿过一根钢管。再从钢管中穿过高压软管，并连接三维清洗头。将球节与储罐人孔法兰固定，钢管通过球节可以指向储罐内部的各个角落，还可以将其固定在调整好的方向位置处。球节中穿过的钢管可以向储罐内深入或拔出，控制清洗头在储罐内的清洗点位。清洗头在储罐内高度方向的位置，可以通过高压软管的放入或抽出来调整。

图 3-61　球节钢管套软管机构

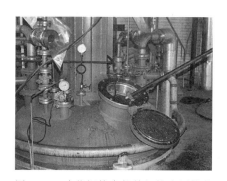

图 3-62　球节钢管套软管机构应用情况

第四章

高压水射流清洗作业的施工准备

第一节　施工现场条件的前期调查

1. 风险因素调查

高压水清洗的施工现场，涉及很多行业和领域，潜在有相当高的风险因素。所以施工前有必要认真地对现场进行调查了解。

需要重点调查了解施工现场是否存在易燃易爆风险、中毒窒息风险、化学灼伤风险、高空坠落风险等。

在石化装置、煤化工装置施工，周围的设备、管线、容器内大量存在易燃易爆物质，必须了解清楚我们的清洗对象，如果存在易燃易爆物质，必须采取可靠措施防止发生着火爆炸事故。

常见的状况是储罐、反应釜清洗时，容器内存在易燃易爆气体，万一产生静电火花将引发爆鸣爆炸，这种作业状况非常容易造成人员伤亡，必须严加防范。

不常见的状况是换热器管程清洗时，管孔内堵塞的污垢中混有遇水发生爆炸的物质（催化剂），这种状况特别容易被忽视，习惯性地认为高压水不会引发爆炸，未做任何防护便开始清洗作业，人员距离爆炸点非常近，可能同时受到爆炸和射流的伤害。

有些施工现场存在有毒有害气体和缺氧状况，在这样的环境施工时，容易发生人员中毒窒息死亡的事故。必须提高警惕认真防范。

很多致人死亡的气体无色无味（氮气、一氧化碳），当这些气体浓度较高时，在很短时间（3～5min）即可致人死亡，必须百倍警惕。

有些施工现场被清洗的物质，对人员会产生化学灼伤，这些物质的表象容易使人放松警惕，例如原油中含有硫的成分，当与水结合后，会生成酸性物质。平时皮肤接触原油并不会发生灼伤，但是清洗时产生的污水，会对皮肤产生灼伤。

有些施工现场存在高空坠落的风险，例如有些脚手架为了吊装施工的方便，没有在平台周边围挡拦腰杆，人员施工时非常容易从平台闪出坠落。再例如发电厂大直径（1～2m）管道内部，水平管的下部连接有向下的垂直管，该管内又积满了水，人员在水平管道内行走，管线内比较昏暗，危险的管口又没设置警示，人员容易坠落其中，发生摔伤溺亡是很有可能发生的危险（这是清洗行业曾经发生的实际案例）。

正是因为施工现场存在这些风险，所以施工前的调查了解非常必要。

2. 清洗因素调查

清洗服务对象的多样性，造成现场的清洗因素也非常复杂。

需要调查了解的清洗因素：

① 被清洗设备的结构和尺寸；

② 将要清洗污垢的硬度、黏度、厚度；

③ 施工作业场地的楼层、平台面积（刚性喷枪能否施展）、底板（漏水与否）；

④ 施工作业现场的供水位置及压力与流量、现场照明、通风、污水排放；

⑤ 施工现场清理出的垢渣，有哪些处理要求；

⑥ 施工作业现场柴油机尾气排放要求（发电厂厂房内部柴油机长时间运转）；

⑦ 施工现场人员休息位置、行走路线及要求、劳保要求；

⑧ 施工现场作业手续单据的要求。

正是因为施工中有如此多的因素会影响清洗作业，所以调查了解非常必要。

第二节　施工计划及方案的编制

针对施工现场调查了解到的情况，需要制定切实有效的施工计划和方案。对于较大的施工项目，应当制定"两书一表"（图4-1），即施工作业计划书、指导书、检查表。对于较小的施工项目可以参考类似项目的施工文件执行。

图 4-1　"两书一表"的封面及样式

施工方案（计划书、指导书）应当包括这些内容，施工目的、工程概况、编制说明及依据、施工队伍及主要设备、清洗工艺流程简介、作业步骤及作业要求、作业所用材料和工具、风险识别及消减措施、施工验收标准、附件及示意图。

第三节　施工装备的准备及检验

1. 泵组准备

泵组进入现场前应进行试转试压，对于单台泵组施工时，应准备备用液力端（超高压、低压），以便应对现场不同的清洗对象，应提前准备一些工具和备件，处理临时发生的故障。检查泵组的润滑油是否充足，并准备一些备用的润滑油。对于将进入施工现场的高压泵组，既要保证压力等级搭配和数量充足，更要保证其完好。对将进入施工现场的泵组进行维修保养，逐台进行试车检验，电机驱动的泵组应当检查绝缘状况和漏电保护器是否灵敏可靠。检验合格的设备应予标识（粘贴合格证）。

2. 器材准备

即将进入现场的操作人员，应当掌握所携带的清洗器材和机具的使用方法，并对专用器材应当进行模拟操作。对将进入施工现场的全部器材进行检验、试压并予以记录。

建议清洗企业，对清洗器材应当采用借用和退还及验收手续。

3. 安全准备

为了保证现场施工人员的安全，需要准备安全帽、安全带、防坠器、安全绳、面罩、耳塞、风镜、雨衣、雨裤、雨靴、防毒面具、急救药品等劳动保护用品。如果现场需要进入受限空间，需要准备防爆的通风机、帆布风筒（不产生静电火花）、呼吸器。需要准备安全警示标牌、安全围栏围挡。

4. 后勤准备

对作业所需的照明灯具及电器设备（配电箱、橡套电缆）、自备水箱及加压水泵、通信设备（步话机）、卫生保洁器材（扫帚、铁锹、垃圾袋）要指定专人进行检验、清点、装运、安装和回收。为了保证现场施工人员健康，需要准备饮用水、工作餐、常用药品，外地施工需要考虑住宿、人员洗漱和现场短途交通自行车等。

5. 交通准备

为了保证施工队伍，在长途行进中的安全和顺利，需要制定行车路线计划、进行路况分析、准备地图、修车工具、备件和急救物品，还要核对检查车辆的行驶手续、货运手续。

对所有准备的设备、设施和物品，应当编制详细清单，并按类别进行划分。指定责任人分头准备；同时负责出发装车、使用保管、返程装车、退库验收。

第四节　进入现场前的培训及相关手续

进入施工现场前，甲方会组织安全培训，主要内容是甲方现场的安全施工要求。清洗施工企业应当再次进行清洗专业的安全培训（不要怕麻烦），尽量选择与本次清洗有关的内容（图 4-2），包括本次施工方案的具体要求，努力使进入现场的操作人员，能够对本次施工的安全措施熟悉、清楚。

图 4-2　相关的安全操作规范、规程、要求

人员培训可以选择相关的安全规范和技术标准，在这些规范和标准中，有前人用鲜血和生命总结出的经验教训，对我们在施工中如何保证安全，有着非常重要的借鉴作用，其中很多内容可以移植进我们的作业指导书和施工方案。

第五节　施工现场的安全防护措施

1. 石化企业清洗现场的安全防护措施

（1）防火防爆措施

完全停车的施工现场：

① 停车初期和结尾是事故多发期（应当加强巡检周围情况）；

② 注意相邻施工动火情况（预防上方火星落到清洗出的化工物料上）；

③ 坚持执行必要的环境分析检测手续；

④ 泵组远离井盖、地沟，防止其发生爆炸伤害。

局部停车的施工现场：

① 危险情况随时可能发生；

② 注意周围环境情况（异味、贴地气雾、泄漏液体）；

③ 注意装置操作变化情况（预防误操作伤害容器内清洗人员）；

④ 熟悉逃生路线（开工前，考察准备多条逃生路线、发生险情时快速避险）；

⑤ 尽量选择上风口作业；

⑥ 严格执行环境分析；

⑦ 不要轻信口头承诺（进入受限空间一定凭票作业）；

⑧ 泵组远离运行装置。

（2）防中毒窒息措施

完全停车的现场：

① 停车初期和结尾是事故多发期；

② 首次进入受限空间要特别谨慎；

③ 严格执行进罐作业手续；

④ 经常检查相关管线的盲板和断开情况；

⑤ 罐内存在化工物料较多时清洗作业中应加强分析；

⑥ 注意装置操作人员的动作。

局部停车的现场：

① 危险情况随时可能发生；

② 强调盲板和断开的彻底；

③ 严格执行进罐作业手续；

④ 注意罐内异味和审料；

⑤ 注意周围运行设备的变化；

⑥ 注意装置操作人员的操作情况（预防误操作伤害容器内清洗人员）。

（3）交叉作业的措施

① 注意相邻施工动火情况（上方）；

② 注意相邻吊装作业情况（上方）；

③ 注意相邻施工用电情况（下方）；

④ 注意相邻射线探伤情况（夜间）；

⑤ 注意检查、取样、维修人员进入射流危险区域。

（4）工期紧张的措施

① 注意解释清洗时间与质量的关系（清洗一根管孔的时间×总根数）；

② 注意解释清洗施工特点（不易人员密集）；

③ 注意清洗作业的危险性（不易疲劳作业）；

④ 注意夜间施工现场照明情况（不要摸黑施工）；

⑤ 注意不能放松操作规程的要求。

（5）污垢种类较多，清洗难度较大的措施

① 注意针对不同性质的污垢选择不同的清洗工艺参数；

② 注意充分利用高压水射流的能力（不要蛮干）；

③ 注意不要以为压力越高流量越大就可以清洗得更快更好；

④ 注意利用理论计算做指导，充分了解污垢性质以巧制胜；

⑤ 注意采用剥离、脱套、挤出、切块，避免破碎、粉碎；

⑥ 注意利用先进的工具、机具、喷头提高清洗效率；

⑦ 注意利用旋转射流提高清洗效率；

⑧ 注意利用温度提高清洗效率。

2. 发电企业清洗现场的安全防护措施

（1）清洗现场常在室内，环境卫生要求高，应当采取的措施

① 注意高压泵组停放位置的地面，防止漏油污染；

② 注意运输清理出的灰渣，防止沿途遗撒；

③ 注意清洗人员穿脏的工作服、手套、雨靴，存放在指定位置；

④ 注意清洗人员用过的餐盒、生活垃圾，投入指定的垃圾箱内。

（2）工作程序要求严格，手续繁杂，应当采取的措施

① 注意每项细小工作过程的手续，强调记录和痕迹；

② 注意加强与电厂管理人员的沟通，了解特殊要求；

③ 注意高压输水软管布置时，避开电缆、行人；

④ 注意高压软管沿途悬挂警示标牌；

⑤ 注意作业区域悬挂警示标牌。

（3）多数作业属于受限空间内施工（竖井、炉膛、管箱），应当采取的措施

① 注意办理进入受限空间相关的手续；

② 注意竖井、炉膛内温度和浮灰，防止发生伤害（粉尘爆炸、高温中暑）；

③ 注意竖井、炉膛内照明亮度和安全电压；

④ 注意竖井、炉膛、大直径管线内清洗人员的行走，防止坠落；

⑤ 注意管箱内狭小空间，清洗人员操作失误伤及自己（采用卷筒防止软管纠缠）；

⑥ 注意夏季通风换气，防止清洗操作人员中暑。

（4）排水排灰要求严格，应当采取的措施

① 注意对清理出的灰渣进行过滤和沉淀；

② 注意避免污水直接排入管道或地沟；

③ 注意排出的灰渣运输途中防止遗撒；

④ 注意排出的灰渣运到指定地点。

（5）清洗质量要求变化范围较大，应当采取的措施

① 注意施工合同中尽量对清洗质量进行明确规定；

② 注意施工初期邀请甲方人员，确认清洗质量、建立质量样板；

③ 注意解释清洗质量与清洗时间、费用之间的关系。

（6）需要专用工具和喷头才能保证清洗效率，应当采取的措施

① 注意清理量很大，简单工具效率较低，难以胜任；

② 注意竖井、炉膛内的灰渣需要低压力、大流量、旋转射流；

③ 注意复水器的彻底清洗，需要高压力、大流量；

④ 注意复水器的常规清洗，需要低压力、大流量。

3. 海上平台清洗现场的安全防护措施

（1）防火防爆措施

① 海上平台的任何位置全部为防火防爆区域；

② 海上平台大量高温高压、易燃易爆设备集中密布；

③ 海上平台清洗施工的高压泵组必须是防爆型式；

④ 高压输水软管沿途的接头，需要防止与金属磕碰摩擦。

（2）针对处于运行装置，应当采取的措施

① 注意海上平台时刻处于运行状态；

② 注意严格执行相关的规定；

③ 注意清洗人员只能在指定的区域作业和休息。

（3）针对平台上淡水资源紧张，应当采取的措施

① 注意海上平台上淡水资源很紧张；

② 注意协调泵组用水（避免使用海水或热水，会对泵组造成损害）；

③ 注意回收溢流水，减少设备空转（预防溢流水，回水箱造成水温高）；

④ 注意避免污水直接排向大海（提前准备接水槽、引水管）。

（4）空间狭小措施

① 海上平台设备密布，作业空间狭小；

② 出发前对长杆机具进行处理（采用短杆，螺纹连接）；

③ 作业中避免磕碰其他运行设备；

④ 作业中防止人员磕碰、滑到、闪出、坠落（注意没有护栏的位置）。

（5）人员资质措施

① 海上作业对人员资质有特殊要求，必须提前办理；

② 海上平台的工作和生活中有特殊方式需要提前告知。

4. 医药食品企业清洗现场的安全防护措施

（1）针对现场工况接近石化企业，其监控措施不够严格，应当采取的措施

① 注意这些企业同样存在易燃易爆情况；

② 相比石化企业监控措施不严格、不健全（经常没有进罐作业手续）；

③ 清洗施工中要强调自己加强监控（佩戴四合一气体报警仪）；

④ 进入受限空间时更要谨慎；

⑤ 尽量自行配备分析仪器。

（2）针对清洗卫生质量要求严格，应当采取的措施

① 注意提前了解这些企业的清洗（卫生）质量要求；

② 清洗初期邀请甲方进行清洗质量确认；

③ 注意解释卫生质量与清洗时间、费用的关系（针对卫生级别取费）。

（3）针对经常处于局部停车清洗状况，应当采取的措施

① 注意这些企业经常处于局部停车清洗状况；

② 注意清洗现场周围还在运行的设备；

③ 注意防止周围发生事故，伤及清洗人员；

④ 注意防止清洗操作影响、损坏周围设备。

5. 钢铁企业清洗现场的安全防护措施

（1）针对作业环境复杂（煤气、高温、分散），应当采取的措施

① 注意冶金企业清洗现场存在煤气、高温等危险环境（佩戴气体报警仪）；

② 注意冶金企业经常处于局部停车清洗状况；

③ 注意清洗现场周围还在运行的设备；

④ 注意防止周围发生事故，伤及清洗人员；

⑤ 注意防止清洗操作影响、损坏周围设备；

⑥ 注意冶金企业清洗现场，经常分散在厂区不同位置不同工况。

（2）针对清洗对象繁杂，应当采取的措施

① 冶金企业清洗对象比较繁杂；

② 清洗中需要多种工具机具和方法；

③ 冶金企业经常有一些清洗现场处于地下井（坑）内（安排风机驱散气体）。

（3）针对监控措施不够严格，应当采取的措施

① 冶金企业对清洗作业现场监控不如石化企业严格；

② 需要清洗企业加强自身监控；

③ 重点监控煤气、高温，防止周围环境发生事故。

6. 清洗现场高处作业的安全防护措施

① 高处作业人员应进行体格检查。对患有如高血压、心脏病、贫血病、癫痫病、精神疾病、年老体弱、疲劳过度、视力不佳及其他不适于高处作业的人员，不得进行高处作业；

② 高处作业前要制定高处作业应急预案，内容包括：作业人员紧急状况时的逃生路线和救护方法，现场应配备的救生设施和灭火器材等。有关人员应熟知应急预案的内容；

③ 遇有 6 级以上强风、浓雾等恶劣气候，禁止进行露天攀登与悬空高处作业；

④ 高处作业人员应按照规定穿戴符合国家标准的劳动保护用品，安全带符合 GB 6095—2009 的要求，安全帽符合 GB 2811—2019 的要求等。作业前要检

查劳保用品；

⑤ 高处作业用的脚手架的搭设应符合国家有关标准。高处作业应根据实际要求配备符合安全要求的吊笼、梯子、防护围栏、挡脚板等。跳板应符合安全要求，两端应捆绑牢固。作业前，应检查所用的安全设施是否坚固、牢靠；

⑥ 夜间高处作业应有充足的照明；

⑦ 高处作业应设监护人对高处作业人员进行监护，监护人应坚守岗位；

⑧ 作业中应正确使用防坠落护具、设备。高处作业人员应佩戴与作业内容相适应的安全带，安全带应系挂在作业处上方的牢固构件上或专为挂安全带用的钢架或钢丝绳上，不得系挂在移动或不牢固的物件上；不得系挂在有尖锐棱角的部位。安全带不得低挂高用。系安全带后应检查扣环是否扣牢；

⑨ 作业场所有坠落可能的物件，应一律先行撤除或加以固定。高处作业所使用的工具、材料、零件等应装入工具袋，上下时手中不得持物。工具在使用时应系安全绳，不用时放入工具袋中。不得投掷工具、材料及其他物品。易滑动、易滚动的工具、材料堆放在脚手架上时，应采取防止坠落措施。高处作业中所用的物料，应堆放平稳，不妨碍通行和装卸。作业中的走道、通道板和登高用具，应随时清扫干净；拆卸下的物件及余料和废料均应及时清理运走，不得任意乱置或向下丢弃；

⑩ 雨天和雪天进行高处作业时，应采取可靠的防滑、防寒和防冻措施。凡水、冰、霜、雪均应及时清除。暴风雪及台风暴雨后，应对高处作业安全设施逐一检查，发现有松动、变形、损坏或脱落等现象，应立即修理完善；

⑪ 在临近排放有毒、有害气体、粉尘的放空管线或烟囱的场所进行高处作业时，作业点的有毒物浓度应在允许浓度范围内，并采取有效的防护措施；

⑫ 高处作业应与地面保持联系，根据现场情况，配备必要的联络工具，并指定专人负责联系；

⑬ 作业人员不得在高处作业平台休息；

⑭ 作业人员在作业中如果发现情况异常，应发出信号，并迅速撤离现场；

⑮ 高处作业完工后，应将作业现场清扫干净，并将作业用的工具、拆卸下的物件及余料和废料应清理运走。

7. 清洗现场受限空间的安全防护措施

① 受限空间与其他系统连通、可能危及安全作业的管道应采取有效隔离措施；

② 管道安全隔绝，可采用插入盲板或拆除一段管道进行隔绝，不能用水封或关闭阀门等代替盲板或拆除管道；

③ 与受限空间相连通、可能危及安全作业的孔、洞应进行严密的封堵；

④ 受限空间有搅拌器等用电设备时，应在停机后切断电源，上锁并加挂警示牌；

⑤ 受限空间作业前，应根据受限空间盛装（过）的物料的特性，对受限空

间进行清洗或置换，并达到下列要求：

氧含量一般为 18%～21%，在富氧环境下不得大于 23.5%；

有毒气体（物质）浓度应符合 GBZ 2.1—2019 的规定；

可燃气体浓度：当被测气体或蒸气的爆炸下限大于等于 4% 时，其被测浓度不大于 0.5%（体积百分数）；当被测气体或蒸气的爆炸下限小于 4% 时，其被测浓度不大于 0.2%（体积百分数）；

⑥ 应采取措施，保持受限空间内，空气良好流通；

⑦ 打开人孔、手孔、料孔、风门、烟门等与大气相通的设施进行自然通风；

⑧ 必要时，可采取强制通风；

⑨ 采用管道送风时，送风前应对管道内介质和风源进行分析确认；

⑩ 禁止向受限空间充氧气或富氧空气；

⑪ 作业前 30min 内，应对受限空间进行气体采样分析，分析合格后方可进入；

⑫ 分析仪器应在校验有效期内，使用前应保证其处于正常工作状态；

⑬ 采样点应有代表性，容积较大的受限空间，应采取上、中、下各部位取样；

⑭ 作业中应定时监测，至少每 2h 监测一次，如监测分析结果有明显变化，则应加大监测频率；作业中断超过 30min 应重新进行监测分析，对可能释放有害物质的受限空间，应连续监测。情况异常时应立即停止作业，撤离人员，经对现场处理，并取样分析合格后方可恢复作业；

⑮ 当污垢中含有较多挥发物时，应适当增加监测分析频率；

⑯ 受限空间经清洗或置换不能达到要求时，应采取相应的防护措施方可作业；

⑰ 在缺氧或有毒的受限空间作业时，应佩戴隔离式防护面具，必要时作业人员应拴带救生绳；

⑱ 在易燃易爆的受限空间作业时，应穿防静电工作服、工作鞋，使用防爆型低压灯具及不发生火花的工具；

⑲ 在有酸碱等腐蚀性介质的受限空间作业时，应穿戴好防酸碱工作服、工作鞋、手套等护具；

⑳ 在产生噪声的受限空间作业时，应佩戴耳塞或耳罩等防噪声护具；

㉑ 受限空间照明电压应小于等于 36V，在潮湿容器、狭小容器内作业电压应小于等于 12V；

㉒ 使用超过安全电压的手持电动工具作业或进行电焊作业时，应配备漏电保护器。在潮湿容器中，作业人员应站在绝缘板上，同时保证金属容器接地可靠；

㉓ 临时用电应办理用电手续，按 GB/T 13869—2017 规定架设和拆除；

㉔ 受限空间作业，在受限空间外应设有专人监护；

㉕ 进入受限空间前，监护人应会同作业人员检查安全措施，统一联系信号；

㉖ 在风险较大的受限空间作业，应增设监护人员，并随时保持与受限空间作业人员的联络；

㉗ 监护人员不得脱离岗位，并应掌握受限空间作业人员的人数和身份，对人员和工器具进行清点；

㉘ 在受限空间作业时应在受限空间外设置安全警示标志；

㉙ 受限空间出入口应保持畅通；

㉚ 多工种、多层交叉作业应采取互相之间避免伤害的措施；

㉛ 作业人员不得携带与作业无关的物品进入受限空间，作业中不得抛掷材料、工器具等物品；

㉜ 受限空间外应备有空气呼吸器（氧气呼吸器）、消防器材和清水等相应的应急用品；

㉝ 严禁作业人员在有毒、窒息环境下摘下呼吸器的面具；

㉞ 难度大、劳动强度大、时间长的受限空间作业应采取轮换作业；

㉟ 在受限空间进行高处作业应按 AQ 3026—2008 化学品生产单位设备检修作业安全规范的规定进行，应搭设安全梯或安全平台；

㊱ 作业前后应清点作业人员和作业工器具。作业人员离开受限空间作业点时，应将作业工器具带出；

㊲ 作业结束后，由受限空间所在单位和作业单位共同检查受限空间内外，确认无问题后方可封闭受限空间。

8. 清洗现场交叉作业的安全防护措施

① 注意相邻施工动火情况（上方）；

② 注意相邻吊装作业情况（上方）；

③ 注意相邻施工用电情况（下方）；

④ 注意相邻射线探伤情况（夜间）；

⑤ 注意检查、取样、维修人员进入射流危险区域。

第六节　施工现场清洗污水的处理措施

在大规模的高压水清洗过程中，会产生含有各种污染物质的废水，这些混杂了污垢的废水，如果随意排放，将对环境造成污染，必须妥善处理，防止有害物质的污水向自然环境转移扩散。

应将清洗废水尽量集中，并防止向作业区以外扩散。在清洗施工合同签署之前，应当向甲方明确污水处置的要求。

高压水清洗企业应当据理力争，污垢废水不是清洗企业产生的，是甲方生产过程中产生的，乙方只是将污垢从管线、容器中取出。所以甲方应负责垢渣废水的消纳处理。多数甲方在其工厂范围内，具有污水处理装置，具有固体废弃物集中进行无害化处理的指定企业。所以，应当在清洗合同中明确规定，乙方负责将清洗废水，收集引导至指定的污水管道（井），甲方负责后续的污水处理。乙方负责将垢渣收集装袋，运送至甲方指定的地点，甲方负责后续的处理。如果相关部门有更高的要求，应当与约定甲方，将处理污水和垢渣的证明材料，复印转给乙方备案。

在清洗现场对含有大量垢渣的污水，应当采用搭建沉淀池、设置过滤筛网的方法，将污水中固体成分进行分离，防止固体垢渣堵塞沿途管道。

在清洗现场经常采用帆布（彩条布）遮挡围栏，布置临时管线、引水沟渠、溜槽储槽的方法，将污水引流到通往污水处理厂的管线中。

第七节　施工现场射流伤害的防护与救护

被水射流打击伤害的程度，根据射流与人体的距离、角度、射流在人体停留时间、射流的喷嘴孔径、射流的压力等级有密切关系，射流伤害的伤口感染情况，与伤者当时防护服、手套的清洁程度、清洗对象表面污垢性质有密切关系。

① 如果水射流垂直射向人体、距离人体 200mm、压力大于 15MPa 时，将对人体造成深穿孔，并注入污水。

② 如果水射流垂直射向人体、距离人体 500mm、压力大于 20MPa 时，将对人体造成深穿孔，并注入污水。

③ 射流与人体成某种角度时，既能形成深穿孔伤口，又能形成冲蚀的开放伤口。

④ 射流"扫过""滑过"人体时，形成冲蚀的开放伤口。

⑤ 随着射流与人体的距离越近、停留时间越长、喷嘴孔径越大、压力等级越高，对人体的伤害越严重。

⑥ 被射流打击致伤的人体，不一定能观察到受伤的全貌，特别是其内部的损害及穿透深度难以确定。有时虽然表面伤口很小甚至不出血，但大量的污水、污物很可能已通过微小伤口，穿透注入皮肤肌肉及内部组织甚至骨骼。

⑦ 当射流压力大于 100MPa 伤害人体后，必须探查深层组织和骨骼是否受到伤害。

⑧ 当射流伤害人体的腹部时，必须认真排查内部脏器是否受到伤害。

⑨ 当射流伤害人体的血管时，必须及时进行止血包扎，防止失血过多造成死亡。

下面一组血淋淋的照片（图 4-3、图 4-4），足以使我们触目惊心，大家共同提高警惕、加强防范、遵守规章、科学防护，避免在我们身边发生类似情况。

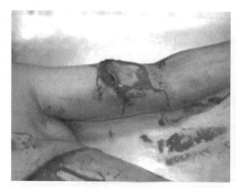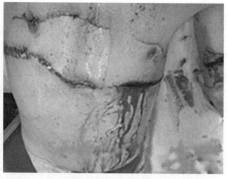

图 4-3　被水射流伤害的上肢、胸部

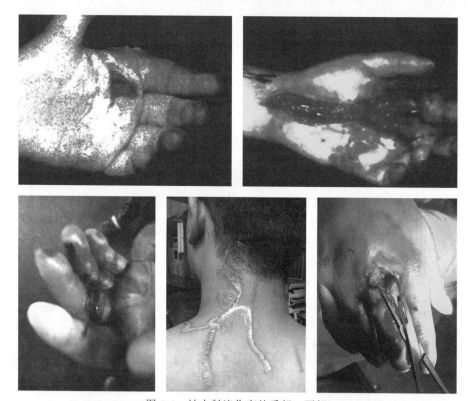

图 4-4　被水射流伤害的手部、颈部

　　我们非常不希望发生射流伤害事故，但是我们不能不知道，发生射流伤害后如何处置。否则，非常容易使小伤害演变成大麻烦、大痛苦、大伤害、大事故。

　　① 当射流伤害人体时，周围的同事必须及时帮助伤者进行止血包扎，尽量寻找干净的物品包扎伤口止血，并注意观察伤者状况，防止失血过多造成休克或死亡。

　　② 发生射流伤害事故后，应将伤者立即送往医院，并尽可能地将受伤人员

的具体情况向医生讲明；特别强调水射流伤害的特点和污物细菌侵入的特点。必须提醒医生"被射流打击致伤的人体，不一定能观察到受伤的全貌，特别是其内部的损害及穿透深度难以确定。有时虽然表面伤口很小甚至不出血，但大量的污水、污物很可能已通过微小伤口，穿透注入皮肤肌肉及内部组织甚至骨骼"。

③ 当大于 100MPa 的射流伤害人体后，应当提醒医生，必须认真探查骨骼、骨膜是否受到伤害。

④ 当射流伤害人体的腹部时，应当提醒医生，必须认真排查内部脏器是否受到伤害。

⑤ 当射流伤害人体的血管时，应当提醒医生，及时进行止血，防止失血过多造成死亡。

⑥ 应当建议医生，对伤口进行彻底剖开，将最深处的污物彻底清除。避免表面伤口很快愈合，深部伤口感染发炎，需要再次剖开处理的尴尬情况。

⑦ 经过医院的救治后 4～5 日内，需要密切观察伤员的症状和体征。如伤员有发烧、脉搏加快，并伴有持续疼痛且不断加剧，表明伤员的损伤情况严重。需要及时送往医院与医生沟通，避免贻误治疗。

⑧ 清洗人员应当在平时学习、演练一些包扎止血的技能。

下面是一组包扎止血的示意图（图 4-5～图 4-12）。

图 4-5　对上肢用止血带止血的方法

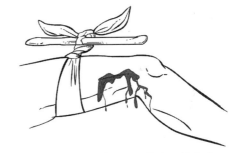

图 4-6　对下肢用止血带止血的方法

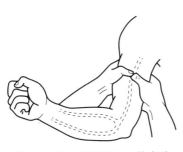

图 4-7　对上肢指压止血的方法

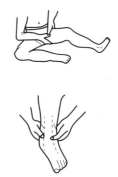

图 4-8　对下肢指压止血的方法

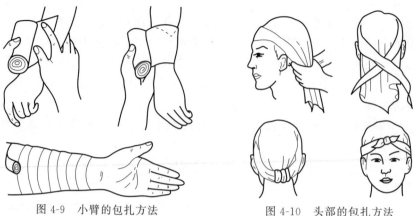

图 4-9　小臂的包扎方法　　　　　图 4-10　头部的包扎方法

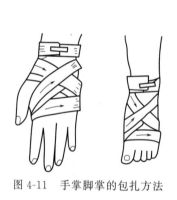

图 4-11　手掌脚掌的包扎方法

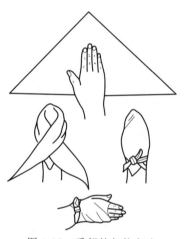

图 4-12　手部的包扎方法

第八节　清洗施工现场应急预案

1.高压水射流伤害事故应急预案

为了将水射流伤害事故的危害控制在最小范围，损失控制在最低限度，保护员工的安全和健康，制定本预案。

（1）组织机构和职责

① 公司设立水射流伤害事故应急处理指挥部，指挥部由经理、副经理、工程部主任、装备部主任和公司安全员组成，经理、副经理分别任总指挥、副总指挥。指挥部的职责如下。

a. 对员工进行水射流伤害事故应急预案的培训和演练；

b. 事故发生后，现场或远程指挥现场人员开展救护和其他应急措施的实施，调动必要资源，控制危害的发展。

② 必要时，成立以现场总负责人为总指挥、由其他相关人员参加的现场应急处理指挥部，负责各项应急措施的实施。

（2）应急措施

① 水射流伤害事故发生后，现场作业人员应立即采取措施对伤者实施救治。除轻微伤害外，一般应考虑送医院治疗。对于伤势严重的，应将伤者妥善送至主要道路附近，乘车或拦截其他车辆将其送至医院治疗。

② 在实施救治的同时，现场作业人员应直接或通过其他管理人员向现场总负责人报告，说明事故发生的时间、地点、伤者姓名和伤害程度，报告应力求准确。

③ 现场总负责人在得到水射流伤害事故报告后，应首先组织实施对伤者的救治，包括：

a. 指派专车或调动其他车辆赶赴事故现场运送伤者至医院；

b. 联系医疗机构，做好接收伤员的准备；

c. 必要时赶赴医院，具体安排救治事宜；

d. 向负责救治的医疗人员介绍射流伤害的特点，争取最好救治效果。

④ 现场总负责人应亲自或指派其他管理人员到事故地点，了解事故发生的经过，并对其原因做出初步分析，责令停工，采取相应的措施，防止事故的再次发生。

⑤ 必要时，现场总负责人应责令全部停工，简明介绍事故的经过和原因，指导各小组针对事故原因，制定防范措施，在措施落实后，才能指令继续施工。

⑥ 现场总负责人应在对事故进行现场处置的同时，及时向工程部主任或公司经理、副经理报告事故情况。

⑦ 现场总负责人应将现场管理人员分成两组，分别负责处理事故和现场其他作业面的安全施工。

⑧ 现场全体管理人员和作业人员应服从总负责人的指令，进行救护工作和施工。

⑨ 工程部主任、公司经理、副经理在接到报告后应评估事故危害程度，并给予现场总指挥以指令和必要的支援。必要时，直接指挥整个事故的处理。

（3）应急预案演练

① 公司每年组织相关人员进行一次水射流伤害事故应急预案的演练，并针对演练进行讨论和记录。

② 公司将通过演练，提高员工事故应急处理的能力，并不断完善本预案。

2. 中毒窒息事故应急预案

为了将中毒窒息事故的危害控制在最小范围，损失控制在最低限度，保护员工的安全和健康，制定本预案。

（1）组织机构和职责

① 公司设立中毒窒息事故应急处理指挥部，指挥部由经理、副经理、工程部主任和公司安全员组成，经理、副经理分别任总指挥、副总指挥。指挥部的职责如下。

a. 对全体员工进行中毒窒息事故应急处理及救护方法的宣传教育和应急预案的培训演练；

b. 事故发生后，现场或远程指挥作业人员开展救护和其他应急措施的实施，调动必要资源，控制危害的发展。

② 必要时，成立以现场总负责人为总指挥，由其他相关人员参加的现场应急处理指挥部，负责各项应急措施的实施。

（2）应急措施

① 发生中毒窒息事故时，在现场负责人或监护人应立即组织救护，包括：

a. 迅速查明并切断有毒有害气体的来源；

b. 开启或调整通风设施，驱赶有毒有害气体，增加空气含量；

c. 必要时，佩戴气防设施，进入设备内救护受害人员；

d. 进入设备的救护人员，必须系好救生绳，并安排救护监护人员在人孔待命；

e. 迅速将受害人员送至空气新鲜处，移动时必须预防磕碰伤员；

f. 对呼吸困难的受害人员，争取进行输氧；

g. 对呼吸停止的受害人员，立即进行人工呼吸；

h. 对心脏骤停的受害人员，立即进行心脏按压。

② 在场员工必须无条件服从在场负责人或监护人的指挥，全力进行救护工作。

③ 在现场负责人或监护人应安排人员向现场总负责人或其他管理人员以及甲方相关人员报告事故情况，以取得上级和甲方的支援。现场总负责人应立即赶往出事地点，组织救护工作。

④ 必要时，可拨打120求援或直接将受害人员送至当地医疗机构抢救。途中应继续实施救护，不得停止。

⑤ 中毒窒息事故发生后，现场总负责人在指挥抢救的同时应立即直接或通过其他管理人员向公司总部报告，说明事故发生的时间、地点、伤者姓名和伤害程度，报告应力求准确。

⑥ 必要时，现场总负责人应责令全部停工，简明介绍事故的经过和原因，指导各小组针对事故原因，制定防范措施，在措施落实后，才能指令继续施工。

⑦ 现场总负责人应在对事故进行现场处置的同时，及时向工程部主任或公司经理、副经理报告事故情况。

⑧ 现场总负责人应将现场管理人员分成两组，分别负责处理事故和现场其

他作业面的安全施工。

⑨ 现场全体管理人员和作业人员应服从总负责人的指令，进行救护工作和施工。

⑩ 工程部主任、公司经理、副经理在接到报告后应评估事故危害程度，并给予现场总指挥以指令和必要的支援。必要时，直接指挥整个事故的处理。

（3）应急预案演练

① 公司每年组织相关人员进行一次中毒窒息事故应急预案的演练，并做好记录。

② 公司将通过演练，提高员工事故应急处理的能力，并不断完善本预案。

3. 交通事故应急预案

为了将交通事故的危害控制在最小范围，损失控制在最低限度，保护员工的安全和健康，制定本预案。

（1）组织机构和职责

① 公司设立交通事故应急处理指挥部，指挥部由经理、副经理、工程部主任和公司安全员组成，经理、副经理分别任总指挥、副总指挥。指挥部的职责是：

a. 对员工进行交通安全的宣传教育和交通事故应急预案的培训演练；

b. 事故发生后，现场或远程指挥现场人员开展救护和其他应急措施的实施，调动必要资源，控制危害的发展。

② 必要时，成立以现场总负责人为总指挥，由其他相关人员参加的现场应急处理指挥部，负责各项应急措施的实施。

（2）应急措施

① 交通事故发生后，现场负责人立即采取如下措施：

a. 迅速进行现场救护，视受伤人员的具体情况妥当处理；

b. 对于脊柱损伤人员不能拖、拽，应使用颈托固定颈部或使用脊柱固定板，避免脊柱受损或损伤加重导致截瘫；

c. 根据现场人员受伤的情况，拨打122、120报警求救或拦截其他车辆将伤员送至医院治疗；

d. 将失事车辆引擎关闭，拉紧手刹或用石头固定车轮，防止汽车滑动；

e. 在行使方向后侧距事故发生地点150m处设警示标志，提示后车绕行或慢行，避免次生事故发生；

f. 保护好事故现场，将事故车辆上的其他人员转移至安全地带，以免发生意外，疏散围观人员和车辆，避免道路堵塞；

g. 向公司总部报告，说明事故发生的时间、地点、车辆损坏情况和人员伤害程度，报告应力求准确。

② 在场员工应无条件地服从现场负责人的指挥调度，有组织地实施应急

措施。

③ 不与对方当事人发生争执，避免出现混乱。不能协商解决时，由执法部门裁定。

④ 发生单方责任事故时，应立即将车移至不妨碍道路通行的地点停放；有人员受伤的，应立即送医院治疗，并向公司指挥部报告。

⑤ 车辆发生意外故障，不能移动时，在距车辆尾部 50m 处设警示标志，通知公司或拨打 122 进行救援。

（3）应急预案演练

① 公司每年组织相关人员进行一次应急预案的演练，并做好记录。

② 公司将通过演练，提高员工事故应急处理的实际能力，并不断完善本预案。

第五章

高压水射流清洗作业的操作技能

第一节　清洗卧式换热器管程的操作技能

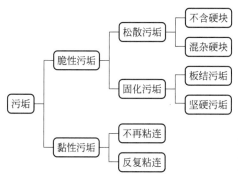

不含硬块　30～50MPa软管、低压、最容易清洗

混杂硬块　50MPa软管、低压、比较容易清洗
小心喷头反弹、采用吸引的方法带出硬块

板结污垢　70MPa软或硬管、高压、普通清洗

坚硬污垢　≥200MPa硬管、超高压、较难清洗
增加旋转提高效率、控制靶距提高打击力
70MPa软或硬管、高压、较难清洗、容易反弹
增加旋转、反复进退、注意排渣
50MPa软或硬管、低压、较难清洗、经常反弹
加热增加流动性、加大流量强化排渣、较危险

清洗卧式换热器时，应当根据被清洗换热器结垢的具体情况，科学合理地选择匹配清洗参数（压力、流量、喷头形式、喷孔直径、喷嘴靶距、喷头转速、旋转机构、柔性喷枪、刚性喷枪、排渣间隙、进给速度等），上图可以帮助正确选择匹配清洗参数和方法，也可以根据以往的施工经验、施工记录选择清洗参数。

换热器清洗要遵守的作业方法及要求（工艺）：

① 作业开始时，首先采用手持喷枪，清洗换热器管板的表面，使列管内80mm范围的污垢清洗排出（对于较硬、满管堵塞的换热器尤为重要）；

② 由于柔性喷枪（软管）在长度方向，只能承受拉力，不能承受压力（受压时会弯曲），所以，必须配用具有自进力的喷头，禁止配用可以向后运动的喷头；

③ 由于刚性喷枪（钢管）在长度方向，可以承受一定的压力，可以配用全部向前喷射的喷头，以便大幅提高射流利用率，大幅提高清洗能力；

④ 柔性喷枪、刚性喷枪的外径与被清洗换热器管孔内壁间，应保留足够的环形间隙（1/3直径），使废水、废渣能顺畅排出；

⑤ 柔性喷枪适用于清洗换热器管孔内松散的脆性污垢，适用于作业空间狭

小，适用于立式换热器的清洗，尽量避免使用柔性喷枪清洗换热器管孔内的黏性污垢；

⑥ 刚性喷枪适用于清洗换热器管孔内坚硬的脆性污垢和黏性污垢，不适用于作业空间狭小和立式换热器的清洗，在使用中尽量扬长避短，充分利用其清洗能力强的优势，在施工中攻坚克难；

⑦ 柔性喷枪清洗作业时，采用脚踏阀控制喷枪的开关，操作者应自己控制该阀开关。当用一只脚踏阀控制两支柔性喷枪同时作业时（仅限于同一台换热器清洗时），必须经两个操作者都准备好并发出指令时，才可开、关脚踏阀；

⑧ 操作者必须将柔性喷枪、刚性喷枪插入换热器管内足够长度，才能开阀清洗，以免射流反射，伤及操作者，插入深度不得少于 100mm。反之，在喷枪从换热器管孔中取出之前（500mm），必须提前关闭脚踏阀；

⑨ 必须采取有效措施（定位工具），防止柔性喷枪从换热器另一端管孔伸出太长，其伸出长度应小于 80mm；

⑩ 柔性喷枪前端必须装有不小于 150mm 刚性接管，作为插入深度的标记；约束软管从换热器对面伸出时的甩动；增加刚性便于操作者插入管孔；加大喷头至操作者手部的距离，预防射流伤害；

⑪ 为预防柔性喷枪从换热器管孔中退出，需要在柔性喷枪喷头以后 500mm处的管体上，进行明显标记；

⑫ 操作中应禁止将软管弯曲到太小的半径，清洗换热器的软管，弯曲半径不应小于 110～155mm（软管内径 4～6mm），以防损坏、爆破伤人；

⑬ 应采用防护工具，遮挡喷头的反向射流，预防射流伤害；

⑭ 应采取专用工具，防止喷头从换热器管孔中退出；

⑮ 当清洗作业中，需要旋转软管时，需要谨慎操作。不要扭伤软管、不要划伤软管外层，必要时增加保护外套引导；

⑯ 当不得不使用柔性喷枪清洗黏性污垢时，需要谨慎操作，需要经常清理软管外表黏结的污垢（可以采用铁丝环绕软管，一人拉动软管，一人拉动铁丝，刮除软管表面的黏性污垢），清洗中需要反复进退，保证环形排渣空隙没有被堵塞，加强防护措施，时刻警惕软管喷头被反向顶出；

⑰ 清洗作业中，必须控制柔性喷枪进退的速度，不可过快（0.5m/s 以内）；

⑱ 清洗作业中，为了保证清洗质量和排渣，当喷头清洗到换热器对面一端时，柔性喷枪需要边喷射、边后退，当退至 500mm 安全标记时，才能关闭脚阀；

⑲ 清洗作业时，操作者应当站在位于清洗管孔的侧方，减少污水喷向自己。同时，需要保证手握软管正对管孔，禁止手握软管侧向拉动，造成换热器管口划伤、刮削软管的外层保护套；

⑳ 清洗作业时，应当及时调节被清洗管孔与操作者之间的相对高度，避免过高（高于肩部）或过低（低于小腿中部），形成操作困难或不便；

㉑ 管孔堵塞严重时，禁止强行将柔性喷枪插入管孔后开阀清洗，容易造成喷头顶出；

㉒ 刚性喷枪作业中，要安排足够的人员，保证刚性喷枪的直线度，一般每人控制范围在 1.5m 左右（清洗 6m 长换热器时安排四人操作刚性喷枪比较合适）；

㉓ 采用旋转型刚性喷枪时，控制刚性喷枪直线度的助手，必须使用专用工具，扶持旋转的钢杆，禁止带任何手套扶持刚性喷杆，避免手指卷入，造成人身伤害；

㉔ 采用旋转刚性喷枪时，钢管在使用前必须进行矫直，禁止使用弯度过大的钢管；

㉕ 采用刚性喷枪清洗作业时，转速不得大于 100r/min，刚性喷枪必须具有扭矩安全保护机构，最大扭矩≤50N•m；

㉖ 气动旋转喷枪使用中，需注意气动三联件、油雾器的状态，保证气马达正常工作；

㉗ 遇到难于清洗的污垢，应当争取条件。例如，采用从换热器的两端分别清洗，由于钢管缩短、刚度提高、便于操作，可以大幅提高清洗效率；

㉘ 采用旋转型刚性喷枪时，可以采用小车、滑轮、吊架、平衡器等，承担旋转喷枪的重量，减轻操作者劳动强度；

㉙ 清洗含有硬块的松散泥沙时，应当利用射流涡流卷吸硬块，将其吸引在喷头前端，逐渐将其吸引至管口处，利用工具将其勾出；

㉚ 清洗黏性污垢或塑料堵塞物时，可以利用加热的方法（加热器、蒸汽、换能喷头），提高污垢的流动性，降低清洗难度，同时需要科学控制加热参数，加热过程不能太长时间，及时加热及时清洗，避免污垢中的轻组分的快速挥发；

㉛ 清洗作业中，遇到坚硬污垢时，需要认真控制射流靶距，努力通过喷枪感受喷头与污垢断面的距离，努力控制喷头始终与污垢断面保持合理的靶距（20～50mm），禁止将喷枪当成钢钎，避免依靠蛮力硬撞的作业方法；

㉜ 清洗作业中，应当努力遵守工作压力略高于污垢的门限压力即可的原则，不要追求过高的工作压力；

㉝ 清洗作业中，突破门限压力后，剩余的功率尽量向增加流量方面投入；

㉞ 对于存在易燃易爆气体或污垢的清洗现场，作业前、作业中必须进行专业检测分析；可燃气体浓度必须符合，当被测气体或蒸气的爆炸下限大于等于 4% 时，其被测浓度不大于 0.5%（体积分数）；当被测气体或蒸气的爆炸下限小于 4% 时，其被测浓度不大于 0.2%（体积分数）；对于易燃易爆气体浓度较高的现场，应当采用防爆轴流风机进行强制通风，驱散易燃易爆气体，确保施工现场环境安全；

㉟ 在有毒有害、有灼伤可能的清洗现场，作业前、作业中必须进行专业检测分析；有毒有害气体、物质的浓度必须符合 GBZ 2.1—2019 的规定；对于有

毒有害气体浓度较高的现场，应当采用防爆轴流风机进行强制通风，驱散有毒有害气体，确保施工现场环境安全；如果污垢中存在，对人体具有灼伤腐蚀的物质（遇水后产生），操作人员必须穿戴专用防护服、佩戴防护镜、涂抹防护油。

换热器管内清洗时控制排渣环隙的原则，如图5-1、图5-2所示。

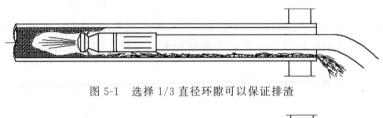

图 5-1　选择 1/3 直径环隙可以保证排渣

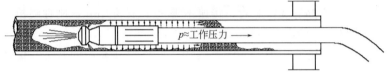

图 5-2　排渣不畅形成柱塞效应

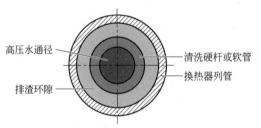

图 5-3　通过环形图分析截面的比值

通过环形图分析截面的比值，如图5-3所示。

列管内径 ϕ21mm、硬杆外径 ϕ14mm；环隙截面 192.3mm^2；高压水通径截面 63.6mm^2。

列管内径 ϕ19mm、硬杆外径 ϕ12mm；环隙截面 170.4mm^2；高压水通径截面 38.5mm^2。

列管内径 ϕ15mm、硬杆外径 ϕ10mm；环隙截面 98.1mm^2；高压水通径截面 19.6mm^2。

换热器管内清洗时加强排渣的技巧（图5-4）：

垢渣较多时，不要连续推进，脆性污垢，注意大块垢渣卡阻，黏性污垢，注

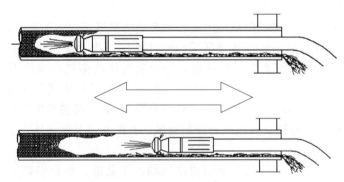

图 5-4　采用操作技巧提高排渣效果

意是否粘连；操作时，反复进退吹扫垢渣，感觉卡阻时，抖动管体促进排渣，卡阻严重时，后退软管疏通管孔，注意避免形成管状垢发生危险，遇到柱塞效应，换硬杆操作。

热器管内清洗时吸引硬块的技巧（图5-5）：

提高警惕预防顶出，感觉前进不均匀，感觉喷头与硬块碰撞，或出现停顿、排渣变少时，应当警惕、提防硬块；利用射流涡流卷吸硬块，逗引硬块缓慢移向管口，硬杆可以快速拔出、带出硬块（管口处人员必须躲避），软管只能快速关闭脚阀，利用工具勾出硬块。

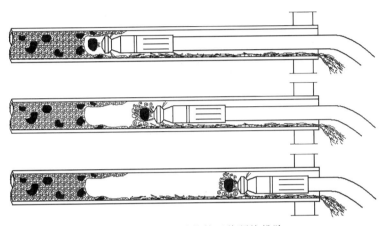

图5-5　采用吸引的技巧将硬块排除

换热器管内清洗时控制靶距的技巧（图5-6）：

遇到坚硬污垢时，必须协同控制靶距，通过硬杆感觉喷头与污垢的距离，杜绝蛮力硬撞、喷头顶磨污垢，注意防止出现污垢套管，容易产生柱塞效应，采用短行程（50mm）反复进退。

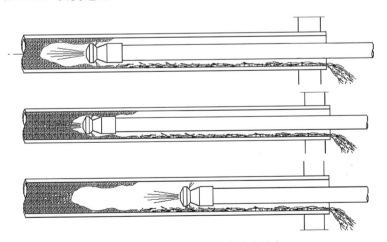

图5-6　合理控制靶距提高清洗效率

换热器管内清洗时加温的方法（图 5-7）：

使用加热器、蒸汽、换能喷头时，必须注意，加热过程不能太长时间，及时加热及时清洗（污垢中的轻组分，挥发很快），提前了解污垢特性，控制温度范围。

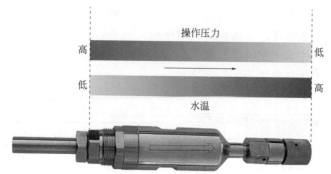

图 5-7　采用加温的方法降低清洗的难度

换热器管内清洗时常用的旋转射流工具见图 5-8～图 5-10。

图 5-8　早期使用的旋转喷头

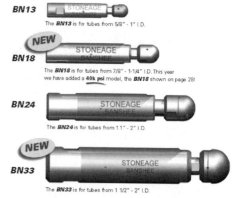

图 5-9　近期采用的"女巫"旋转喷头

图 5-10　清洗换热器管孔时，刚性喷枪可以采用全部向前的喷孔，获得最强的清洗能力

早期使用的旋转喷头射流质量较差，近期采用"女巫"旋转喷头射流较好，刚性喷枪所有射流全部向前能力最强。

第二节　清洗立式换热器管程的操作技能

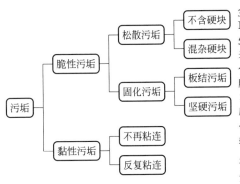

		不含硬块	30~50MPa软管、低压、最容易清洗，操作人员站在换热器顶部、从上向下清洗
	松散污垢	混杂硬块	50MPa软管、低压、比较容易清洗，从上向下清洗，小心喷头反弹，从下方疏通管孔，使硬块坠落
脆性污垢	固化污垢	板结污垢	70MPa软或硬管、高压、硬管难以竖直辅助滑轮，操作人员脚部距离喷头很近，应严防射流伤害
污垢		坚硬污垢	≥200MPa硬管、超高压、旋转的硬管更难以竖直辅助滑轮，应控制靶距，严防射流伤害
	黏性污垢	不再粘连	70MPa软或硬管、高压、较难清洗，容易反弹，应增加旋转，辅助滑轮，反复进退，注意排渣
		反复粘连	50MPa软或硬管、低压、较难清洗，经常反弹，较危险，应加热增加流动性，加大流量强化排渣，建议放平清洗，改用机械

清洗立式换热器时，同样应当根据被清洗换热器结垢的具体情况，科学合理地选择匹配清洗参数（压力、流量、喷头形式、喷孔直径、喷嘴靶距、喷头转速、旋转机构、柔性喷枪、刚性喷枪、排渣间隙、进给速度等），上图表可以帮助正确选择匹配清洗参数和方法，也可以根据以往的施工经验、施工记录选择清洗参数。

清洗立式换热器与卧式换热器，选择参数的相同之处，同样的污垢应当选择同样的压力清洗，较软、较松散的污垢同样应当选择柔性喷枪清洗，较硬、满管堵塞、黏性污垢应当同样选择刚性喷枪清洗，柔性喷枪同样应当选择自进型喷头，同样应当遵守柔性喷枪、刚性喷枪的操作规程、技术要求，同样应当遵守施工现场的预防火爆炸、预防中毒窒息、预防化学灼伤的作业规范。

清洗立式换热器应当注意的事项：

① 由于立式清洗时，如果在换热器下方作业，其工作环境将非常恶劣，一般应当选择在换热器的上方作业；

② 立式清洗时，换热器管孔内的污垢，需要向上喷射较长距离才能排出，选择的清洗流量需要比卧式大一些；

③ 采用刚性喷枪清洗立式换热器时，由于刚性喷枪直径比较细小，在其后端连接的高压软管重量较大。对于6m长的刚性喷枪很难竖起，可以采用在换热器上方设置滑轮，将高压软管穿过滑轮，通过拉动软管，提起刚性喷枪的尾端，使其轻松竖起，应当避免采用多层脚手架，人员在垂直多层的空间作业，防止发生坠落；

④ 立式清洗换热器时，由于操作人员站立在换热器的管板之上，当喷头从一个管孔中取出，更换到另外的管孔时，喷头与操作人员的脚部非常接近，万一

发生误操作，将会对人员造成严重伤害，应当采用专用的防护装置预防伤人事故；

⑤ 对于堵塞坚硬污垢、黏性污垢的立式换热器，应当与甲方沟通，通过吊装拆卸至地面，转换为卧式清洗，避免高风险作业，提高清洗效率。

另外，随着人力资源的紧张和技术进步，采用换热器管程清洗机已经成为高压水清洗换热器的发展趋势。

对于比较容易清洗的换热器，采用管程清洗机的优势并不明显，仅仅减轻了人员发生射流伤害的概率、减轻了人员接触污垢污水的概率，对清洗效率、占用人员均未没有明显改进，对清洗成本有较大增加。

对于比较难于清洗的换热器，采用管程清洗机的优势比较明显，除大幅减少了人员发生射流伤害的概率，大幅减少了人员接触污垢污水的概率，同时清洗效率大幅提高，占用人员也大幅减少，清洗成本有较大降低（关于清洗机的操作方法和适用范围在其他章节讨论）。列管式换热器管程清洗工艺见表 5-1。

表 5-1　列管式换热器管程清洗工艺

序号	项目	污垢类型			
		絮状、松散的板结型软垢松散状态的聚合物型污垢	脆硬的板结型硬垢半熔融状态的聚合物型污垢	坚硬的板结型硬垢全熔融状态的聚合物型污垢	黏稠油浆型的热黏液垢
1	清洗压力	30～50MPa	70～140MPa	200～300MPa	50～80MPa
2	清洗流量	60～80L/min（同时清洗 2 根管）	35～60L/min	20～35L/min	45～90L/min
3	喷头形式	向前 1 孔、向侧后（45°）4 孔	向前 3 孔、向侧后 6 孔（软管）向前 7 孔（刚性喷杆）	向前 2 孔、向侧后 2 孔（刚性喷杆）	向前 3 孔、向侧后 8 孔
4	喷孔直径	ϕ0.8mm	ϕ0.8mm	ϕ0.2～0.4mm	ϕ0.6～1.0mm
5	喷射靶距	5～15mm	5～15m	5～15mm	5～15mm
6	设备机具	采用高压软管，配以自进式喷头；在保证排渣的前提下选择直径较大的软管（列管内径为 ϕ20mm 时，选择管体 ϕ11.5mm/扣压 ϕ13.5mm 的清洗软管，列管内径为 ϕ15mm 时，选择管体 ϕ7.7mm/扣压 ϕ10mm 的清洗软管）；一只脚踏阀控制两根软管同时清洗	采用高压软管，配以自进式喷头；在保证排渣的前提下选择直径较大的软管（选择参数同左）；一只脚踏阀控制一根软管清洗。或采用刚性喷杆，配以破碎式喷头；人工控制喷头的转动和进退	采用超高压刚性喷杆，配合宝石式喷头和旋转喷枪，人工控制进退	采用直径较细、外表光滑的刚性喷杆，为黏稠油浆的排出创造有利条件；配以自进式大流量喷头，增加排渣能力；人工控制刚性喷杆和喷头的转动和进退，适当增加刚性喷杆旋转和往复进退的频率

序号	项目	污垢类型			
		絮状、松散的板结型软垢松散状态的聚合物型污垢	脆硬的板结型硬垢半熔融状态的聚合物型污垢	坚硬的板结型硬垢全熔融状态的聚合物型污垢	黏稠油浆型的热黏液垢
7	作业程序	首先使用喷头和软管,自上至下逐根清洗列管;然后使用手持喷枪,清洗换热器两端的管板;最后使用手持喷枪,逐根吹扫列管,排除残余的污渣,并对换热器的外部、封头、场地进行清扫	在清洗列管内孔之前,首先使用手持喷枪对换热器两端的管孔进行逐孔清洗,使喷头可以顺利进入管孔50~100mm(对完全堵塞的管孔十分必要);然后自上至下逐根清洗列管;再使用手持喷枪,清洗换热器两端的管板;最后使用手持喷枪,逐根吹扫列管,排除残余的污渣,并对换热器的外部、封头、场地进行清扫	在清洗列管内孔之前,首先使用手持喷枪对换热器两端的管孔进行逐孔清洗,使喷头可以顺利进入管孔50~100mm(对完全堵塞的管孔十分必要);然后自上至下逐根清洗列管;再使用手持喷枪,清洗换热器两端的管板;最后使用手持喷枪,逐根吹扫列管,排除残余的污渣,并对换热器的外部、封头、场地进行清扫	在清洗列管内孔之前,首先使用手持喷枪对换热器两端的管孔进行逐孔清洗,使喷头可以顺利进入管孔50~100mm(对完全堵塞的管孔十分必要);然后自上至下逐根清洗列管;作业中每根列管需要反复清洗多次,直至黏稠的油浆基本排净;再使用手持喷枪,清洗换热器两端的管板;最后使用手持喷枪或蒸汽喷枪,逐根吹扫列管,排除残余的污渣,并对换热器的外部、封头、场地进行清扫
8	操作技法	操作中依靠喷头的反力顺势使喷头和软管自动向前,同时断续地向后拉出软管(100~200mm);在反复进退中观察排出的污水,当水逐渐变清时可以向前放送,当水仍然浑浊时暂停向前放送保持反复进退;在操作中同样需要增加一定角度的转动,清洗难度越大时转动的频率越高	使用喷头和软管方式的操作中,依靠喷头的反力顺势使喷头和软管自动向前,同时断续地向后拉出软管(100~200mm);在反复进退中观察排出的污水,当水逐渐变清时可以向前放送,当水仍然浑浊时暂停放送;在增加一定角度的转动,清洗难度越大时转动的频率越高;当使用刚性喷杆方式的操作中,4m长的喷杆,最少需要安排3人操作,7m长的喷杆,最少需要安排4人操作;操作者必须保持运动方向和发力时间协同一致,还要保持刚性喷杆的直线性,避免产生弯曲;在操作中同样需要在反复进退中,观察排出的污水,当水逐渐变清时可以向前放送,当水仍然浑浊时暂停向前放送保持反复进退	使用刚性喷杆方式的操作中,4m长的喷杆,最少需要安排3人操作,7m长的喷杆,最少需要安排4人操作;操作者必须保持运动方向协同一致,一定避免使用喷头大力撞击污垢(这种手法清洗效率低、对喷头损害大);还要保持刚性喷杆的直线性,避免产生弯曲;在操作中同样需要在反复进退中,观察排出的污水,当水逐渐变清时可以向前放送,当水仍然浑浊时暂停向前放送保持反复进退;在操作中要求将喷头和喷杆插入列管孔内以后,先打开水阀,再开启喷杆的旋转,这样比较稳定,可以减少喷头的滑出	使用刚性喷杆操作中,4m长的喷杆,最少需要安排3人操作,7m长的喷杆,最少需要安排4人操作;操作者必须保持运动方向和发力时间协同一致,还要保持刚性喷杆的直线性,避免产生弯曲;在操作中同样要在反复进退中,观察排出的污水和油浆,当水逐渐变清时可以向前放送,当水仍然黏稠时暂停向前放送保持反复进退;在操作中需要增加一定角度的转动,清洗难度越大时转动和往复进退的频率越高;当感觉黏稠的油浆排出困难,在喷杆上产生柱塞效应,向后有较大的反向推力时,必须立即向后退出喷杆;对已经清洗过的管段进行反复排渣,排除流动中再次黏在管壁上的油浆,扩大管孔的通径,消除柱塞效应

序号	项目	污垢类型			
		絮状、松散的板结型软垢 松散状态的聚合物型污垢	脆硬的板结型硬垢 半熔融状态的聚合物型污垢	坚硬的板结型硬垢 全熔融状态的聚合物型污垢	黏稠油浆型的热黏液垢
9	清洗速度	一般可以达到100～200m²/h	一般可以达到1.5～30m²/h	一般可以达到1.5～45m²/h	一般可以达到5～60m²/h
10	辅助方法	由于清洗难度较小,无需辅助方法	在必要时,可以在管孔内喷灌少量的清洗剂,对污垢进行瓦解,提高清洗速度;也可以辅助机械钻削,喷钻结合提高清洗速度	没有适用的辅助方法	必要时将管束的一端垫高200mm,在外部包裹石棉保温被,并用高温蒸汽加热,使油浆软化后流出一些;再趁热进行清洗,会明显提高清洗速度
11	验收方法	目测管板和管孔;在管板的另一端设置照明,进行透光检查,观察管壁上残留的垢层厚度;用手持喷枪从换热器一端的管孔向另一端吹扫,观察喷出的水流的清洁程度			
12	安全控制	喷头和软管前端必须装有不小于150mm刚性接管,避免操作者的手部距离喷头太近;安装在软管上的喷头,必须选择多数喷口向后喷射,使喷头自动向前运动,防止喷头向后退出软管失控;必须将喷头和软管插入列管孔内,才能开阀清洗,插入深度不得少于100mm;必须采取有效措施,防止喷头和软管从列管的另一端伸出太多,其伸出长度应小于80mm;操作中应注意控制,软管的弯曲半径不应小于120mm,以防管体内部受到损坏,日后发生爆裂喷水伤人;在完成本根列管清洗后,喷头和软管向后抽出时,必须在距离管口大于400mm的位置关闭阀门,防止喷头飞出伤人;当使用一只阀控制两个喷头和软管同时作业时,必须经两个操作者都确认已经准备好后,才可以开阀;在喷头伸出的一方,设置安全围挡和警示标志,防止误伤事故的发生	喷头和软管操作安全控制内容与前面的一致;刚性喷杆的安全控制,必须将喷头和喷杆插入列管孔内,才能开阀清洗,插入深度50～100mm;禁止站在刚性喷杆的正后方操作,防止喷杆产生柱塞效应,向外高速顶出时伤害操作人员;刚性喷杆最前方(喷头方)的操作者,必须严格控制手与喷头保持300mm的距离;当喷杆产生柱塞效应向外顶出的特殊情况下,要在喷头距离手还有安全距离时握紧喷杆,随同其向后快速退让;在喷头伸出的一方,设置安全围挡和警示标志,防止误伤事故的发生	由于喷杆是旋转状态,禁止操作人员戴手套扶持喷杆;操作人员必须将袖口、衣襟束紧,防止卷入喷杆造成事故;必须将喷头和喷杆插入列管孔内,才能开始清洗,插入深度50～100mm;禁止站在刚性喷杆的正后方操作,防止喷杆产生柱塞效应,向外高速顶出时伤害操作人员;刚性喷杆最前方(喷头方)的操作者,必须严格控制手与喷头保持300mm的距离;当喷杆产生柱塞效应向外顶出的特殊情况下,要在喷头距离手还有安全距离时握紧喷杆,随同其向后快速退让;在喷头伸出的一方,设置安全围挡和警示标志,防止误伤事故的发生	必须将喷头和喷杆插入列管孔内,才能开阀清洗,插入深度50～100mm;禁止站在刚性喷杆的正后方操作,防止喷杆产生柱塞效应,向外高速顶出时伤害操作人员;刚性喷杆最前方(喷头方)的操作者,必须严格控制手与喷头保持300mm的距离;当喷杆产生柱塞效应向外顶出的特殊情况下,要在喷头距离手还有安全距离时握紧喷杆,随同其向后快速退让;由于有时在高温状态进行清洗作业,必须注意防止烫伤事故;在喷头伸出的一方,设置安全围挡和警示标志,防止误伤事故的发生

序号	项目	污垢类型			
		絮状、松散的板结型软垢 松散状态的聚合物型污垢	脆硬的板结型硬垢 半熔融状态的聚合物型污垢	坚硬的板结型硬垢 全熔融状态的聚合物型污垢	黏稠油浆型的热黏液垢
13	环保控制	开工前在清洗场地周围认真进行围挡,确保污水、污泥进入工业污水管线,防止污水外溢出施工场地或直接排入雨水沟;准备充足的编织袋、塑料布、沙土、铁锹等器材,防止发生意外事件。对清理出的污垢废渣,及时收集装袋运输,运输过程防止遗撒。清洗中认真检查高压泵组、工程车有无漏油现象,采用油桶、塑料布承接落地油水,防止对地面造成污染;清洗中司泵工要正确操作泵组,防止柴油机在不良状态下运转,产生大量浓烟,司泵工还要与清洗工及时联系,避免泵组长时间高压溢流,发动机做出大量无用功,消耗能源、污染空气;完工后及时清理现场,收集清点施工用具和器材,收集清洗作业时产生的污物和废物;现场就餐后,将餐盒等废物集中,送至甲方指定地点,禁止乱扔

第三节 清洗换热器壳程的操作技能

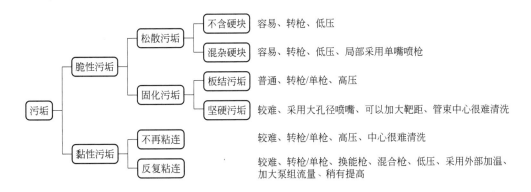

采用人工手持喷枪,清洗换热器壳程(图5-11),遇到一些技术瓶颈。一方面有些换热器管束的直径较大(1m以上),清洗时需要射流射穿很长的管间缝隙,才能达到清洗的要求。另一方面想要获得较长的射流靶距,就需要较大的喷嘴孔径(靶距=200×喷嘴孔径),喷嘴孔径加大会造成喷枪反力加大,当反力超过操作人员可以承受的范围,就不能允许使用,否则容易发生安全事故。同时,要求操作人员手持喷枪,沿很窄的管间缝隙平行移动,比较难以实现,人员的脚步移动、身体呼吸都会使射流发生较大的偏移,形成污水的反射,造成操作人员的脸部、眼睛被污物喷射,严重影响操作人员的工作效率。上述情况造成人工清洗换热器壳程时,工作条件较差、劳动强度较高、清洗效率较差。列管式换热器壳程清洗工艺见表5-2。

图 5-11 采用人工手持喷枪，清洗换热器壳程

表 5-2 列管式换热器壳程清洗工艺

序号	项目	工艺方法	
		人工操作清洗工艺	机械化操作清洗工艺
1	清洗压力	40～70MPa	40～80MPa
2	清洗流量	25～90L/min（单支或多支喷枪）	50～120L/min（2～6 只喷嘴）
3	喷头形式	13°锥型硬质合金喷嘴和自旋转喷嘴	13°锥型硬质合金喷嘴或旋转喷射器
4	喷孔直径	$\phi 1.25～1.75mm$	$\phi 1.25～1.75mm$
5	喷射靶距	50～600mm	50～800mm
6	设备机具	采用手持喷枪，配合单嘴或自旋转喷嘴	采用配有大型旋转胎具和固定轨道的换热器壳程清洗机，或者采用便携式换热器壳程清洗机
7	作业程序	在清洗的最初阶段，选择手持喷枪安装自旋转喷嘴，对换热器管束的外层进行快速、普遍的吹扫清洗；使换热器管束的管间缝隙尽量暴露；这时改用单孔手持喷枪对正管束的间隙（使射流沿间隙准确穿透管束），进行逐段逐段吹扫；管束列管为正方形排列时，需要从 0°、90°、180°和 270°四个方向反复进行清洗；管束列管为三角形排列时，需要从 0°、60°、120°、180°、240°和 300°六个方向反复进行清洗；清洗中需要经常滚动管束，使操作人员便于对正管束的间隙；最后使用手持喷枪安装自旋转喷嘴，对换热器的外部、封头、场地进行清扫	采用大型换热器壳程清洗机需要大型起重机配合；先将换热器管束吊装到换热器壳程清洗机的大型旋转胎具上；操作人员在清洗的最初阶段，可以采用边旋转边往复行进的预清洗方式；当换热器管束的外层基本吹扫干净后，需要将喷射器的数股射流准确对正各自的管束间隙；还要操作旋转胎具使换热器管束的管间缝隙平行于射流，以便使射流沿间隙准确穿透管束；管束列管为正方形排列时，需要从 0°、90°、180°和 270°四个方向反复进行清洗；管束列管为三角形排列时，需要从 0°、60°、120°、180°、240°和 300°六个方向反复进行清洗。采用便携式换热器壳程清洗机时，需要在现场组装和移动清洗机；采用滚动管束调整间隙的方向，移动机器对正间隙和轴心线

序号	项目	工艺方法	
		人工操作清洗工艺	机械化操作清洗工艺
8	操作技法	操作者必须在未喷水的状态持喷枪,沿着待清洗的管束间隙模拟运动,查看射流对正的情况,认真调整身体姿势和行进线路,并保持正确姿势,开始本区域的清洗;这种调整和查看要经常进行,才能保证有效清洗,尽量防止盲目乱扫;操作者必须佩带防护面罩或风镜,避免面部和眼睛受到伤害,同时提高清洗的有效性;在操作中需要针对管隙比较通畅处,集中突破一点,使射流穿透管束;这时向操作者飞溅的射流会大量减少,便于观察和操作,再从这一点向两边扩展,可以明显地提高清洗效率;尽量使喷枪作业角度置于向斜下方,这样便于观察和操作	操作者必须经常调整喷射器,确保数股射流准确对正各自的管束间隙;多采用射流穿透管束的"精确清洗",少采用边旋转边往复的"盲目乱扫"
9	清洗速度	一般双人双枪可以达到 $10\sim30\mathrm{m^2/h}$	一般双人可以达到 $80\sim120\mathrm{m^2/h}$
10	辅助方法	在清洗作业时需要进行适当的围挡,既防止飞溅的污垢污染周围环境、伤害路过的行人,还防止飞溅的污垢将已经清洗干净的部分再次污染	清洗作业时需要进行适当的围挡,既防止飞溅的污垢污染周围环境、伤害路过的行人,也防止飞溅的污垢将已经清洗干净的部分再次污染。对于结有黏稠油浆的管束,可以辅助高温蒸汽加热,使油浆软化后,再采用蒸汽与高压水混合射流或高压热水进行清洗
11	验收方法	目测管束的间隙;在管束的另一端设置照明,进行透光检查,观察列管外残留污垢的厚度和位置	
12	安全控制	禁止在 3m 以内进行相对喷射作业;禁止采用逐渐靠近的清洗移动方向;在任何情况下,禁止将喷枪指向他人;在任何情况下禁止直视喷枪口进行查看;清洗区域应有人监护,防止操作者之间发生意外伤害;在作业场地周围设置安全围挡和警示标志,防止发生误伤外部人员的事故	由于需要大型起重机配合,必须由专业起重工指挥吊装,防止发生人身和设备事故;在任何情况下禁止直视喷嘴口进行查看;清洗区域应有人监护,防止误操作发生意外伤害;在作业场地周围设置安全围挡和警示标志,防止发生误伤外部人员的事故
13	环保控制	开工前在清洗场地周围认真进行围挡,确保污水、污泥进入工业污水管线,防止污水外溢出施工场地、防止污水直接排入雨水沟;准备充足的编织袋、塑料布、沙土、铁锹等器材,防止发生意外事件;对清理出的污垢废渣,及时收集装袋运输,运输过程防止遗撒;清洗中认真检查高压泵组、工程车有无漏油现象,采用油桶、塑料布承接落地油水,防止对地面造成污染;清洗中司泵工要正确操作泵组,防止柴油机在不良状态运转,产生大量浓烟;司泵工还要与清洗工及时联系,避免泵组长时间高压溢流,发动机做出大量无用功,消耗能源、污染空气;完工后及时清理现场,收集清点施工用具和器材,收集清理作业时产生的污物和废物;现场就餐后,将餐盒等废物集中,送至甲方指定地点,禁止乱扔	

采用换热器壳程清洗机(图 3-46~图 3-50),是彻底转变换热器壳程清洗难题的有效方法。机械设备不怕飞溅的污水、可以打击准确地沿管间缝隙移动;机

械设备可以承受很大的反力（采用大直径的喷孔、较长靶距的射流、清洗管束中心的污垢）；机械设备可连续作业（避免大量人员轮换作业）。这些优势可以大幅提高清洗效率，是高压水清洗的发展方向。另外，由于换热器壳程清洗机可以采用多喷嘴同时作业，对于反复粘连的黏性污垢，多喷嘴可同时将多个管间缝隙清洗干净，更换下一批管缝时，保留一个喷嘴封闭遮挡，避免飞溅的黏性污垢反射黏回到已经清洗干净的管缝，这样可以减少反复清洗的问题，不做无用功、大幅提高效率。

第四节　清洗普通管线的操作技能

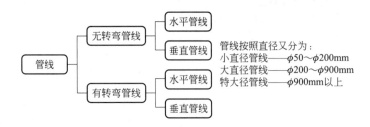

管线按照直径又分为：
小直径管线——$\phi 50 \sim \phi 200mm$
大直径管线——$\phi 200 \sim \phi 900mm$
特大径管线——$\phi 900mm$以上

清洗时尽量使喷头保持在管线中心：

小直径管线——支撑环、支撑翅、喷嘴反力；

大直径管线——滚轮保持架、球形笼架；

特大径管线——车式支撑架。

清洗时高度关注排渣情况：

不要连续前进，根据污垢渣量，经常后退到入口处排渣；

硬块污垢容易形成搭茬卡紧软管，不能盲目向外拉软管；

黏性污垢容易形成堆埋，粘连软管，必须小心反向钻出；

转弯处的污垢成倍放大摩擦阻力，必须小心处理；

污垢很难从垂直管段的上口排出，尽量避免从管段的上口排渣。

清洗时科学选择射流参数：

不要追求太高的清洗压力，略高于门限压力为宜；

压力过高，容易形成大块污垢，不利于排渣；

长距离管线的清洗中，排渣占据的时间远远大于破碎的时间；

流量对排渣速度有明显影响，当达到门限压力后，尽量将全部功率用于提高流量；

清洗施工中应当努力减少沿程压力损失（缩短软管长度、扩大软管通径）。

清洗时准确选择喷头参数：

喷嘴直径应当尽量选择较大一些（增加靶距），通过旋转减少喷嘴孔数（节约流量）；

通过调整喷嘴角度，获得合适的靶距、水楔、切面；

适当追求前进推力，不要浪费有限的能量（可以采用牵引的方法）；

合理选择喷头旋转和直线运动的速度（避免雾化、水垫、遗漏、过度破碎）。

清洗时正确选择工艺方法：

清洗作业开始的入口，需要认真选择；

作业点避免选在坑内、狭窄高空、室内、危险点、胸部以上的部位；

排渣口尽量选在管线的低端、直径的下方、容易清运处；

有些管线需要与甲方协调，割开清洗工艺孔，尽量选在转弯处；

工艺孔尽量开在便于施工的位置；

可以通过牵引的方法提高清洗效率。

清洗时必须防止喷头反向钻出：

直管段可以采用在喷头后部连接一段刚性接杆，防止喷头反向钻出；

其他工况可以采用在入口处屏蔽的方法（容易导致排渣困难）；

垂直管段清洗过程，容易发生反向钻出，需要小心操作；

垢层较厚时，容易发生反向钻出，需要小心操作；

清洗过程中间，脚阀瞬间关闭，再次打开时，容易造成危险情况；

下水井管线清洗时，容易发生反向钻出，需要小心操作。

清洗管线转弯处时：

可以采用转动软管、小幅前后拉动软管的方法；

不可动作过猛，当心反向钻出；

转弯数量不要多于三个，转过弯头后，应当试验能否顺利退回；

通过三通弯头时，无法控制喷头走向；

提前试探软管能否转过弯头的弯曲半径，升压后软管变硬，通过弯头的能力下降。

清洗管线垂直段时：

清洗入口尽量选择低位；

喷头向上钻进的高度有限，不要勉强；

喷头向上钻进困难时，可以辅助牵引钢绳；

如果管内存满水，喷头清洗能力会大幅下降。

管线清洗工艺见表 5-3。

表 5-3　管线清洗工艺

序号	项目	管线状态		
		水平状态管线的清洗工艺	垂直状态管线的清洗工艺	地下管线的清洗工艺
1	清洗压力	40～100MPa	40～100MPa	40～80MPa（清洗混凝土管线时清洗压力不得大于 50MPa）

序号	项目	管线状态		
		水平状态管线的清洗工艺	垂直状态管线的清洗工艺	地下管线的清洗工艺
2	清洗流量	50～120L/min（3～6只喷嘴）	50～120L/min（3～6只喷嘴）	50～120L/min（2～6只喷嘴）
3	喷头形式	13°锥型硬质合金喷嘴	13°锥型硬质合金喷嘴	13°锥型硬质合金喷嘴
4	喷孔直径	$\phi 0.8～1.5mm$	$\phi 0.8～1.5mm$	$\phi 1.25～1.75mm$
5	喷射靶距	50～300mm	50～300mm	50～300mm
6	设备机具	管线专用喷头（适用于小直径$\phi 50～\phi 90$、中直径$\phi 90～\phi 300$管线）、叉型专用喷头（适用于中直径$\phi 90～\phi 300$管线）、二维旋转喷头等（适用于大直径$\phi 300～\phi 800$管线）	管线专用喷头（适用于小直径$\phi 50～\phi 90$、中直径$\phi 90～\phi 300$管线）、叉型专用喷头（适用于中直径$\phi 90～\phi 300$管线）、二维旋转喷头（适用于大直径$\phi 300～\phi 800$管线）、三维旋转喷头等（适用于特大直径$\phi 800$以上管线）	管线专用喷头（适用于小直径$\phi 50～\phi 90$、中直径$\phi 90～\phi 300$管线）、叉型专用喷头（适用于中直径$\phi 90～\phi 300$管线）
7	作业程序	手持喷枪清洗管线入口，保证专用喷头顺利进入管线；操纵喷头逐渐、均匀地旋转进入管线；当清洗下的污垢积累到一定程度时，采用反复进退逐渐向后的方式，将清洗下的污垢赶出管线；然后重复以上清洗操作，直至喷头达到管线的另一端	手持喷枪清洗管线入口，保证专用喷头顺利进入管线；当管线入口为垂直形式时，需要安装设置专用机构，引导喷头进入管线；清洗下的污垢容易积累在管线的转弯处，需要经常采用反复进退的方式，重点进行弯头处的排渣	建立低位吸渣系统，保证管线入口处的污垢污泥可以提升到地面上；最好将污物吸净管口完全露出，既方便喷头进入管口，又消除淹没射流的状态；采用专用气囊将作业井内其他管口堵严，防止清理出的污物进入这些管线；边清洗边吸渣，保证清理出的污物全部排到地面以上；操纵喷头逐渐、均匀地旋转进入管线；当清洗下的污垢积累到一定程度时，采用反复进退逐渐向后的方式，将清洗下的污垢赶出管线；然后重复以上清洗操作，直至喷头达到管线的另一端；对于长距离管线采取从上游向下游清洗的顺序，保证清洗出的污物不会流入清洗干净的管线
8	操作技法	对于不具备旋转功能的喷头，需要配合人工转动高压软管的操作，使清洗轨迹尽量覆盖全部管线；当污垢比较厚的时候，必须经常进行排渣的操作，防止太多的污物将喷头卡在管线内；一般管线的转	由于喷头垂直向上前进的距离有限，所以不宜向上清洗过长的距离。作业中要根据实际情况选择自下而上或自上而下的操作方式。对于不具备旋转能力的喷头，需要配合人工转动高压软管的操作，使	对于不具备旋转能的喷头，需要配合人工转动高压软管的操作，使清洗轨迹尽量覆盖全部管线；当污垢比较厚的时候，必须经常进行排渣的操作，防止太多的污物将喷头卡在管线内；一般管线两端作

序号	项目	管线状态		
		水平状态管线的清洗工艺	垂直状态管线的清洗工艺	地下管线的清洗工艺
8	操作技法	弯要少于三处,尽量保证清洗过的管线可以直接观察到(在转弯处开窗口),防止清洗不彻底;一般管线两端作业口之间的距离不宜超过60m,最长不宜超过200m;当喷头通过管线的转弯时,会有一些困难,要采用转动软管和反复进退的方法通过;尽量不要使喷头通过三处以上的弯头,否则则有可能被卡住无法退出;当喷头被卡住时,不能采用蛮力向外拉,要转动软管和反复进退的方法,以及从对面管口取出的方法	清洗轨迹尽量覆盖全部管线;一般管线的转弯要少于三处,尽量保证清洗过的管线可以直接观察到(在转弯处开窗口),防止清洗不彻底;一般管线两端作业口之间的距离不宜超过60m,最长不宜超过200m;在管线上部入口处,设置的引导滑轮,必须将软管定位在管线的垂直中心线上;在管线下部入口处,设置的引导装置,必须具有防止喷头反向飞出的功能	作业口之间的距离不宜超过60m,最长不宜超过200m;地下污水井内经常会有异物,需要准备打捞工具;对于一些不能停止运行的管线,只能在污水流动的状态进行清洗,为了防止污物随污水流入下游管线,需要在下游管口设置过滤网
9	清洗速度	实际情况差异较大,清洗进度差异也很大		
10	辅助方法	将喷头保持在管线中心的保架,防止喷头在管线内翻转后护管向操作者飞出,特殊情况时在喷头前设置的牵引装置	将喷头保持在管线中心的保架,防止喷头在管线内翻转后护管向操作者飞出,特殊情况时在喷头前设置的牵引装置	采用专用机构将喷头导入管口,采用大型吸渣车清除井内污物,采用污水运输车将污物运到处理场
11	验收方法	直观目测管内壁或使用工业窥镜;在管线的另一端设置照明,进行透光检查,观察管内壁残留污垢的厚度和位置	直观目测管内壁或使用工业窥镜;在管线的另一端设置照明,进行透光检查,观察管内壁残留污垢的厚度和位置	通水试验、清洗前后照片对比
12	安全控制	必须在作业区域设立警示标志,防止喷头从另一端的管口飞出伤害周围人员;当管线直径比较大时,一定加装防护套管,防止喷头在管线内翻转后向操作者飞出伤害操作人员;当管线有其他开口或其他连接管线时,必须调查清楚去向并设立监护人员	必须在作业区域设立警示标志,防止喷头从另一端的管口飞出伤害周围人员;当管线直径比较大时,一定加装防护套管,防止喷头在管线内翻转后向操作者飞出伤害操作人员;当管线有其他开口或其他连接管线时,必须调查清楚去向并设立监护人员	由于地井同样属于受限空间,一些危险气体容易在这里积存,如沼气、一氧化碳等,作业人员尽量不进入井内,如果必须进入时要按照进入容器的规定执行;由于地下管线一般都是较大直径,所以容易发生喷头翻转飞出的情况,必须严加防范
13	环保控制	开始作业前,进行相关教育,了解甲方环保要求,明确防止污染的办法;确保从管线内清理出的污垢和清洗出的污水全部收集、沉淀和分离后,污水进入污水管线,污垢装袋运输,严防外溢和遗洒,严防直接排入雨水沟;要正确操作泵组,防止柴油机在不良状态下运转产生大量浓烟		确保从管线内清理出的污物全部收集、沉淀和分离后,固体污物装袋运输,污水进入污水管线,严防外溢和遗洒

第五节　清洗油气管线的操作技能

1. 油气管线布局状况（图 5-12）

油气管线的布局有如下特点：

垂直高度大；

管段直径大；

作业空间狭小，无法展开多点作业；

排渣、出渣、装运困难；

泵组不易靠近施工位置，输水距离较远，压力损失较大；

上部垢块下落时冲击较大，对胶管和排渣作业造成威胁；

出渣口距离地面较高，控制不好，偶然坠落的渣块容易造成事故。

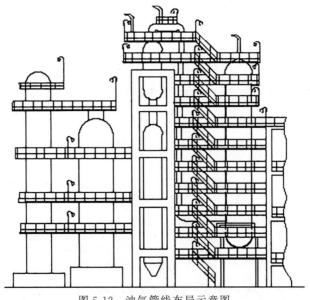

图 5-12　油气管线布局示意图

2. 油气管线结垢情况

油气管线结垢厚度大；结垢硬度高；形成环状拱券效应，即便切割成大块，仍然不易脱落；结垢总量较大，出渣工作量较重；出渣不利时，会形成下部弯头堵塞，非常危险；有时脱落的大块结垢，不易排出。

3. 油气管线清洗方案

油气管线清洗施工可见图 2-14。

如图 5-13、图 5-14 所示，在油气管线上部，对应油气管线垂直段的中心，安装滑轮引导高压软管，并在软管的前端连接一只三维清洗头。高压泵组产生高压水，通过三维清洗头形成360°旋转的高压射流，对结焦进行切割破碎。垢渣沿垂直管段坠落，通过下部三通的开口，进入接料斗，再经过排渣管，引流到地面，收集装袋。水平管段采用二维清洗头和保持架，进行射流清洗。全部清洗过程，避免人员进入管线内部清洗作业，大幅增加人员的安全性，减少人员的劳动强度。

4. 油气管线清洗机具

油气管线清洗机具可选用三维清洗头（可参见图 3-54、图 3-55）和二维清洗头（图 5-13）。

 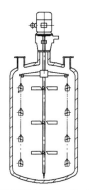

图 5-13　二维清洗头（附保持架）　　图 5-14　利用搅拌轴悬挂三维清洗头

第六节　清洗容器的操作技能

1. 受限空间作业特点

与外界空间隔离，情况不明确，沟通滞后，容易产生差错；

作业空间狭小，给操作带来不便和障碍，容易发生失误；

作业空间经常存在有毒有害气体、缺氧，容易对清洗人员造成伤害；

作业中污垢内含有的有毒有害气体会溢出；

作业中射流产生的大量水蒸气在作业空间聚集造成缺氧；

夏季作业空间，容易产生高温中暑；

使用超高压清洗，容易在作业空间产生高温水蒸气，容易缺氧、中暑；

作业中需要经常攀爬、挪动，喷枪反力较大，体力消耗较大。

2. 防护措施

进入受限空间，需要严格执行分析检测程序，不要轻信口头承诺；

在甲方管理不规范的情况下，要加强自己的检测和防范；

重点检查作业空间与外界是否彻底切断，是否打开上下通风孔形成对流；

对于毒害较重的作业空间，必须加强通风（风机、风筒）；

人孔处必须安排监护人员；

必须保证进出通道顺畅，必要时设置救生绳；

照明用电必须符合安全标准（24V以下）；

如果可能尽量采用自动清洗机具，避免人员进入受限空间作业。

3. 清洗方法

尽量多地采用剥离，避免完全破碎，提高清洗效率；

尽量多地采用旋转射流，提高清洗效率；

对砼釜的大块污垢，应采用切割分块运出，切出断面，提高清洗效率；

对于弹性污垢，应采用工具，扩张切口，避免淹没射流、盲目切割；

利用容器内部构件，设置吊点、布置清洗头，减少施工准备；

选择合理的旋转方式和喷杆形式，提高清洗效率；

注意污水排放是否畅通，施工开始时首先打通排水通道；

施工前，准备吸渣器，防止排渣出现问题。

4. 操作技能

（1）切断搅拌桨的电源

根据作业安全规定，对具有搅拌桨的容器，进行清洗施工前，应当将搅拌桨驱动电机彻底切断电源，并在配电柜悬挂禁止送电的警告牌，对送电开关加锁，防止误操作事故。但是，许多实际案例显示，在这样的防护措施下，仍然有人摘下警告牌、打开安全锁、强行送电造成事故。由于上述的安全措施，经常是处于距离清洗现场较远配电室内，现场的监护人员无法进行有效的监督，存在一定的安全隐患。

建议清洗企业的现场管理人员，为进一步加强安全防护，应当要求对具有搅拌桨容器的驱动电机，进行拆卸断开其电源线的保护措施。这样清洗现场的监护人员，可以随时观察到驱动电机的电源线处于断开状态，如果有人连接电线、准备送电，监护人员可以及时发现，防止发生误操作。

（2）利用搅拌桨（搅拌轴）固定三维清洗头

针对具有搅拌桨的容器进行清洗作业时，可以利用搅拌桨（搅拌轴），设置固定三维清洗头（图5-14）。并通过人工转动搅拌桨驱动电机的扇叶，带动搅拌桨（搅拌轴）缓慢转动，实现半自动的清洗作业。

采用该方法作业时，初期需要人员进入容器，设置三维清洗头和固定机构。如果容器内环境不符合人员进入条件，必须佩戴呼吸器才能进入。

采用该方法作业时，人工转动搅拌桨的操作，不允许搅拌轴连续旋转多圈。每旋转360°后，需要反向旋转360°，避免高压软管在容器内缠绕扭结。

（3）利用手孔视镜孔设置三维清洗头（图5-15、图5-16）

多数聚合釜、反应釜的顶部都有手孔、视镜孔、管孔。清洗作业时可以利用这些开孔，设置三维清洗头清洗作业，避免人员进入容器的状况。

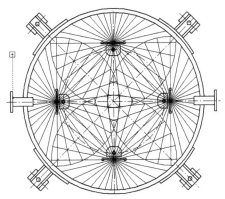

图 5-15 在釜内合理分布三维清洗头的清洗点全面覆盖内壁

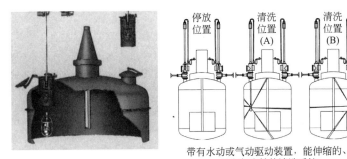

带有水动或气动驱动装置,能伸缩的、
具有气密性的清洗系统

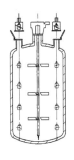

图 5-16 利用釜顶部的手孔、视镜孔、管孔设置三维清洗头可以简化操作,降低施工成本

选择釜顶合适位置的开孔,穿入高压软管,再从人孔口将软管接头勾出。连接三维清洗头后,利用软管和铁钩配合,将清洗头缓缓放入釜内。然后通过收放高压软管,调整控制清洗头的悬挂高度,完成该点位上下釜壁的清洗。其后利用釜顶其他管孔重复操作,实现对釜壁的多点位清洗。

如果聚合釜顶部有较大的管孔,可以将清洗头连接好软管,直接通过大开孔放入釜内。悬挂固定,进行清洗作业。这时需要对大开孔进行遮挡,防止射流出开孔喷出,伤害周围的人员及设备。

容器类设备的清洗工艺见表5-4。

表 5-4　容器类设备的清洗工艺

序号	项目	工艺方法	
		人工操作清洗工艺	机械化清洗工艺
1	清洗压力	40~280MPa	40~100MPa
2	清洗流量	25~90L/min(单支或多支喷枪)	50~120L/min
3	喷头形式	13°锥型硬质合金喷嘴或超高压宝石喷嘴	13°锥型硬质合金喷嘴,双喷嘴平衡型喷杆

序号	项目	工艺方法	
		人工操作清洗工艺	机械化清洗工艺
4	喷孔直径	$\phi 1.25\sim1.75$mm 或 $\phi 0.2\sim0.4$mm	$\phi 1.25\sim2.0$mm
5	喷射靶距	$50\sim800$mm	$500\sim1000$mm
6	设备机具	采用单嘴或自旋转喷嘴的手持喷枪,或超高压手持喷枪,配合切割型喷嘴和加长喷杆,以及人员的防护面罩	采用三维旋转清洗头
7	作业程序	进入容器作业的人员,必须了解并遵守相关的检修、动火、进入设备作业的安全规定和本企业的操作规程;进入容器作业前,必须与甲方现场监护人员取得联系,检查该容器是否有效切断与其他设备的连接,盲板、阀门是否按规定进行处置,同时进行可燃气、氧含量分析,各项指标符合规定后,办理进入设备作业证和分析单,经双方负责人确认合格后,方可安排人员进入设备;必须保证定时进行可燃气、氧含量分析。有人员进入设备作业时,必须在设备出入口处,安排双方的专职监护员,不得在无监护人或作业时间以外的状态作业;带有搅拌器等转动部件的设备,必须在人员进入之前,切断电源办理停电手续,在开关处挂"有人检修、禁止合闸"标示牌并设专人监管;进设备作业的人员、工具、材料要进行登记,作业前后应认真清点,防止遗留在设备内;进入垂直高度较大的容器(塔器)时,人员必须佩戴安全带并配合安全绳或防坠器;当多人同时在同一容器内作业时,必须保持相互之间的安全距离,禁止相对喷射,避免相互接近的移动方式	作业前确认容器内和环境的可燃气体浓度符合规定;获取相关的作业手续;安装清洗头控制执行机构;调整清洗头的点位,进行清洗作业;检查自动清洗的效果;人工进行重点清洗
8	操作技法	对挂壁的污垢要先清理出直达容器壁的断面,然后沿断面进行剥离,利用水楔的作用提高清洗效率。对于有韧性的挂壁污垢,采用从上至下的方式清洗,使先切割下的污垢形成垂挂的状态,利用重力作用提高清洗效率;对于坨在釜底的大量污垢,需要先向下切割出坑状作业断面,然后沿断面进行扩大切割;在容器底部作业时,要避免射流处于淹没状态,采用吸渣器及时排水,采用扩张工具和助手协助扩大切口,排除积水提高清洗效率;根据容器的出口尺寸,将污垢尽量切割得大一些,减少切口数量提高清洗效率	清洗头横轴转速:$8\sim25$r/min;清洗头每点清洗时间:$10\sim20$min;清洗头每点间隔距离:$1\sim2$m;直径小于3m的容器,清洗点布置在容器的中心线上;直径大于3m的容器,清洗点布置在距离容器壁1m的均布点上
9	清洗速度	由于实际情况差异较大,清洗进度差异也很大	一般可以达到$8\sim12$h/台($8\sim20$m^3)
10	辅助方法	扩张工具扩大切口,吸渣器排出积水	清洗头控制执行机构
11	验收方法	采取直观目测检查;在清洗小组自检合格后,由本企业施工负责人进行内部检验,确认合格后联系客户验收人员,进行正式验收;双方负责人均确认合格后,签署验收手续	

序号	项目	工艺方法	
		人工操作清洗工艺	机械化清洗工艺
12	安全控制	定时进行可燃气、氧含量分析,保证设备内部任何部位的可燃气体浓度和含氧量合格,有毒有害物质不超过国家规定指标;设备出入口的内外不得有障碍物,应保证其畅通无阻。设备外的现场要配备符合规定的应急救护器具和灭火器材。作业人员进设备前,应首先拟定紧急状况时的撤出路线、方法。为保证设备内空气流通和人员呼吸需要,可采用自然通风,必要时可采取强制通风;在人员进入前,设备人孔必须全部打开;卧式罐或只有单一人孔的设备,必须采取强制通风,进风管必须引至人孔远端,造成强制空气流通;必须设置安全监护人员	在开始清洗的阶段,必须严密监视容器内外可燃气的浓度,加强现场环境强制通风,防止静电火花产生,严控周围明火和车辆;作业中应向容器内强制通风,确保新鲜空气直接吹送到容器远离人孔的最深部位,尽量使容器内部可燃气体的浓度下降到合格状态;操纵执行机构调整清洗头的位置时,要严格防止执行机构和工具与容器发生磕碰、产生火花
13	环保控制	开始作业前,进行相关教育,了解甲方环保要求,明确防止污染的办法;确保从容器内清理出的污垢和清洗出的污水全部收集、沉淀和分离后,污水进入污水管线,污垢装袋运输,严防外溢和遗洒,严防直接排入雨水沟;要正确操作泵组,防止柴油机在不良状态下运转产生大量浓烟	

第七节　清洗外表面的操作技能

1. 作业特点

由于油漆和锈层与基体结合牢固,需要较高的打击、冲刷能力;

如果使用纯水,压力等级需要 200MPa 以上;

如果使用磨料射流,需要掌握供砂、混砂等技术环节;

作业中,主要使用手持喷枪,劳动强度较大(图 5-17);

图 5-17　在超高压状态下,使用手持喷枪,劳动强度较大

如果使用平面清洗器,需要掌握旋转密封、转速控制、真空吸渣技术;

有些作业环境，对环保要求严格，需要掌握环保措施；

有些作业项目，清洗量很大，需要大规模集团作业和专用清洗机具。

2. 清洗机具

超高压旋转喷枪；超高压平面清洗器；磨料射流喷枪；磨料供给系统；真空吸渣系统；废渣收集系统；渣沙分离系统；操作人员防护用品（防沙粒飞溅、防水射流伤害）。

3. 操作方法

旋转喷枪运动轨迹、覆盖、速度、靶距的正确运用；

旋转喷枪转速调整；

平面清洗器运动轨迹、覆盖、速度、靶距的正确运用；

平面清洗器转速调整；

磨料喷枪吸砂要领（供砂罐、砂阀、砂管、吸砂头控制）。

设备及零部件外表面的清洗工艺见表 5-5。

表 5-5　设备及零部件外表面的清洗工艺

序号	项目	设备及零部件外表面	
		汽轮机转子、隔板的清洗工艺	筛网、筛板和夹套等零部件的清洗工艺
1	清洗压力	200～280MPa	40～80MPa
2	清洗流量	20～26L/min	30～70L/min
3	喷头形式	超高压宝石喷嘴	13°锥型硬质合金喷嘴
4	喷孔直径	$\phi 0.2～0.4$mm	$\phi 1.25～1.75$mm
5	喷射靶距	50～150mm	100～300mm
6	设备机具	超高压旋转喷枪，配合莲花型喷头	手持喷枪、旋转喷头
7	作业程序	对作业区域进行围挡，防止污水飞溅到的其他设备上；对转子的轴承和气封部位进行保护性遮挡，防止被超高压的射流损坏；采用超高压旋转喷枪配合莲花型喷头，按顺序清洗每只叶片的正反面；采用压缩空气及时吹干水迹，尽量延长不产生浮锈的时间	对作业区域进行围挡，防止污水飞溅到的其他设备上（重点是电器设备）；按顺序清洗零部件的每个部位；清理现场
8	操作技法	调整清洗人员的姿势和角度；对叶片的根部采用较近的靶距，对叶片的端部必须采用较远的靶距和正确的喷射角度，防止叶片变形	调整清洗人员的姿势和角度；尽量选择合理的靶距和正确的喷射角度，充分利用水楔的作用提高清洗效率
9	清洗速度	一般可以达到56～80h/台(300MW机组)	一般单支喷枪可以达到3～8m²/h
10	辅助方法	可以转动转子的支架，地面铺设 8mm 厚橡胶板	由于零部件的形状复杂，以人工操作为主
11	验收方法	直观目测检查叶片；在叶片的另一面设置照明，进行透光检查	直观目测检查

序号	项目	设备及零部件外表面	
		汽轮机转子、隔板的清洗工艺	筛网、筛板和夹套等零部件的清洗工艺
12	安全控制	禁止在3m以内进行相对喷射作业;禁止采用逐渐靠近的清洗移动方向;在任何情况下,禁止将喷枪指向他人;在任何情况下禁止直视喷枪口进行查看;清洗区域应有人监护,防止操作者之间发生意外伤害;在作业场地周围设置安全围挡和警示标志,防止发生误伤外部人员的事故	
13	环保控制	开工前在清洗场地周围认真进行围挡,确保污水、污泥进入工业污水管线,防止污水外溢出施工场地	

第八节　冬季施工的操作技能

1. 高压泵的冬季操作

（1）期望的便利条件

冬季尽量争取将泵组停放在有暖气的厂房内,可以减少很多不必要的麻烦。

如果厂房距离施工地点较近,可以先在厂房内将泵组启动、暖机后,保持怠速移动到施工地点,也可以减少很多麻烦。

如果施工地点有蒸汽加热软管,启动前采用蒸汽局部（填料函、液力端、调压阀、供水管路）加热的方法,有利于顺利启动。

（2）没有便利条件时

启动前：

盘车检查,必须保证每只柱塞全部顺利往复全程；

转动调压阀,确认动作是否灵活可靠；

供水前,排出供水管内的冰碴、检查过滤器内有无冰碴（图 5-18）；

避免过早供水,避免供水后长时间等待；

供水后及时启动,等待期间尽量保持怠速状态；

如果可能,切断油冷器的冷却水。

启动时：

缓慢平稳结合离合器,注意有无卡阻异响,出现异常停止结合；

完成结合后,怠速暖机 3min；

暖机时,不要安装喷嘴,采用大口径排水,排出冰碴和杂质。

运行中：

作业时,尽量保持连续作业；

作业中,避免采用很小流量作业；

避免作业中长时间关闭出水；

图 5-18　冬季施工时，高压泵组非常容易结冰，启动前必须认真进行融冰和排冰

如果需要长时间关闭出水时，及时采取防冻措施；

非连续长时间作业时，可以关闭油冷器的冷却水。

停车后：

抓紧时间，抢在未结冰之前，及时排空；

关闭供水，排空供水管路和过滤器；

泵组空转 3～5min；

争取采用压缩空气吹扫泵头体内残余液体；

特别注意吹扫油冷器、过滤器内的残余液体；

特殊要求时，向液力端内注入防冻液，辅助盘车确保注满；

尽量争取将泵组停放入有暖气的厂房内。

2. 柴油机的冬季操作

（1）期望的便利条件

冬季尽量争取将泵组停放在有暖气的厂房内，可以减少很多不必要的麻烦。

如果厂房距离施工地点较近，可以先在厂房内将泵组启动、暖机后，保持息速移动到施工地点，也可以减少很多麻烦。

如果施工地点有蒸汽加热软管，启动前采用蒸汽局部（油底壳、燃油管路、燃油过滤器、机体）加热的方法，有利于顺利启动。

如果发动机加注的是防冻冷却液，在冬季频繁作业时较方便。

如果发动机加注的是清水，希望附近可以提供大量热水，经过热水预热柴油机更容易启动。

期望发动机具有喷油嘴、进气口预热功能。

（2）没有便利条件时

启动前：

盘车检查，确认转动灵活；

检查燃油是否出现结蜡（更换、勾兑、加热）；

检查燃油管路，排除空气，确保供油充足；

检查润滑油油量油品（加热油底壳）；

检查电瓶电量（热水加热）；

检查水箱冷却液（尽量提高冷却液的温度）；

检查电气电路（启动机、预热元件、启动电缆）。

启动时：

所有加热工作同步进行，争取启动时同时达到预热要求；

分离高压泵，单独启动柴油机；

启动机转动时间控制在 5～10s，不宜太短或太长；

启动机不宜连续转动，每次间隔 10s，连续 3 次后，暂停 60s；

注意启动电缆和接头，避免长时间大电流，造成电缆或接头烧毁；

注意观察柴油机各部运转情况，发现异常停止启动；

注意观察启动中供油、转速、电量、烟度情况，判断问题及时排除；

完成启动后暖机 3～5min。

运转中：

加强观察仪表指示，及时发现调整；

加强检查运转部件、管路，预防故障；

检查燃油过滤器、油箱，防泄漏防结蜡；

争取连续作业，避免长时间停车等待；

短时间停车，可以采用怠速等待。

停车后：

如果水箱加注的是清水，趁热及时排放干净；

注意柴油机各部排水阀，不要疏忽遗漏；

重点处理油冷器的排水，争取采用压缩空气吹扫。

3. 清洗系统的冬季操作

（1）期望的便利条件

冬季尽量争取将清洗器材存放在有暖气的厂房内，可以减少很多不必要的麻烦。

争取全部器材在温暖环境下，用压缩空气吹净存水，保持器材内干燥，可以减少很多麻烦。清洗器材的体积不大，可以临时借用有暖气的办公室存放。

（2）没有便利条件时

作业前：

检查软管是否畅通，不要使用结冰的软管；

避免系统充水后，停车处理堵点，造成所有系统冻结；

清洗系统暂时不要连接到高压泵出口；

等到泵组启动运转正常后再连接；

系统软管连接后，不要安装喷嘴，进行大流量吹扫，排出冰碴和杂质。

作业中：

争取连续作业，避免长时间管内高压水停止流动；

避免长时间采用小流量作业；

需要暂停作业时，可以采用低压大流量释放（溢流型脚阀）。

作业后：

抓紧排空系统内存水（分段处理、抬高一端）；

争取采用压缩空气吹扫软管和器材；

争取存放入有暖气的厂房（软管器材内干燥以后，可以移出）。

第六章

高压水射流清洗装备的使用与维护

第一节 高压泵组的使用与维护

为了加强高压水清洗司泵作业的管理与安全，防止高压泵维护保养不当、防止误操作事故发生，负责司泵（维护、巡检）作业的人员，必须是经过培训、掌握专业技术的合格人员，并严格执行操作规程。

1. 高压泵组的使用

（1）启动前的检查准备

高压泵的检查：

① 动力端：盘车是否灵活、转动是否均匀，轴承、齿轮有无异常杂音，润滑油油位是否合适、油质是否正常、有无杂质，轴承压盖、箱体大盖有无漏油、松动现象，中间杆油封有无漏油、松动现象；

② 液力端：泵头连接螺栓螺母是否紧固，各部接口有无漏水痕迹，其他连接部件是否齐全、正确，冬季必须检查设备内部有无冰冻情况；

③ 调压阀：手轮转动是否灵活、扭力是否均匀、有无异常声音，泄水孔有无漏水痕迹，溢流胶管、三通是否完好，固定螺栓螺母是否完好；

④ 填料函：柱塞处有无漏水痕迹，柱塞表面、中间杆表面有无划伤，填料函有无裂痕，柱塞螺母是否松动，盖板等附件是否齐全；

⑤ 油冷器：油冷器和上水管连接是否完好，油冷器有无漏油现象，过滤器、压力表、油管及接头有无漏油现象，齿轮油泵联轴器是否正常，润滑油有无乳化现象，冷却水进水管过滤网有无堵塞现象；

⑥ 安全阀：连接是否牢固，有无漏水痕迹；

⑦ 压力表：连接是否牢固，有无漏水痕迹，表内充油是否清澈、油量是否合适、有无分层现象，表盘视窗玻璃是否出现外凸，指针是否归零；

⑧ 联结件：联轴器对中情况是否正常，联轴器部件有无磨损、缺少，联轴器保护罩是否完整、牢固，泵壳箱体地脚螺栓是否松动，各部组件是否连接牢

固，各部螺栓螺母的螺纹是否满扣、符合标准；

⑨ 过滤器：供水过滤器滤芯、滤袋、滤网是否清洁、畅通，压差表、压力表连接是否牢固、有无渗漏，连接管路有无老化开裂、有无泄漏。

柴油机的检查：

① 冷却水系统：冷却水、防冻液是否符合要求，各部软管、接头、放水阀是否严密，油冷器、水泵有无泄漏现象，散热器有无泄漏、有无飞絮堵塞，风扇传动带张紧度是否合适，风扇、风圈处有无异物；

② 燃料油系统：喷油嘴、高压油管、接头、喷油泵有无漏油现象，喷油泵、手油泵运转是否灵活、正常，燃油过滤器是否畅通、清洁，油箱内是否清洁，油量油品是否合适；

③ 润滑油系统：润滑油油量、油质是否合适，润滑油过滤器是否畅通、清洁，油底壳、气门室盖、各部接缝、油封有无渗漏现象，油压、油温传感器连接是否牢固、有无渗漏；

④ 传动及离合：离合器分离、结合是否彻底到位，离合器操纵是否灵活，分离轴承、支撑轴承转动是否灵活、有无杂音，各部间隙是否合适，有无窜动、跳动；

⑤ 控制及仪表：仪表、传感器是否完好、齐全，控制电缆、配电电缆是否完好、整齐、规范，安全连锁是否完好、灵敏，仪表指示是否准确；

⑥ 蓄电及发电：电瓶是否完好齐全，电瓶液密度、液位是否合适，电瓶电缆、接线柱是否完好、清洁，发电机传动带张紧度是否合适，调节器是否齐全、完好，总电源开关是否灵敏准确；

⑦ 空气过滤器：空气过滤器滤网、壳体是否干净，空气过滤器连接是否牢固。

辅助件的检查：

① 照明灯具：灯具、插销、插座、开关是否完好、齐全，灯具固定是否牢固，电线布置是否整齐、规范、安全；

② 移动房舱：门窗是否完好，门锁插销是否完好，储物柜门锁、拉手是否完好；

③ 专用工具：盘车工具、启动搭线、扭力扳手、消防扳手等是否齐全、完好，摆放是否整齐；

④ 减震联结：减震垫铁、地脚螺栓是否完好、牢固齐全，泵组位置有无窜动、变化。

（2）启动准备

① 检查泵组停放的工作场地是否平坦、坚实，最好是有排水沟的水泥地面（泵组倾斜运转时，非常容易发生润滑油泄漏，造成烧轴抱瓦的事故）；

② 高压泵必须严格进行手动盘车（不能少于9圈）；

③ 检查供水压力（不得低于0.2MPa）、流量（管径不得小于ϕ50mm）

情况；

④ 检查溢流水管是否引入排水沟，并固定稳妥；

⑤ 柴油机电源指示、仪表指示是否正常；

⑥ 落实清洗作业高压管线、脚阀、喷头等是否连接稳妥；

⑦ 落实清洗作业人员是否准备到位。

（3）运转中的要求

① 司泵必须是经过培训合格，并持有司泵上岗证的人员；

② 司泵必须熟悉泵组操作说明书，掌握维护、保养以及相关技能；

③ 泵组工作前应启动柴油机、电机，对泵组动力端预热（夏季控制在 3min 左右，冬季控制在 10min 左右），准备完毕后，等待现场的清洗命令；

④ 司泵必须按规定信号与清洗操作者保持准确联系；

⑤ 必须反复确认清洗现场需要升压的口令无误后，方可升压；

⑥ 升压过程应缓慢、平稳进行（0～15MPa 应控制在 1min 左右，15～50MPa 应控制在 0.5min 左右，50～300MPa 应控制在 1min 左右）；

⑦ 升压过程中应随时观察压力表及溢流水的情况，如果表压不再上升或只有微量溢流水，不能再旋紧手轮，这时应检查喷口状况、泵组转速和管线密封情况；

⑧ 司泵在泵组运转中应坚守岗位，随时注意观察清洗作业情况，及时取得操作信息，调整泵组状态，保证清洗作业正常进行；

⑨ 运转中经常检查各部运转情况、温度情况、振动情况、杂音情况；

⑩ 运转中经常检查仪表指示；

⑪ 运转中经常检查冷却水、低压水、高压水的压力、流量、温度、泄漏情况；

⑫ 运转中经常检查润滑油的压力、温度、油量、泄漏情况；

⑬ 运转中经常检查各部操作的灵活、可靠；

⑭ 司泵过程中审查以前的填写是否连续、准确、真实、规范；

⑮ 司泵过程中根据泵组运行状况，认真填写设备运行记录；

⑯ 司泵过程中发现剧烈振动、温度突变、异常噪声等情况应立即停车检查；

⑰ 泵组运转过程中，严禁任何形式的修理工作。

（4）运转后收尾检查

① 泵组非紧急情况停车时，应先降压，再停止柴油机、电机的转动；

② 泵组停车后应及时切断电源、关闭供水、排空存水、操作复位、环境清理、器材清点、填写记录等；

③ 柴油机泵组停止作业后，应低速缓冲 3～5min；

④ 泵组停车后，应进行常规检查保养；

⑤ 长期停用时，应注意防冻、防腐；

⑥ 装备部维修工负责高压泵部分、辅助件部分、停用期间的巡检和维修，并负责填写泵组运转巡检记录等工作。发现问题要及时上报、修理、整改（为了

减少上报检修项目，有些小项目可以自己主动进行处理）。对于外出施工返回的高压泵组，专责维修工要主动询问运转时间、运转状态和故障情况。并根据司泵人员的口述认真填写记录，报告工程部负责人签字确认；

⑦ 工程部汽车维修工负责泵组柴油机部分停用期间的巡检和维护工作。在巡检和维护过程中发现问题要及时上报、修理、整改，并通知专责维修工填写记录；

⑧ 工程部清洗工负责高压泵组停用期间的卫生维护。清洗工负责高压泵组、柴油机组、泵房内外、附件工具等的擦拭清洁，清洁状况必须达到公司规定的卫生标准（金属见光泽、油漆见本色、摆放整齐、清除杂物）。清理卫生过程中发现问题要及时上报公司并通知专责维修工填写记录。

2. 高压泵的保养

（1）动力端

检查轴承端盖、箱体大盖、中间杆油封等处有无漏油；

盘车检查，曲轴转动是否灵活、有无杂音；

拉动中间杆，检查连杆、轴瓦、十字头、销轴等处间隙；

检查地脚螺栓连接是否牢固；

消除漏点、清理杂物、擦洗油污灰尘；

发现隐患及时上报，落实专人处理。

（2）液力端

检查填料函、柱塞、泵头、压盖、接头等处有无漏水痕迹；

检查泵头、压盖等处连接螺栓有无松动；

检查柱塞连接有无松动；

盘车检查，柱塞行程是否顺畅、有无抱紧；

盘车检查，柱塞表面有无划痕、裂纹；

检查柱塞冷却水管、接头等处有无裂纹、漏水；

消除漏点、清理杂物、擦洗油污灰尘，涂油防锈；

发现隐患及时上报，落实专人处理。

（3）供水系统

检查过滤器、连接管路等处有无漏水痕迹；

检查滤芯、滤袋、滤网有无堵塞；

检查接头、卡箍有无松动；

检查软管有无老化开裂；

清洗滤芯、滤网；

消除漏点、清理杂物、擦洗油污灰尘，涂油防锈；

发现隐患及时上报，落实专人处理。

（4）润滑系统

检查润滑油油量、油质是否符合要求（乳化、含水、杂质、金属）；

检查油泵、接头、管路、元件等处有无漏油；

检查油泵对轮、连接有无松动、损坏；

检查油冷器油路、水路是否正常；

检查过滤器是否堵塞；

清洗过滤器，更换、补充润滑油；

消除漏点、清理杂物、擦洗油污灰尘；

发现隐患及时上报，落实专人处理。

（5）控制系统

检查调压阀、安全阀等控制元件，是否完好、灵敏，有无泄漏；

检查压力表、压差表、传感器、显示屏等元件是否完好、指示准确；

检查电线电缆有无变动痕迹，有无老化断裂；

清理杂物、擦洗油污灰尘；

发现隐患及时上报，落实专人处理；

长期停用的泵组（停放在室内、室外有区别）每隔一定时间，进行运转检查；

防冻、防锈处理；

防拆卸、防丢失；

防日晒雨淋；

防短路起火。

高压泵的故障排除见表6-1。

表6-1　高压泵的故障排除

序号	故障现象	故障原因	排除方法
1	曲轴箱体异常振动	联轴器对中失准、齿轮严重损坏、轴承严重损坏、曲轴连杆损坏、地脚螺栓及泵头螺栓松动	逐项检查、确认故障、更换修理（需要专业人员处理）
2	曲轴箱内异常杂音	轴承损坏、连杆螺栓松动、连杆瓦间隙过大、齿轮损坏、十字头及销轴间隙过大	逐项检查、确认故障、更换修理（需要专业人员处理）
3	轴承温度高	轴承磨损、负荷过大、润滑油温度高、润滑油变质、油冷器工作失常	检查转速、压力，分析是否超过额定负荷；检查连续作业时间，是否超过说明书要求；检查润滑系统，确认有无问题；排除以上因素后，请专业人员检查处理
4	润滑油乳化	润滑系统进水、中间杆油封失效、淋水进入动力端、油冷器泄漏、管路故障	回顾检查前期操作有无失误（淋水、管路、阀门），如果确认是错误操作造成乳化，立即彻底更换润滑油；排除操作失误后，请专业人员检查处理
5	润滑油压低	油量不足、油品不符合规定、吸油口堵塞、滤油器堵塞、油温过高油质变稀、油管接头漏气、油泵失效	检查油品油量，更换补充润滑油；检查清洗滤芯滤网；检查油温，排除升温原因；检查油泵吸油管路，排除漏气；排除以上因素后，请专业人员处理

序号	故障现象	故障原因	排除方法
6	润滑油温度高	负荷过大、工作时间过长、阳光直射、环境温度过高、冷却水温度过高、油冷器堵塞、油管堵塞、油路阀门开关错误、油泵损坏、油冷器能力不足、齿轮轴瓦磨损	检查前期工作状况,调整作业参数;查看作业环境,排除高温因素;检查清洗堵塞点,纠正错开的阀门,加快冷却速度;排除以上因素后,请专业人员检查处理
7	曲轴箱噪声增大	润滑不足、泵组停放不稳、供水压力流量不足、供水过滤器堵塞、齿轮磨损、轴承磨损、轴瓦磨损	检查润滑情况,补充润滑油;检查泵组停放情况,调整平稳;检查供水压力流量和过滤器,保证供水;排除以上因素后,请专业人员处理
8	输水管异常抖动	供水压力流量不足、供水过滤器堵塞、排液阀故障	检查供水,保证供水;排除前两因素,请专业人员处理
9	供水管路抖动	供水不足、进液阀故障	检查供水,保证供水;排除前两因素,请专业人员处理
10	高压泵无法达到额定压力	喷嘴直径过大、系统存在泄漏、输入转速过低、调压阀故障、进排液阀磨损	检查喷嘴,计算调整;检查系统,消除泄漏;检查转速,调整满转;排除以上因素,请专业人员处理
11	柱塞密封泄漏	柱塞冷却水泄漏、高压水微量泄漏、填料磨损、柱塞磨损、填料预紧不足、支撑磨损	注意区分高压水泄漏与冷却水泄漏;注意观测泄漏量;请专业人员处理
12	柱塞发热	冷却水不足、空转时间过长、处于磨合阶段、填料过紧、支撑损坏、柱塞磨损	检查冷却水,保证冷却;避免长时间空转;加强磨合阶段的检查测量;排除以上因素后,请专业人员检查处理
13	液力端出现杂音	供水压力流量不足、供水管内有空气、供水过滤器堵塞、阀芯阀片卡阻、阀芯阀片阀座损坏	检查供水系统,排除供水问题;排除以上因素后,请专业人员检查处理
14	调压阀溢流水失控	操作失误(泵组流量过大)、调节气压不足、气路堵塞、调压阀阀口损坏、调压阀阀杆卡阻、碟簧失效	检查操作问题,消除错误;检查气路问题,消除故障;排除以上因素后,请专业人员检查处理
15	安全阀滴水	阀芯复位不好、阀口被杂质阻塞、弹簧预设压力不准、阀口损坏、弹簧损坏	冲洗阀口,恢复密封;请专业人员检查处理
16	压力表指示不准;表内油面升高分层;表面玻璃外凸	压力表内漏、表内元件损坏	更换压力表

3. 高压泵的维修

(1) 维修周期

一级维修(小修):一般每次施工作业完成后,根据运行记录,结合常规保养,进行隐患故障排除。

二级维修(中修):一般在运行 300～400h 后,对重点部件检测、修理。

三级维修（大修）：一般在运行800～1000h后，进行彻底检测、修理。

（2）维修内容

一级维修（小修）：

① 检查维修填料函、柱塞的泄漏情况；

② 检查维修润滑油油泵、压力表、过滤器、过滤网、油管等；

③ 检查润滑油油量油质，必要时清洗更换；

④ 检查润滑油冷却器，必要时进行密封实验；

⑤ 解体检查维修调试调压阀；

⑥ 检查各部连接螺栓；

⑦ 消除漏油漏水现象。

二级维修（中修）：

① 包括全部小修项目；

② 检查填料函、密封填料、碳环、隔环、弹簧、油封、柱塞等，根据磨损程度更换修复（填料、碳环、油封）；

③ 解体检查维修进排液阀片、阀座；

④ 开箱检查传动齿轮的间隙以及表面磨损情况；

⑤ 开箱检查连杆大头瓦、小头瓦（套）的径向间隙和表面接触情况；

⑥ 开箱检查连杆大头瓦、小头瓦（套）的轴向窜量；

⑦ 开箱检查轴承间隙和磨损情况；

⑧ 根据3～6项检查结果更换修复；

⑨ 清洗更换润滑油，对润滑油冷却器做密封实验；

⑩ 校验高压泵与柴油机（电动机）联轴器的对中精度。

三级维修（大修）：

① 包括小修、中修全部内容；

② 检查、测量传动齿轮的磨损状况，根据磨损程度修复更换；

③ 更换修复连杆大头瓦、小头瓦（套）及十字头销恢复配合间隙；

④ 检查测量十字头、滑道（铜套）间隙，根据磨损程度修复更换；

⑤ 更换轴承恢复精度；

⑥ 更换柱塞恢复精度；

⑦ 更换阀芯、阀片、阀座，恢复密封；

⑧ 更换调压阀阀座、阀芯，恢复密封；

⑨ 检查校验安全阀，根据磨损程度修复更换；

⑩ 按标准进行全面检查、测量、修复、更换，将高压泵全面恢复到完好状态。

（3）维修作业的要求

① 重视资料

作业前，查看泵组运行记录、故障记录；

作业前，查看泵组技术档案和图纸；

拆卸解体过程中测量、拍照、记录磨损数据、偏移数据、损坏情况；

安装新零件前，对照图纸测量、检验、记录、备案；

配合零件安装前，测量配合情况，记录备案；

严格执行组装工艺，对每一步骤，记录操作者、检验人；

严格执行试车验收程序，认真填写记录，相关人员签字确认；

所有记录整理归档。

② 精细操作

拆卸下和安装前的零件，清洗干净后，整齐摆放在橡胶板上；

拆装过程中，正确使用工具和专用工具，禁止野蛮操作；

量具、工具与零件分别摆放，禁止混合摆放；

拆卸过程，注意检查零件的磨损和变化，认真分析原因；

对故障部位重点检查，注意保留原始记录（照片、实物）；

重要部位的配合零件，必须进行预装检验；

组装过程严格控制避免污物杂质混入机体，封闭前进行认真清理。

③ 抓住重点

a. 动力端的重点部位：

严格控制动力端齿轮啮合间隙；

严格控制曲轴颈、轴瓦配合间隙；

严格控制轴承品质和配合间隙；

保证十字头、滑道、铜套的配合间隙；

保证十字头销轴间隙。

b. 液力端的重点部位：

严格控制阀芯、阀片、阀座的密封面精度、硬度、材质；

保证阀芯、阀片导向段的精度；

保证阀片弹簧的材质和精度。

c. 填料函的重点部位：

严格控制柱塞、支撑环、填料密封的配合精度；

保证填料函体的材质。

d. 调压阀的重点部位：

严格控制阀芯、阀座密封面精度、硬度、材质；

保证阀芯导向段精度。

e. 安全阀的重点部位：

严格控制阀芯、阀座密封面精度；

精确调整弹簧预紧力。

f. 润滑系统重点部位：

认真检查油冷器有无泄漏；

确保润滑油泵好用。

（4）维修质量

① 动力端质量要求

a.齿轮啮合面，不能存在点蚀、断齿、变形、裂纹等缺陷；

b.齿轮啮合间隙标准

顶间隙为 1.0～1.5mm；

总侧间隙值为 0.30～0.35mm；

其中工作面间隙为 0.13～0.20mm；

非工作面间隙值为 0.20～0.25mm；

c.齿轮啮合接触点均匀分布，其接触面积

沿齿宽方向，应大于 60%；

沿齿高方向，应大于 45%；

d.曲轴齿轮为热镶式安装，柱销固定；

e.小齿轮轴的轴向窜动量为 1.5～2.0mm；

f.大齿轮轴的轴向窜动量为 3.0～3.5mm；

g.轴承轴径尺寸为　$\phi 55+0.02$mm；

　　　　　　　　　　$\phi 60+0.02$mm；

　　　　　　　　　配合公差 H7/m6；

　　　　　　　　　椭圆度 ± 0.02mm；

h.连杆大头瓦安装间隙为 0.12～0.15mm；

i.连杆大头瓦轴向窜动量为 1.5～2.0mm；

j.连杆小头瓦（套）安装间隙为 0.06～0.08mm；

k.连杆小头瓦（套）轴向窜动量 4.0～5.0mm；

l.十字头销与十字头铜套安装配合公差 H7/m6；

m.十字头与滑道安装间隙为 0.12～0.15mm；

n.曲轴瓦轴承合金与轴承衬结合牢固，不得有裂纹、砂眼、孔洞、剥离、夹渣等缺陷，工作表面应光滑、无划痕及硬点；

o.轴瓦与轴承座结合面应光滑，接触面积应在 75% 以上；

p.连杆大头瓦瓦口压量为 0.10～0.15mm；

q.曲轴、连杆及连杆螺栓无裂纹等缺陷；

r.传动轴及曲轴颈表面的光洁度、尺寸公差符合要求；

s.滚动轴承的精度应当符合国家标准，转动灵活自如、无轻重不匀的感觉，注意选用滚柱直径大、滚柱数量多的产品；

t.连杆大头瓦的连接螺栓，必须使用扭力扳手，按规定扭矩扭紧。

② 填料函质量要求

a.密封填料尺寸准确、切口平行、整齐，接口与轴心线呈 30°，采用专用模具压制后的尺寸，符合图纸要求；

b.组装填料时，按所装填料的圈数，将搭接的接头对称错开（3圈填料相错角度为120°），搭口不能处于同一直线上；

c.柱塞表面光洁度、圆度、直线度必须符合图纸要求；

d.柱塞表面不能存在划痕、裂纹、气孔等缺陷；

e.柱塞与填料的配合间隙为 H6/m5；

f.柱塞与碳环的配合间隙为 H7/h6；

g.柱塞密封面相关各零件，不允许存在明显的磨损。

③ 液力端质量要求

a.进排液阀片及阀座的密封面应平整、光洁，不能存在划痕、麻点、凹坑、气蚀、冲蚀、裂纹等现象；

b.阀片阀座应采用专用工具，进行研磨，并进行煤油检漏；

c.注意保证阀座、压盖等处静密封的组装效果，避免切伤密封圈；

d.阀片弹簧的自由高度应一致，误差不超过 1~1.5mm；

e.使用扭力扳手，按规定扭矩扭紧泵头螺栓、压盖螺栓。

④ 其他部位质量要求

a.调压阀旋转灵活好用，无卡涩现象，密封件无泄漏；

b.调压阀在额定工作压力范围内开启、关闭灵活准确；

c.安全阀在额定压力±5%范围内，开启释放；

d.安全阀开启后关闭彻底，不允许滴漏；

e.润滑油冷却器气密实验，0.8MPa、30min 内无泄漏；

f.高压泵与柴油机（电动机）联轴器对中精度为

径向跳动 0.04~0.06mm；

端面跳动 0.04~0.06mm；

端面间隙 4~5mm。

(5) 验收标准

① 试车步骤

a.启动发动机，空负荷运行 10~15min；

b.检查润滑油压力、液位、温度、箱体温度、轴承温度是否正常；

c.检查运行是否平稳，有无冲击、振动（异常）及杂音等现象；

d.负荷试车，转速、压力、温度、溢流水量能否达到规定要求；

e.调压阀灵活好用，可以彻底切断溢流水；

f.满负荷运转时，保持平稳、无杂音、轴承及箱体温度正常；

g.满负荷运转时，泵体振动符合标准 45.00mm/s；

h.满负荷运转时，密封填料泄漏<20 滴/min；

i.满负荷运转时，滚动轴承温度<75℃。

② 验收记录

验收记录见表 6-2。

表 6-2 高压泵试车验收记录

试车日期：20××年××月××日　　　　　　　　　　　　　　　　试车时间：××：××

高压泵组基础数据

用户编号		泵组型号		出厂编号		操作者	
额定流量		额定压力		试验介质		供水压力	
电机型号		额定功率		额定电压		额定电流	
		额定转速		防爆等级		出厂日期	
柴油机型号		额定功率				出厂编号	
		额定转速				出厂日期	
采购日期		启用日期		累计运转			
维修日期		维修人员		维修项目			
质量验收人		操作者验收		维修人验收		验收结论	

试车内容			第一阶段				第二阶段				第三阶段			
			A	B	C	均	D	E	F	均	G	H	L	均
项目	类别	单位												
压力	低、中、高	MPa												
流量	计量时间	min												
	计量容积	L												
转速	驱动机	r/min												
	柱塞冲次	min^{-1}												
柴油机状况	油压	MPa												
	油温	℃												
	水温	℃												
电动机状况	电流	A												
	温度	℃												
高压泵状况	油压	MPa												
	油温	℃												
	柱塞密封	滴/min												
	柱塞温度	℃												
	曲轴轴承温度	℃												
	主轴轴承温度	℃												
	垂直振动	mm/s												
	水平振动	mm/s												

③ 验收步骤

a. 维修人员、使用人员、管理人员共同参加验收；

b. 根据国家标准中试车程序和该泵组的技术参数，连续运行 0.5～1h，最少进行 3 次测量记录，确认各项指标应达到要求；

c. 测量内容包括：发动机转速、压力、流量、润滑油泵压力和温度、轴承温度、柱塞温度、柱塞密封、调压阀关闭和溢流、安全阀释放和关闭、机体振动、泵头振动等；

d. 验收维修记录，确认维修内容和更换的零件，查看维修任务单中各步骤的签字和组装参数记录是否齐全、准确，全部符合要求后，参加验收的人员分别签字确认。

第二节　柴油机的维护

1. 新柴油机的保养

① 在轻负荷下运转 20h；

② 运转 20h 后，检查和拧紧气缸盖螺母（冷车时检查）；

③ 新柴油机运转 50h 后，更换机油清洗曲轴箱、更换或清洗机油滤清器。

2. 运行保养（每运行 8h）

① 停车检查机油油量，不足时需要补充加足；

② 检查机器外部有无漏油及螺栓松动等现象；

③ 清除进风口和散热片间堵塞的杂物；清除柴油机外表的灰尘，确保外表清洁。

3. 日常维护

① 检查空气滤清器保养指示器，当出现以下情况时，需要清洗或更换空气滤芯：空滤堵塞指示器进入红色区域；空气流动阻力达到 6kPa（25 英寸水柱）。

油浴式空气滤清器应清洗钢丝滤芯，更换机油；

旋风式空气滤清器应清除集尘盘上的灰尘，纸质滤芯应当吹扫或更换；

② 检查风扇、发电机橡胶带的张紧程度，用手按压带的直线段，观察其凹陷程度，如果凹陷大于 20mm 时，需要进行张紧调整；

③ 检查蓄电池电压（使用专用电池放电能力测量器）和电解液密度（密度仪、环境温度 20℃时，示值应为 1.28～1.30），同时检查电解液液面高度，液面应高于极板上端 10～15mm，不足时应加注蒸馏水或电解液，电压不足时应及时充电，避免长期亏电，同时避免过充电；

④ 对所有注油嘴及加油孔加注润滑脂或润滑油，必须按照说明书规定加注，对容易产生锈蚀的部位适当涂覆油脂；

⑤ 检查燃油箱油量油品，根据气候温度更换适当的油品，长期停用时应当抽空燃油箱内的存油；

⑥ 检查发动机润滑油油面高度，液面应当处于油标尺上限下限之间，油量不足时，应及时补加到规定油量；

⑦ 检查喷油泵调速器机油平面，油面应达到机油标尺上的刻线标记，不足时应及时补充到规定油面；

⑧ 检查喷油泵传动连接盘连接螺钉是否松动，否则应重新调校喷油提前角，并拧紧连接螺钉；

⑨ 检查三漏（水、油、气）情况消除管路接头等密封面的漏油、漏水现象；消除进排气管、气缸盖垫片处及涡轮增压器的漏气现象；

⑩ 检查柴油机各附件的连接情况，包括各附件连接的牢固程度，地脚螺栓、高压泵连接螺栓的牢固程度；

⑪ 擦拭柴油机及附属设备的外表，用干布或沾有清洗剂的抹布擦拭机身、涡轮增压器、气缸盖罩壳、空气滤清器等表面上的油渍、水和灰尘，用压缩空气吹净发电机、散热器、风扇等表面上的灰尘；

⑫ 检查各仪表，观察读数是否正常，否则应及时修理或更换。

4. 深度维护

（1）清洗机油滤清器（一般每隔 200h 左右进行）

① 解体粗滤器，取出绕线式滤芯，用清洁的柴油清洗；

② 解体细滤器，取出离心式转子，清除壳体上的积炭，用清洁的柴油清洗；

③ 对一次性滤芯，需要更换滤芯。

（2）清洗燃油滤清器（一般每隔 200h 左右进行）

① 清洗或更换燃油滤清器，每隔 200h 左右，拆下滤芯和壳体，在柴油中清洗，同时应排除水分和沉积物，对于一次性滤芯需要更换滤芯；

② 更换油底壳中的机油，根据机油使用状况（油的污浊度和黏度），每隔 200～300h 进行一次保养。

清洗冷却水散热器，每年春季飞絮之后，拆除风扇的风圈，用压缩空气吹扫水箱散热片的外部缝隙，遇到空气杂质较多的情况，适时进行上述清理。

如果水箱内加注的是普通清水，每隔一段时间，需要用清水冲洗水箱和系统内的污垢。

5. 柴油机各缸工作状况的检查方法

① 听音法：用听诊器或借助金属棒，靠近喷油器的部位，倾听各缸爆发的声音。正常的声音类似金属敲击"当当"的声响。若只有"嘀嘀"连续不干脆的响声时，则该缸供油太少或是没有及时压燃。如敲击声很大，说明该缸供油量太大或喷油时间过早。

② 观色法：柴油机工作正常时，排出的废气颜色为淡灰色，负荷大时略深。

如排黑烟，说明可燃气体燃烧不完全。如排蓝烟，表明润滑油进入气缸内燃烧。如排白烟，则说明柴油机中有水，或可燃气体未燃烧也排白烟。如排气管断续排出，不正常的烟色，说明个别缸工作不正常。

③ 感温法：在柴油机启动后的最初阶段（工作一段时间后排气管温度很高，用手触摸会烫伤）用手触摸各缸排气管的温度，可鉴别各缸工作情况。如果各别缸排气管的温度比其他缸高，说明该缸供油量偏高；若温度低，则该缸供油量少或不喷油或喷油后没完全燃烧或不燃烧。

④ 脉冲法：用手捏紧高压油管，感觉喷油时的脉动情况，如脉动小、爆发声音弱、温度低的缸，供油量偏小。如爆发声音不正常和温度高，该喷油器喷油的油压下降，喷油雾化不良，或不能及时压燃和完全燃烧。如脉动大，爆发声音强，温度高的缸为供油量偏大。如爆发声音弱和温度低为喷油器孔或针阀卡死。

⑤ 断油法：为了准确判断哪缸有故障，可逐缸切断高压油管至喷油器油路，以观察柴油机工作状况的变化。切断某缸油路时，若柴油机转速和声音没有变化或变化不大，说明该缸工作正常。如柴油机间断敲缸，排黑烟时，切断某缸的油路后，故障现象消失，则说明故障原因就在该缸。

第三节　喷枪和脚阀的原理结构与维护

高压水清洗施工中，使用的脚踏阀和手持喷枪，根据其开关阀的形式，分为截止型、溢流型、电控型（参见图 3-32～图 3-34）。

截止型喷枪的开关阀，在松开扳机（停止喷射）时，喷枪阀处于关闭（截止）状态。当握紧扳机（开始喷射）时，喷枪阀处于开启（连通）状态。截止型喷枪的开关阀，通常是在阀芯的后部，设置有弹簧，将阀芯压向阀座，实现初始密封，然后借助高压水的作用力，在阀芯上施加更大的力量，使喷枪阀关闭得更严密。当需要开启喷枪时（喷射工作），通过操作人员握紧喷枪扳机，经过扳机的杠杆结构，将阀芯抬起，打开高压水通向喷嘴的通道，这时扳机需要克服阀芯弹簧的弹力，还要克服高压水的作用力，这两个力的总和，相对人员手部的握力，大得难以承受。所以，操作人员在清洗作业过程中，长时间要承受较大的手部握力，劳动强度较大比较辛苦。有时会出现没有完全握紧扳机，阀芯没有完全打开，处于半开启状态，此时高压水对阀口的冲蚀会非常严重。这也是截止型喷枪故障率较高的一个原因。

溢流型喷枪的开关阀，是一个入口、两个出口的阀，入口（高压水）始终与一个出口（喷嘴）保持连通，另一个出口与溢流口连通（直径很大的出口）。在松开扳机（停止喷射）时，喷枪阀处于两个出口全部开启（连通）状态，由于溢流口有很大直径的开口，可以大量释放流量，泵组无法建立清洗压力。当握紧扳机（开始喷射）时，喷枪阀芯将溢流口关闭，使全部流量集中从喷嘴射出，这时泵组的流量要通过很小的喷孔挤出，使得泵组系统压力上升，达到清洗工作压力。当需要开启喷枪时（喷射工作），通过操作人员握紧喷枪扳机，经过扳机的杠杆结构，将阀芯压向阀座，关闭高压水通向溢流口的通道，这时扳机需要克服阀芯弹簧的弹力（该弹力仅是阀芯复位的弹力，远远小于截止阀的阀芯密封弹力），溢流阀不需要克服高压水的作用力，这样操作人员手部需要的握力大幅降低。当阀芯与阀座关闭严密后，高压水的作用力会将阀芯压向阀座，这时，操作人员会感觉握力进一步减小。所以，操作人员在清洗作业过程中，劳动强度较小，比较轻松。溢流型喷枪不容易出现没有完全握紧扳机，阀芯没有完全关闭，处于泄漏状态的情况，这样会减少高压水对阀口冲蚀的问题。这也是溢流型喷枪故障率较低的一个原因。

经过国内外很多企业的摸索和实践，美国 StoneAge 公司溢流型脚踏阀的阀座阀芯设计，以其结构简单、更换方便、寿命较长、开关力度较小、喷枪脚阀通用，得到大家的推崇。所以很多企业采用这种结构生产喷枪及脚踏阀，也有一些企业利用这种结构改造自己的喷枪及脚踏阀。目前在清洗行业这种结构，几乎成为通用的标准配件。

这种结构粗略观察时，感觉非常简单，没有技术含量和加工难度。所以有些企业在加工制造时，感觉已经与原始产品非常相似，但是使用状况却相差甚远。该结构有一些关键位置，需要理解原始设计的理念，并遵守正确的技术措施，才能达到寿命较长、开关力度较小的效果。

图 6-1 即前述的经典阀座与阀芯，通过视图可以了解，其阀芯的直径与阀座的出水口直径，存在一个微小的直径差，这个差值是设计者精心计算的结果，它科学地利用这个差值，使阀口开启时，高压水作用在阀芯直径的截面（较大的截面），当阀口关闭后，高压水仅作用在其差值的环形截面（很小的截面）。这样就可以实现，关闭阀口的初期，需要稍大一些的力量，当阀口关闭后仅需要很小的力量就可以保持。

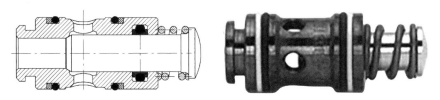

图 6-1　溢流型阀座阀芯标准套装配件

该阀座阀芯的动密封（内孔部位）是其核心技术，美国 StoneAge 公司从不单独销售该密封组件（图 6-2）。由于密封件已经安装在沟槽内，只有破坏后才能取出，所以很少有人看到新密封件的形状与尺寸。国内很多仿制的产品，没有正确理解该密封的原理，采用了一些简单的密封元件替代，使得几乎完全一样的阀座阀芯，寿命大幅下降。美国 StoneAge 公司采用的密封是一种组合密封，并不是神秘的技术，在专业密封领域是一类高压密封产品。普通的 O 形圈密封，由于材质偏软，在高压水的作用下，会被挤压入阀芯与阀座内孔的间隙，并在阀杆往复运动中被撕碎，其碎渣使阀杆运动受阻，阀口关闭不严密，很快就产生阀口损坏。为防止 O 形圈挤入间隙，采用较硬的工程塑料异形环，挡住间隙、减少摩擦，可以很好地解决上述问题。一个很小的细节，非常容易被忽略，却会对使用寿命产生很大的影响。

这种组合密封的安装，需要掌握一种专业技术（图 6-3、图 6-4）。由于密封圈的沟槽在直径很小的轴孔内部，观察和操作都比较困难。同时密封圈的外径大于轴孔的内径，无法采用常规的安装方法，需要在组装之前将密封圈加热后预先弯曲成腰形。将其装入沟槽后再用特殊工具将其恢复原状。这一操作需要特别细心，防止在反复弯曲的过程中，将密封圈损伤。还要在恢复后，尽量使密封圈恢复到原有的几何形状和尺寸精度，保证其密封的可靠性。

图 6-2　组合密封安装后的状况

图 6-3　采用标准套装阀组的脚踏阀

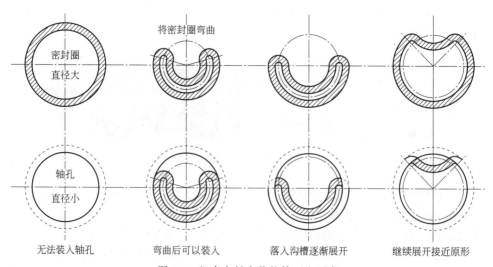

图 6-4　组合密封安装的技巧和要求

喷枪阀的原理与脚踏阀相同，现在很多喷枪阀，同样采用上述的标准套装阀组，维修保养的技术要求基本一致，在此就不再重复论述。

第四节　控制系统的维护

近年来，高压清洗泵组采用自动控制系统逐渐成为主流。希望清洗施工企业的同行们进一步了解自动控制系统的工作原理、元件功能、故障排除方法；消除陌生感和恐惧感；充分利用自动控制系统的功能，减少企业高压泵组的故障率，提高泵组寿命。

以前，在劳动力充足的情况下，高压水射流清洗施工时，可以安排专人（司泵）监护泵组的运行、保证泵组的安全。现在，人力资源越来越紧张，很难安排专人监护泵组。清洗现场采用高压泵组自动控制系统，节省出司泵人员，投入到清洗操作，成为多数清洗公司的选择。

清洗施工现场的部分操作人员，对于自动控制系统比较陌生，产生恐惧心理和抵触情绪的情况比较常见，使得一些企业不能正常应用这一技术。从企业管理的角度，应当通过培训和疏导改变这种情况，顺应技术发展的趋势。

"自动控制系统故障率高、耽误清洗施工"是一种误解和推脱。"自动控制系统产生故障难以排除，必须依靠专业人员处理"也是一种误解和推脱。现在手机的操作系统比泵组的操作系统复杂得多，多数清洗人员都可以熟练地操作手机，只要经过培训，清洗人员完全可以操作泵组的自动控制系统。同样，泵组控制系统的故障率，不会比手机系统的故障率高。只要了解工作原理，按照程序操作，及时判断故障、排除故障，保证泵组正常运行并不困难。

自动控制系统会通过安全联锁保护程序，避免泵组发生恶性事故（超压爆裂、曲轴烧损、抽空、气蚀等）。自动控制系统可以保证泵组在良好状态下运行，提高使用寿命、减少维修次数。自动控制系统还可以将泵组运行状态自动记录、输出，使得企业更准确地了解设备状况、建立档案、开展计划维修。避免出现进入现场前，泵组检查"正常"，开始施工不久后，泵组就"趴窝"，耽误清洗施工、影响企业形象的被动状况。

早期的自动控制系统是采用继电器、接触器、计时器组成程序控制系统（图6-5），元件多、接线点多、开关点多、回路复杂、故障频繁。现在这类产品基本已经淘汰。部分早期进口的泵组采用这种控制系统，现在很难采购到维修配件。但是目前可以自己动手，采用国内自动控制系统进行升级改造，也可以委托有能力的厂家进行升级改造。

目前高压泵组的自动控制系统（图6-6），多数采用嵌入式单片机控制器（SCM、MCU、SoC），很少采用可编程序控制器（PLC）。

嵌入式单片机控制器的本质，是将一个微型计算机嵌入到一个控制对象的体

图 6-5　早期的继电器和控制系统

图 6-6　柴油机嵌入式单片机控制器

系中，实现智能化控制。它是以微处理器为核心的微型计算机，以其体积小、高度集成、功能强大、性能可靠、价格低廉为特点，广泛应用在工业产品、家电产品（机器人、手机、洗衣机）中。现在我们的工作和生活中，几乎无处不见嵌入式单片机的身影。

单片机控制器虽然具有以上优点，但是也存在一定不足。其控制程序需要采用专用设备写入微处理器。一般都是由控制器的生产厂家完成，之后基本无法修改。用户只能按照操作界面的菜单，进行简单操作，无法按照现场情况和企业需求调整修改控制程序。对于一些具有特殊要求的用户，不是很适用。

高压清洗泵组中，有两个独立的机械部分，需要采用自动控制系统监控运行状态。

其一，是柴油机的运行控制。通过自动控制系统对柴油机的转速、温度、振动等参数进行采集、计算，控制喷油量、喷油时间，实现充分燃烧、提高功率、节省燃油、降低排放的目的。同时对柴油机的运行状态进行监控，防止发生超温、飞车、亏电、缺油等故障。

其二，是高压泵的运行控制。通过自动控制系统对高压泵的供水压力、过滤压差、泵组转速、出口压力等进行采集、计算、比较，实现对泵组液力端流体状态的监控。输出控制信号，实现防止超压、防止抽空、自动响应、匹配转速的功能。同时对泵组动力端润滑油的压力、温度进行检测及安全联锁保护，防止发生曲轴烧损事故。

目前多数柴油机已经采用电喷技术，单片机控制器是必选配件。所以，柴油机部分的控制器技术已经非常成熟可靠。

有些柴油机的控制器，具有预留的控制回路，将高压泵的控制信号接入该回路，便可以实现对高压泵的控制和保护。这种方案比较简单、廉价，但是控制效果不是很理想。

柴油机控制器中预留的控制方案，与高压泵要求的控制方案略有差别，应当对控制器的程序进行修改和调整。可是柴油机控制器的厂家，认为高压清洗泵是小批量产品，不重视、不配合，导致高压泵的生产厂商无法实现程序修改。目前，不少高压泵的生产厂商，只能采用这种不太称心的控制器，作为高压清洗泵组的控制元件。

有些高压泵生产厂商，经过努力寻找，发现一种柴油机驱动消防泵的控制器（图 6-7、图 6-8）。这种消防泵的控制原理，非常接近高压清洗泵组的控制要求。而且，该控制器的编程非常开放，给用户预留了很多的调整修改窗口。用户可以根据自己的情况，修改传感器的类型和参数，修改泵组的控制参数，修改部分模块的控制方式。采用这种控制器配套的高压泵组，可以实现比较科学、完善的监控，其控制状态超过中档的进口泵组，与高档的进口泵组的控制功能很接近。

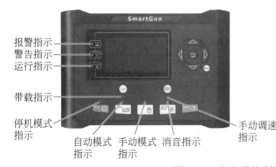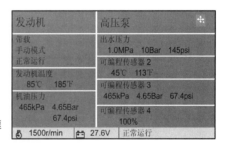

图 6-7 消防泵控制器面板显示

图 6-8 消防泵控制器接线端子

控制器的另一种形式为可编程序控制器（PLC），在高压泵组中应用的较少，见图6-9。可编程序控制器采用多个独立的功能模块，按照用户的需求进行组合，形成自动控制系统。用户可以随时对系统和模块进行重新编程、修改设置，对于具有特殊要求的用户非常灵活方便。但是，编程需要专业人员才能完成，而且其成本远远高于嵌入式单片机。

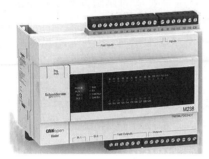

图6-9　PLC可编程序控制器及控制柜

可编程序控制器（PLC）的原理为，控制器内部具有可以由用户输入编制程序的存储器；有执行逻辑运算、顺序运算、计时、计数和算术运算等操作指令的运算器；有能通过数字式或模拟式的输入和输出端口，组合形成控制各种机械或生产过程的控制系统。

各控制器的性能综合比较见表6-3。

表6-3　各控制器性能综合比较

控制器类型	继电器	单片机	PLC
元件数量	较多	最少	较少
配件供应	困难	方便	方便
开关接点	较多	最少	较少
控制回路	复杂	简单	简单
故障率	较高	较少	较少
匹配传感器	单一陈旧	多选新型	多选新型
程序修改	不可以	较困难	方便
操作方便	复杂	简单	简单
自动反馈	很难实现	可以实现	可以实现
硬件成本	较高	较低	较高
综合评价	差	优	中

早期压力、温度、转速等信号的采集，主要采用机械式、开关信号、模拟信号的感知元件（图6-10），如压力继电器、压力开关、感压塞、感温塞、温度继电器、温度开关、软轴转速表等，这类产品结构复杂、灵敏度差、体积大、故障多，目前处于逐渐淘汰的阶段。

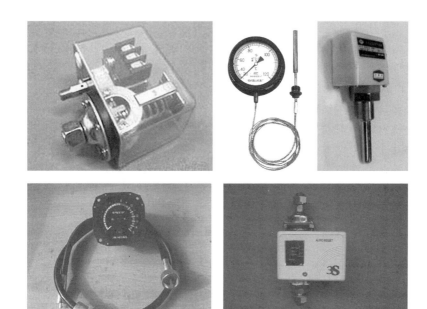

图 6-10　早期的压力继电器、温度继电器、软轴转速表等

现在压力、温度、转速等信号的采集，主要采用数字信号的传感器（图 6-11）。这类产品结构紧凑、灵敏度高、体积小、故障少，目前处于大力普及应用的阶段。

图 6-11　工业压力传感器和车用压力传感器

传感器的感知功能分为热敏形式、光敏形式、气敏形式、力敏形式、磁敏形式、湿敏形式、声敏形式、放射线敏感形式、色敏形式和味敏形式。高压泵组自动控制中，主要应用力敏形式、热敏形式、磁敏形式三类传感器。

油压传感器、高压泵出口水压传感器、供水压力传感器、过滤器压差传感器、气动调压传感器等，均属于力敏形式传感器。

柴油机水温传感器、柴油机油温传感器、高压泵油温传感器等，均属于热敏形式传感器。

转速传感器，属于磁敏形式传感器。

压力传感器是力敏形式传感器的一类分支。其工作原理为：经过连通管路将被测压力介质，引至检测界面的内侧，在该界面的外侧粘贴有应变片或涂镀有特殊物质。当界面基体受力发生应力变化时，其表面涂镀的物质或电阻应变片与界面一起产生形变，使其内部的电阻值发生改变。通过传感器内置的芯片，将产生变化的电阻信号放大，再经过 A/D 转换和 CPU 处理，输送至显示器或执行机构。

温度传感器是热敏形式传感器的一类分支。在温度传感器中又根据检测原理分为多种形式的传感器。高压泵组经常采用的是双金属形式、电阻形式的温度传感器。

双金属形式温度传感器的工作原理为：将传感器的探测头伸入被测介质，在探测头内部有两种不同热膨胀系数的金属片，其两端被固定在一起。由于介质的温度使两片金属产生不同的热膨胀量，引起双金属片产生弯曲，使金属片表面的应变片或涂镀特殊物质的电阻值产生变化，通过传感器内置的芯片，将产生变化的电阻信号放大，再经过 A/D 转换和 CPU 处理，输送至显示器或执行机构。

电阻形式温度传感器的工作原理为：将传感器的探测头伸入被测介质，在探测头内部检测界面涂镀有特殊物质。当界面温度产生变化时，其表面涂镀的物质的电阻值发生改变。通过传感器内置的芯片，将电阻信号放大，再经过 A/D 转换和 CPU 处理，输送至显示器或执行机构。

工业应用的传感器（图 6-12）精度高、价格高、寿命低。车用传感器（图 6-13）精度低、价格低、寿命高。车用传感器更适合高压泵组的使用要求。

图 6-12　工业应用的传感器

图 6-13　车用传感器

磁敏式转速传感器（图 6-14）是磁敏形式传感器的一类分支。高压泵组常用的转速传感器，由电磁式感应探头和柴油机飞轮盘齿圈配合进行测速。将探头安装在距离齿圈顶部 0.5～2mm 处，当齿圈旋转时，齿顶与齿根交替扫过传感器的探头。当齿顶与探头相对时，两者的间隙最小，传感器中感应线圈的磁场最强，当齿根与探头相对时，两者的间隙最大，感应线圈的磁场最弱。磁通的交替

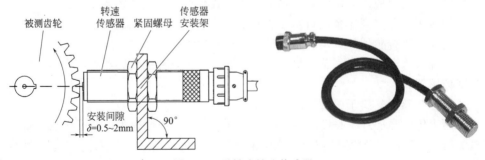
图 6-14　磁敏式转速传感器

变化，感应线圈产生交变电压，此电压的频率与柴油机转速成正比。通过传感器内置的芯片，将电压频率信号与齿圈齿数换算，再经过 A/D 转换和 CPU 处理，输送至显示器或执行机构。

传感器输出的信号有模拟量、数字量、开关量的区别，输出信号的电压、电流、电阻、频率也有一些区别。

为保证传感器与控制器之间信号的有序交互传递，有相应的国际标准对信号进行规范和约束。但是，由于工业传感器的输出信号标准与车用传感器输出信号标准有一些不同。在高压泵组的控制系统中，可能会同时使用工业和车用传感器。这样，我们选用的控制器最好是兼容这两种标准，并允许用户根据选用传感器的输出信号进行选择与修改，有利于使用中采用较好的传感器替代原有的传感器。

目前中档高压泵组采用的控制方案，一般是安全联锁保护型（图 6-15）。即泵组出现异常（超温、超压、缺油、缺水等）情况时，停车报警、记录故障。这类泵组控制方案适用于刚刚起步的清洗企业。他们对泵组不是很熟悉，不能提出更好的运行方案，不具备追求最经济、最合理、最高效的操作能力，仅追求安全施工、避免重大事故即可。对于这类企业，采购时需要关注，控制系统监控点是否全面，防止重要的安全因素未能纳入监控范围。

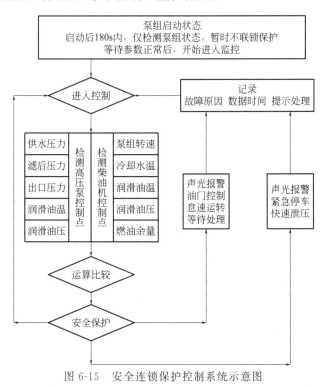

图 6-15　安全连锁保护控制系统示意图

高档高压泵组，会在安全连锁保护的基础上，增加自动响应的功能，见图 6-16。

压力优先的功能：开始工作前，通过操作窗口，设定泵组本次清洗作业的工作压力。工作中，每当喷枪开关打开、喷嘴喷射时，泵组自动优先将压力提升至设定压力，保证喷枪的清洗压力。此时泵组转速只要在合理范围，控制系统维持稳定运行。如果超过最高转速或低于最低转速（怠速），泵组自动报警提示，要求调整喷嘴配置、修改压力设置。该功能可以辅助司泵，将泵组调整到理想的工作状态，并优先保证清洗压力。

转速优先的功能：开始工作前，通过操作窗口，设定泵组本次清洗作业的转速（泵组转速与泵组流量成正比，某一转速对应某一流量，额定转速对应额定流量，转速优先可以理解为流量优先）。清洗工作中，每当喷枪开关打开、喷嘴喷射时，泵组自动优先将转速提升至设定转速，保证泵组的清洗流量。此时泵组压力只要不超过额定压力，控制系统将维持稳定运行，如果超过额定压力，泵组自动降低转速，将泵组维持在额定压力运转。该功能可以辅助司泵，将泵组调整到理想的工作状态，并优先保证泵组设定的转速（保证清洗流量）。

喷嘴匹配的功能：当采用自动控制状态时，泵组会通过监测转速、压力的匹配情况，向司泵提示喷嘴与泵组匹配是否合适，并建议司泵增加或减少喷孔数量或直径，辅助司泵充分发挥泵组的潜在能力。

避免长时间待机的功能：泵组清洗作业过程中，如果长时间待机运行，会造成燃油消耗、泵组磨损。自动控制系统，可以通过设定待机时间、远程控制等方式，避免出现待机时间过长的状况。

故障记录的功能：自动控制系统将泵组在运行中出现的故障，准确地累计在系统的存储器中，并通过显示屏提示司泵进行排除，对于严重的故障，控制系统会报警停车，防止损失扩大。

运行数据提取的功能：自动控制系统将泵组空负荷运行的起止时间、满负荷运行的起止时间、故障记录、维修记录等大量运行参数，记录在存储器中，并允许用户通过数据接口采集。该功能对设备管理会产生重要作用。设备租赁公司可以利用该功能，准确计算泵组的使用时间。清洗企业可以利用该功能，准确考核现场清洗作业的状况，实现远程掌握现场作业状况。

提示维护保养的功能：自动控制系统可以设置维修保养周期，在运行过程中提醒用户按时进行设备的维护保养，防止发生遗忘。

模块化操作功能：自动控制系统将操作界面进行模块化设计，方便用户的调整与操作。当泵组更换不同压力等级的液力端后，只要将控制系统切换至相应的压力等级模块，一系列的设置同时匹配到位，大幅简化操作难度。

监控水箱液位和温度的功能：泵组在作业中如果水箱缺水或水温过高，会使泵组产生抽空、气蚀、动力端润滑油温度过高、柱塞冷却水温度过高的状况，这些问题会降低泵组的使用寿命。该功能可以避免泵组在不良状况下运行。

监控柱塞密封泄露和温度的功能：自动控制系统通过监控柱塞冷却水的温度

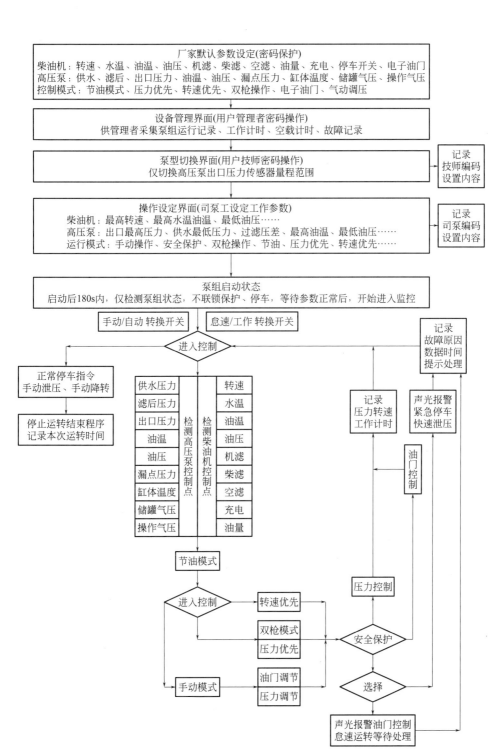

厂家默认参数设定(密码保护)
柴油机：转速、水温、油温、油压、机滤、柴滤、空滤、油量、充电、停车开关、电子油门
高压泵：供水、滤后、出口压力、油温、油压、漏点压力、缸体温度、储罐气压、操作气压
控制模式：节油模式、压力优先、转速优先、双枪操作、电子油门、气动调压

设备管理界面(用户管理者密码操作)
供管理者采集泵组运行记录、工作计时、空载计时、故障记录

泵型切换界面(用户技师密码操作)
仅切换高压泵出口压力传感器量程范围

记录
技师编码
设置内容

操作设定界面(司泵工设定工作参数)
柴油机：最高转速、最高水温油温、最低油压……
高压泵：出口最高压力、供水最低压力、过滤压差、最高油温、最低油压……
运行模式：手动操作、安全保护、双枪操作、节油、压力优先、转速优先……

记录
司泵编码
设置内容

泵组启动状态
启动后180s内，仅检测泵组状态，不联锁保护、停车，等待参数正常后，开始进入监控

手动/自动 转换开关　　　怠速/工作 转换开关

进入控制

记录
故障原因
数据时间
提示处理

正常停车指令
手动泄压、手动降转

停止运转结束程序
记录本次运转时间

检测高压泵控制点：供水压力、滤后压力、出口压力、油温、油压、漏点压力、缸体温度、储罐气压、操作气压

检测柴油机控制点：转速、水温、油温、油压、机滤、柴滤、空滤、充电、油量

记录
压力转速
工作计时

声光报警
紧急停车
快速泄压

油门
控制

节油模式

进入控制

转速优先

双枪模式
压力优先

手动模式

油门调节
压力调节

压力控制

安全保护

选择

声光报警油门控制
怠速运转等待处理

图 6-16　自动控制系统控制程序示意图

变化和压力波动，可以掌握柱塞的泄漏状况和柱塞的磨损状况。该功能可以提醒司泵，进行主动维护的作业。

监控泵组振动幅度的功能：自动控制系统通过监控泵组的振动幅度和频率，感知泵组的轴对中状态、曲轴间隙、十字头间隙等，对泵组运行状况进行监控，平时数据有助设备状态分析，出现较严重状况时报警停车，避免损失扩大。

监控进排液阀严密程度的功能：自动控制系统通过监控泵组进出口液体的压力波动，感知泵组进排液阀组开关的严密程度。当压力波动范围超过设定值时，表示进排液阀口磨损得比较严重，需要进行维修处理。该功能可以有效避免进排液阀口产生更严重的冲蚀。

监控溢流阀严密程度的功能：自动控制系统通过监控溢流阀排水的流量，感知溢流阀口的严密程度，当溢流阀排水流量超过设定值时，表示溢流阀磨损得比较严重，需要进行维修处理。该功能可以有效避免溢流阀口产生更严重的冲蚀。

监控空压机的功能：自动控制系统通过监控空压机油温、储罐气压等，感知空压机的运行状况、压缩空气的储备状况。该功能当发现问题时，提示司泵排除故障，避免由于气压不足，导致泵组的气动控制和气动清洗机具发生损坏。

加密保护程序安全的功能：自动控制系统将控制程序分为多个操作层面，通过分层加密保护，对管理人员、技术人员、操作人员、维修人员，分别开放对应的操作界面，并对核心程序进行重点保护与一键恢复，避免控制系统出现崩溃瘫痪，出现问题可以恢复初始设置。

增加如此多的功能，似乎需要添加很多硬件，增加很多麻烦。实际只是利用已经采集到的数据参数，进行逻辑运算、分析对比，通过添加一些程序语句即可实现上述功能。在增加大量控制功能的过程中，几乎不需要增加硬件。

当泵组的自动控制系统具备了这些功能，泵组的安全性、适用性，会有大幅提升。同时故障率下降、使用寿命延长。我们没有理由拒绝技术进步带来的效益，大家更应当尽早体验自动控制系统带来的安全和方便。

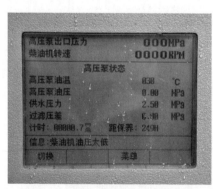

图 6-17　自动控制系统的显示屏

有人担心自动控制的电子元件，会提高故障率，在施工现场发生故障不好处理。其实这样有些多虑，现在的电子元件可靠度大幅增加，个别元件发生故障也不会影响泵组的运行。单片机的结构与手机接近，已经越来越稳定可靠。与现在智能手机的操作系统相比，泵组的自动控制系统（图 6-17）并不算复杂，操作上更简单一些。大多数操作人员可以很快地掌握。

经过以上的分析，我们对自动控制系统的各个部分有了一定的了解。在今后的采购选型时，可以与供应商充分沟通，争取获得符合企业使用要求的控制系统和传感器元件。

在选择系统控制器方面，我们应当首选单片机形式的控制器。其价格较低、功能适用、高度集成、故障较少，是性价比很高的方案。但是，需要仔细查看说明书、咨询供应商，确认控制器的用户界面是否足够开放，以便用户在更换传感器型号后，可以通过修改设置，使控制器适应新的传感器。控制器还要对用户开放，允许修改不影响安全操作性能的参数。

在选择系统控制方案方面，我们应当根据泵组的状况和司泵的素质，合理地进行选择。对于超高压泵组、高素质司泵，最好选择较高档的自动控制方案。反之，应选择较低档的安全联锁保护控制方案。不论采用上述哪种方案，都要比传统的无保护型操作系统要安全可靠。

在选择传感器方面，我们应当首选车用传感器。柴油机部分通常配用的都是车用传感器。高压泵部分的油压、油温、供水压力、过滤器压差、冷却水压力、柱塞温度等传感器，选择车用传感器完全可以满足使用要求。这些传感器在汽车中大量应用，有专门的质量部门进行监督、有大量用户反馈意见、采用批量化生产，比工业应用的传感器性能可靠、价格低廉、供货充足、互换通用、厂家众多，所以是首选产品。高压泵出口的水压传感器，需要很高的耐压等级，车用传感器中没有相应的产品，只能选择工业传感器。在选择时，其精度等级不要追求过高，显示精度在个位数已经可以满足使用要求。过高的显示精度，导致价格大幅增加、寿命大幅降低。目前很多国产品牌，价格仅是进口产品的十分之一，寿命并不低于进口产品。

建议有能力的用户，根据自己的使用经验不断完善优化控制程序，使高压泵组的自动控制系统向我们的手机系统一样，越来越安全、方便、完善、人性化。用户的反馈意见，是系统提升改造的重要依据和动力，清洗泵组的用户都有责任，向生产厂商提出修改建议，促进系统升级。

对于传统泵组，因其设备老化、配件断档，升级改造是必然规律。现在的自动控制系统，给用户入门提供了极大的方便，不需要太多的专业技术，就可以完成升级改造。

控制系统的升级改造，只要逐个确认泵组原有的检测点、传感器，对符合新控制器要求的传感器继续留用，对不符合要求的传感器采用新型产品替代，然后通过线路将传感器的信号，接入控制器对应的接线端子，升级改造就大功告成了，见图6-18。

如果希望将传统柴油机泵组升级改造至高档系统，需要对柴

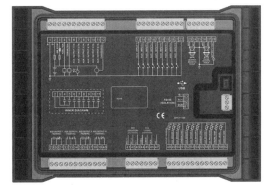

图 6-18　控制器接线端子，只要对号入座即可

油机的机械式油门进行升级改造。现在，这项改造也不困难。可以直接采购电子油门控制器或油门电机等产品，与传统柴油机的机械油门连接固定后，将信号线路、控制线路接入控制器对应的接线端子即可。其余的控制动作，不需要机械硬件的改造。控制器的软件程序，即可完成机械油门升级至电子油门的改造。升级后泵组的节省燃油、降低磨损、安全运行都将产生本质性的变化。

通过上述分析讨论，可以认识到采用自动控制系统非常必要，是技术进步的发展趋势。从学习掌握方面难度不大，其难度不会超过手机新功能的学习，通过简单的学习和实践完全可以掌握。希望看到更多的清洗同行，加入学习、应用、完善自动控制系统的队伍中。

第五节　供水系统的维护

高压水清洗泵组完整的供水系统（图 6-19），应当包括水箱、增压泵（离心泵）、过滤器、水压监测装置、连接管路等。经常性的维护工作是清洗更换过滤器。

图 6-19　完整的供水系统

现在多数泵组配置的是布袋式过滤器（图 6-20），这种过滤器比较适合清洗泵组的使用。过滤棒式过滤器（图 6-21）的清洗比较困难，使用成本比较高。Y形金属网过滤器（图 6-22），不适合安装在高压泵的入口附近。因为在使用中，高压泵入口阀不严密时，产生的泄漏脉动，会将金属网震碎，流入液力端、调压阀、喷头等处，造成卡阀、堵塞喷嘴等故障。同时 Y 形过滤器的过滤精度和过滤面积都不能满足高压泵的要求。对于老旧的高压泵组，应当尽早采用不锈钢罐布袋式过滤器，替换那些不合格的过滤器。高压泵入口供水清洁、阻力小，可以保证其长周期稳定运行，用户必须高度关注供水过滤器。

图 6-20　不锈钢快开罐、布袋式过滤器和过滤布袋

图 6-21 过滤棒式过滤器

图 6-22 Y形金属网过滤器

高压泵组在运行过程中，必须经常检查过滤器的状况。有些泵组的供水系统，具有供水压力低于 $0.2\sim0.3$MPa 时报警保护及过滤器堵塞报警保护，是非常必要的保护措施。如果泵组供水压力不足、过滤器堵塞，泵组内非常容易产生气蚀现象，会对泵头内很多零件造成伤害。如果泵组没有安全联锁保护，需要司泵人员严格按照操作规程进行巡检，及时发现问题排除故障。

清洗更换过滤器时，必须认真拆装。防止在拆装的过程中，将杂质落入滤后管路或滤罐。清洗布袋或滤棒时，需要用清水从滤后的表面，向滤前的表面冲洗，避免杂质接触、黏附在滤后的表面上。安装前需要认真检查布袋、滤棒，是否出现漏洞、针孔、裂缝，发现上述问题不能继续使用，应当及时更换新的布袋或滤棒。

维护供水系统时，应当定期检查水箱的清洁状况，发现杂质过多时，应当及时排污清洗。同时检查水箱的液位计、液位开关、液位阀门是否完好灵敏。

维护供水系统时，应当定期检查水压传感器、压力表是否完好灵敏。

维护供水系统时，应当定期检查增压泵（离心泵）的传动带，检查传动带是否老化现象（出现裂纹、表面干硬），检查传动带的张紧程度（用手按压传动带的直线段，其凹陷不应大于 $15\sim20$mm），出现问题及时处理。

维护供水系统时，应当定期检查供水管路中的橡胶软管，检查是否出现老化现象（出现裂纹、表面干硬），出现问题及时处理。

冬季维护供水系统时，应当认真检查水箱、过滤罐、管路、增压泵（离心泵），排水是否干净彻底（采用压缩空气吹扫），避免发生设备冻裂事故。

第六节 润滑系统的维护

高压水清洗泵组完整的润滑系统（图 6-23），应当包括润滑油泵、润滑油过滤器、润滑油冷却器、润滑油压力和温度监测装置、润滑油连接管路等。

高压清洗泵组的润滑系统，一般应当在动力端吸油口附近，配置磁性吸附装置，将磨损产生的金属微粒吸附。应当配置换热面积足够，夏季高温、满负荷、连续运转的油冷器。应当配置符合过滤精度（不低于 10μm）、具有堵塞程度显

图 6-23　完整的润滑系统

示的过滤器。应当配置润滑油压（低于 0.2MPa）、油温（高于 65℃）的报警保护装置。应当配置润滑油通过曲轴油道，对轴瓦进行润滑、降温的回路。

　　在维护润滑系统时，应当检查磁性吸附装置、过滤器指示器，发现金属微粒较多、过滤器指示进入红区时，需要及时清洗磁性吸附装置、更换过滤器。应当检查润滑油管路和接头，是否出现渗漏、鼓泡等现象，发现问题及时处理。应当检查冷却水管路，是否出现老化、堵塞泄漏等情况，发现问题及时处理。应当检查监测装置的元件（传感器、压力表、压力开关等），是否完好、灵敏，发现问题及时处理。应当定期检查曲轴端部的机械密封是否完好，保证润滑油充足地输送至轴瓦部位，发现问题及时处理。

　　冬季维护润滑油系统时，应当认真检查油冷器和冷却水管路，排水是否干净彻底（采用压缩空气吹扫），避免发生设备冻裂事故。

第七节　喷头喷嘴的维护

1. 喷嘴的研磨与处理

　　要想保证喷嘴的射流，靶距较长、打击力强、密集、功率转化效率高，必须认真处理喷嘴的内锥面、喷孔的直线段、喷孔出口的环形棱线。只有这些位置达到光洁度高、形状精确、棱线完整、没有凸起、没有凹陷、没有缺口，才能保证射流质量好。

　　喷孔的内锥面、喷孔的直线段、喷孔出口的环形棱线属于高精度部位，应当采用专用的研磨胎具和金刚石砂轮，进行研磨修复，见图 6-24。

　　研磨内锥面、喷孔的直线段之前必须彻底清洗研磨胎具和喷嘴，确保清洁程度，避免杂质划伤胎具和喷嘴。研磨喷嘴时，在胎具表面和喷嘴研磨表面涂覆适量研磨剂，将胎具与喷嘴研磨表面贴合，通过台钻的旋转和上下运动，对喷嘴进行研磨。每研磨 3～5min，需要清洗胎具和喷嘴，清除旧研磨剂和铁屑微粒，查看研磨效果。根据具体情况调整研磨剂的粒度。粗研磨时（硬质合金喷嘴），采

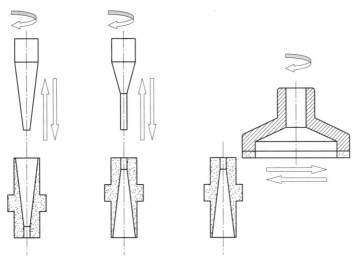

图 6-24　喷嘴内孔、直线段、出口棱线的研磨与精密磨削示意图

用粒度为 W28 的金刚石研磨膏。精研磨时（硬质合金喷嘴），采用粒度为 W5 的金刚石研磨膏。

采用台钻研磨时，转速应当控制在 100～400r/min、线速度在 3.5～12m/min 范围以内，不宜采用过高的转速。

当研磨好上述两部位后，再处理喷孔出口的环形棱线部位（不能违反该顺序）。应当采用专用的金刚石砂轮和工具磨床或磨刀机，进行精密磨削。

经过上述的处理，才能获得高质量的射流。

在库存、运输、安装过程中，需要认真保护这些部位，避免发生磕碰、破坏。

2. 磁性涡流阻尼的维修

磁性涡流阻尼是通过一组永磁铁（转子）、涡流环（定子）和调节机构组成，见图 6-25。利用磁性涡流损耗的原理来吸收横轴旋转产生的功率。由于磁性涡流阻尼中转子与定子之间，没有相互的接触，即没有摩擦，就不会产生静摩擦力大、动摩擦力小的状况。磁性涡流阻尼器在横轴没有旋转或低速旋转时，不对横

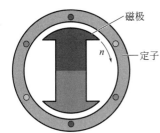

图 6-25　磁性涡流阻尼的工作原理及部件

轴施加阻尼。当横轴有加快旋转的趋势时，磁性涡流阻尼器产生一个与横轴旋转方向相反的阻力（阻尼），当横轴转速越高扭矩越大时，阻尼器会产生越大的阻力。这是一种比较理想的阻尼效果，接近自动平衡调速状态。

磁性涡流阻尼的工作原理，是当永磁铁转子，在铜制金属环（旋转涡流环、定子）内旋转时，在金属环中形成闭合回路的感应电流，称为涡电流、涡流。导体中的涡流，既可以是感生电动势引起，也可以是动生电动势引起。由于导体内部都可构成闭合回路，穿过回路的磁通发生变化，因此在导体中都会产生感应电流或动生电动势。

磁性涡流阻尼喷头的转速，可以通过调整永磁铁（转子）与涡流环（定子）相对应的有效区域的大小，改变清洗头的旋转速度。相对应的有效区域大，产生的阻尼效果大，转速减小，相对应的有效区域小，产生的阻尼效果小，转速增加。

磁性涡流阻尼喷头在使用前应当进行转速调整。初次调节时，应当尽量将转子与定子相对应的有效区域调整至最大，防止清洗头转速过快损坏零件。当实测转速后，根据清洗作业的需要，逐渐将转子与定子相对应的有效区域减少，每次进行微量调整，避免出现大幅变化，造成清洗头摆动磕碰、零件损坏。当调整至合适的转速后，进行锁定防止使用中发生变化。

在维护磁性涡流阻尼喷头时，应当检查阻尼机构中，吸附的铁粉杂质的情况（阻尼机构中的磁铁非常容易吸附杂质），避免过多的铁粉杂质影响喷头的旋转，发现问题及时处理。

在维护磁性涡流阻尼喷头时，应当检查永磁铁转子是否发生变形（磁铁遇水后容易产生氧化物，体积膨胀，将转子护套挤压变形），与涡流环定子发生摩擦，发现问题及时处理。

在维护磁性涡流阻尼喷头时，应当检查阻尼机构的传动齿轮，由于该机构属于增速传动，齿轮负载比较大，容易产生齿部变形与磨损，发现问题及时处理。

3. 黏滞阻尼的维修

黏滞阻尼是在数组片状的定子与转子之间，充满黏度较大的油液，黏油的一侧与转子黏附，另一侧与定子黏附，当转子相对定子旋转运动时，在黏油内产生流体剪切效应，转子与定子若要转动，必须克服黏油的剪切阻力，美国StoneAge公司的黏滞阻尼结构见图 6-26。该阻力不同于固体之间的摩擦关系，不会出现启动时阻力大、启动后阻力小的情况，所以比较适合用于清洗头的旋转阻尼。但是需要注意，黏油在产生阻尼效果的同时，将横轴旋转产生的功，吸收到黏油中，使得黏油温度升高、黏度下降、产生气泡，导致阻尼效果下降。在使用中应当根据清洗头运转情况，适时更换黏油，保证阻尼效果。

黏滞阻尼喷头基本无法调整转速，仅能在黏油变热、变稀、变质、气泡增多，转速失控后，采用更换黏油恢复原有转速的处理方法。

黏滞阻尼喷头在长时间使用时，如果发生黏油变热、变稀、变质、气泡增多

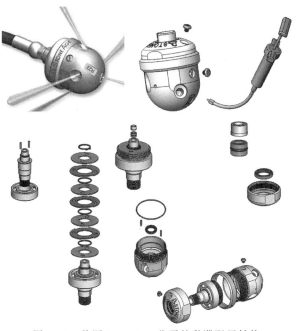

图 6-26　美国 StoneAge 公司的黏滞阻尼结构

时，需要更换黏油。更换方法为，首先从喷头下部，打开注油螺钉，同时打开上部的放气螺钉。采用专用的注油工具，向喷头体内油仓注入新油，逐渐将已经升温、产生气泡的旧油顶出。确认油仓内已经充满新黏油后，安装、旋紧放气螺钉。通过如此操作，可以恢复喷头的原始转速。

如果不理会黏油变热、产生气泡、喷头转速变快的状况，会使喷头的密封元件快速损坏，见图 6-27。由于该喷头的密封元件的材质为工程塑料，允许的工作温度为 10～40℃，允许的转速为 80～450r/min。当喷头高速旋转时（1000r/min 以上），密封件摩擦产生的温度会超过 80℃，工程塑料的硬度、耐磨性能会下降 3～10 倍。所以，一定不能允许喷头发生超速运转的状态。

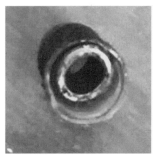

高压密封挤出轴芯

图 6-27　工程塑料材质的密封件在高温下被挤出的状况

该类型喷头在组装的过程中，必须注意转子片与定子片交替安装，必须保证转子片与定子片保持一定的间隙，不能发生摩擦。

第八节　维修钳工的基础技能与知识

1. 动力端齿轮组压铅检测齿侧间隙的方法

齿轮组齿侧间隙的方法（图 6-28），将直径 $\phi3\sim\phi5\text{mm}$，长度 5cm 左右的铅丝（电工保险丝）校直后，三条并列与齿轮齿槽垂直，放置在待检齿轮组的两啮合齿间，用手平稳转动液力端主动轴，令齿轮将铅丝压扁后，反向转动主轴，将铅丝退出，轻轻取出铅丝，用游标卡或者千分尺测量铅丝的厚度。C_0 为齿顶间隙，C_n' 为齿被间隙，C_n'' 为齿面间隙，计算其平均值，获得齿侧间隙总值。齿侧间隙总值的标准值如下：

齿轮模数	齿侧间隙/mm
＞6	0.28～0.42
≤6	0.27～0.35

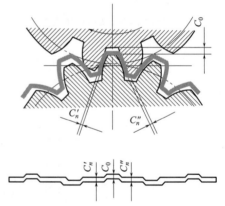

图 6-28　采用铅丝检测齿轮组齿侧间隙的示意图

动力端重负荷人字齿轮减速机构的维护保养，应当参照 GB/T 13924—2008 渐开线圆柱齿轮精度检验细则执行。

① 采用目测放大镜观察齿面的磨损和点蚀情况，面积≥20％、深度≥0.08mm 时需要更换损坏的齿轮。

② 采用红丹显示剂涂在齿面上，通过反复转动齿轮，观察齿面啮合情况，接触面积≤70％时需要更换损坏的齿轮。

③ 采用直径 2～4mm 的铅丝（保险丝）放置在齿轮啮合部位，平稳转动齿轮，然后取出铅丝，测量其厚度，判断齿轮啮合间隙，总侧间隙≥0.30mm 时需要更换损坏的齿轮。

2. 动力端曲轴、齿轮轴轴向浮动量的调整方法

（1）浮动量标准值

曲轴的轴向浮动量为 1.5～2.0mm；

齿轮轴的轴向浮动量为 2.0～3.5mm。

（2）调整方法

① 首先调整曲轴的浮动量。将曲轴预装到箱体中，检测其轴向浮动量，检测三曲拐分别与其对应的十字头滑道、连杆的对中情况。通过精确计算、反复调整试装，两端轴承压盖的调整垫，努力达到：

a. 曲轴的轴向浮动量符合要求（1.5～2.0mm）；

b. 曲拐、连杆左右间隙均衡；

c. 曲轴位于最左侧和最右侧时，三处连杆均不能发生侧向摩擦。

同时达到 a、b、c 三项要求后完成曲轴调整。

② 其次调整齿轮轴的轴向浮动量。将齿轮轴预装到箱体中，再将曲轴推向最左侧，并始终保持在该位置。按照工作转向平稳转动齿轮轴，转动时不能产生轴向力，使齿轮轴依靠人字齿的导向确定轴向位置，停转后检测齿轮轴向左的浮动量（≥0.3mm），该值即是齿轮轴左侧的极限浮动量。采用相同方法检测齿轮轴右侧的极限浮动量。通过精确计算、反复调整试装两端轴承压盖的调整垫，努力达到：

a. 齿轮轴的轴向浮动量符合要求（2.0～3.5mm）；

b. 齿轮轴左侧、右侧的极限浮动量符合要求（≥0.30mm）；

c. 人字齿啮合顺畅、齿侧总间隙符合要求（0.30～0.35mm）。

同时达到 a、b、c 三项要求后完成齿轮轴调整。

③ 曲轴与齿轮轴组装到位后，必须检测调整其轴向浮动量，曲轴的轴向浮动量为 1.5～2.0mm，齿轮轴的轴向窜动量为 2.0～3.5mm，通过浮动量确保在运转过程中，两副齿轮自动调整对中，承载同样的扭矩，实现长周期运转。

3. 液力端高压螺栓扭紧的要求

高压泵液力端的连接螺栓，承受着非常大的载荷，决定着填料函能否保证密封，所以，在扭紧的过程中，必须使用专用的扭力扳手，严格按照规定的扭矩和扭紧顺序进行操作。

某型高压泵扭紧实例（各型泵组的扭力参数不一样，应当按照说明书操作）：

（1）M20 螺栓扭紧顺序（图 6-29）

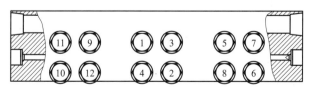

图 6-29　M20 螺栓扭紧顺序

（2）**M24 螺栓扭紧顺序**（图 6-30）

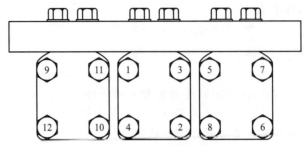

图 6-30　M24 螺栓扭紧顺序

（3）M20 螺栓强度参数

依据 GB/T 3098.1—2010（≥8.8 级）高强度螺栓标准，M20 螺栓（9.8级）的抗拉强度 $\sigma_b \geq 900\text{MPa}$、屈服强度 $\sigma_s \geq 720\text{MPa}$，采用 17-4 高强度不锈钢的抗拉强度 $\sigma_b \geq 1000\text{MPa}$、屈服强度 $\sigma_s \geq 863\text{MPa}$，材料强度符合要求。通过计算最大扭紧力矩为 $507\text{N} \cdot \text{m}$，设定扭紧力矩为 $420\text{N} \cdot \text{m}$。在材料和扭紧力矩两方面均留有较大的余量。

（4）M24 螺栓强度参数

依据 GB/T 3098.1—2010（≥8.8 级）高强度螺栓标准，M24 螺栓（9.8级）的抗拉强度 $\sigma_b \geq 900\text{MPa}$、屈服强度 $\sigma_s \geq 720\text{MPa}$，采用 17-4 高强度不锈钢的抗拉强度 $\sigma_b \geq 1000\text{MPa}$、屈服强度 $\sigma_s \geq 863\text{MPa}$，材料强度符合要求。通过计算最大扭紧力矩为 $876\text{N} \cdot \text{m}$，设定扭紧力矩为 $730\text{N} \cdot \text{m}$。在材料和扭紧力矩两方面均留有较大的余量。

（5）初紧 M20 螺栓

初紧时注意各密封圈一定要安装入槽、平顺，并涂少许油脂，还要检查高压端盖与集水板之间的结合缝隙平行的情况，根据情况调整各螺栓旋紧进度。初紧扭矩控制在 $30\text{N} \cdot \text{m}$。

（6）初紧 M24 螺栓

初紧时注意连接箱体、填料函、高压套筒、高压端盖各连接部位，是否对正、入槽，各螺栓均匀同步旋紧，重点检查填料函与高压套筒之间的接缝是否均匀一致，根据实际情况调整各螺栓旋紧进度。初紧扭矩控制在 $50\text{N} \cdot \text{m}$。

（7）预紧 M20 螺栓

预紧时注意检查高压端盖与集水板之间的结合缝隙严密的情况，根据情况调整各螺栓旋紧进度。预紧扭矩控制在 $80\text{N} \cdot \text{m}$。

（8）预紧 M24 螺栓

预紧时注意检查填料函与高压套筒之间的接缝是否均匀一致（用塞尺检查），根据实际情况调整各螺栓旋紧进度。预紧扭矩控制在 $150\text{N} \cdot \text{m}$。

（9）复紧 M20 螺栓

复紧时注意检查高压端盖与集水板之间的结合缝隙严密的情况，根据情况调整各螺栓旋紧进度。复紧扭矩控制在 200N·m。

（10）复紧 M24 螺栓

复紧时注意检查填料函与高压套筒之间的接缝是否均匀一致（用塞尺检查），根据实际情况调整各螺栓旋紧进度。复紧扭矩控制在 400N·m。

（11）再紧 M20 螺栓

再紧时注意检查高压端盖与集水板之间的结合缝隙严密的情况，根据情况调整各螺栓旋紧进度。再紧扭矩控制在 310N·m。

（12）再紧 M24 螺栓

再紧时注意检查填料函与高压套筒之间的接缝是否均匀一致（用塞尺检查），根据实际情况调整各螺栓旋紧进度。再紧扭矩控制在 560N·m。

（13）终紧 M20 螺栓

终紧时注意检查高压端盖与集水板之间的结合缝隙严密的情况，根据情况调整各螺栓旋紧进度。终紧扭矩控制在 420N·m。

（14）终紧 M24 螺栓

终紧时注意检查填料函与高压套筒之间的接缝是否均匀一致，根据实际情况调整各螺栓旋紧进度。终紧扭矩控制在 730N·m。

4. 阀口研磨的方法

不少清洗企业的高压泵阀座阀片，仅使用一次就丢弃了，这样实在可惜，造成很大的资源浪费、增加施工成本。有些进口泵组一套阀座阀片的价格在一万元左右，一台高压泵一次要更换三套，零件价格在三万元左右，如果就这样丢弃，是大大的浪费。

经过研磨修复的阀座阀片，可以达到新零件一样的状况。正常情况下一套阀座阀片可以修复 3～5 次，相当于增加了 3～5 倍的使用寿命，也减少了 3～5 倍的成本消耗。

在泵组使用过程中，操作人员应当认真观察高压泵进排液的状况，如果发现高压泵出口的软管发生较大的抖动，有可能是排液阀出现故障，如果供水压力表指针出现抖动，有可能是进液阀出现故障。尽量不要长时间在故障状态下运行，否则，高压水会对阀座阀片造成严重的损害，导致阀座阀片彻底损坏无法修复。

当阀口密封面出现凹坑、贯通凹痕时，可以进行修复。如果凹痕的深度超过 0.3mm，首先需要采用平面磨床、车床进行修复，然后进行研磨处理。

粗研磨阀座阀片时，应当采用粒度为 $100^{\#}$～$320^{\#}$ 的研磨磨料。精研磨时，应当采用粒度为 M28～M5 的研磨磨料。必须保证磨料的清洁，避免沙粒、铁屑等杂质混入磨料。

进液阀片和进液阀座的密封阀口多数采用平板形阀口，应当采用不低于 1 级精度的铸铁研磨平台（图 6-31），进行研磨修复（不能采用玻璃代替）。研磨之前必须彻底清洗平台表面，并检查其平整度，确保没有凹凸硬点，符合精度要求。研磨平台根据使用情况，需要进行研磨修复，保证其精度。研磨平板型阀口时，在平台表面和阀口表面涂覆适量研磨剂（膏）（图 6-32），将阀口的密封平面与平台贴平，沿 8 字形轨迹推动（图 6-33）。不能仅在平台局部推动，需要有序地在平台全部台面上推动。每研磨 10～15min，需要彻底清洗平台的台面，清除旧研磨剂和铁屑微粒，查看研磨效果。根据具体情况调整研磨剂的粒度。

图 6-31 铸铁研磨平台

图 6-32 研磨剂（膏）

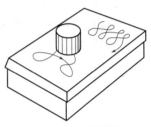

图 6-33 研磨轨迹

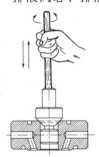

图 6-34 阀芯研磨方法

排液阀芯、排液阀座的密封阀口多数采用锥形阀口，需要采用专用的研磨胎具，阀芯研磨方法见图 6-34，研具的锥形表面必须具有较高精度和一致性，确保研磨后阀芯与阀座的密封面锥度严密吻合。也可以采用阀芯与阀座配研的方式，配研好的阀芯阀座不具有互换性，仅能配研的一套阀芯阀座配套使用。研具需要经常检查，出现磨损需要及时更换或修复。研磨阀口前，必须彻底清洗研具的锥形表面，才能开始研磨阀口。研磨阀口时，在研具锥形表面和阀口表面涂覆适量研磨剂，将阀口的密封平面与研具锥形表面贴紧，进行正反方向的转动，并经常向上分开研磨面，涂覆新的研磨剂。每研磨 10～15min，需要彻底清洗研具和阀芯（阀座），清除旧研磨剂和铁屑微粒，查看研磨效果。根据具体情况调整研磨剂的粒度。检查锥面吻合度时，用 4B 铅笔在阀芯、阀座的锥形表面，涂写均匀的横线，然后将阀芯与阀座套装，使锥形表面吻合，轻轻转动阀芯（阀座），其后检查锥面上铅笔痕迹的变化。研磨质量检查方法见图 6-35。如果锥面吻合小于 60%，需要更换修复研具。

5. 联轴器对中找正的方法

不少清洗施工企业的高压泵与柴油机或电动机的联轴器，没有经过认真地对中找正，存在较大的偏差

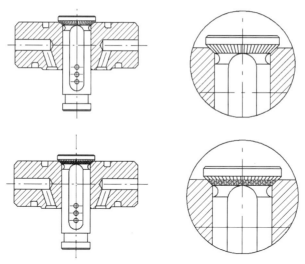

图 6-35　研磨质量检查方法

（＞0.2mm），导致泵组噪声大、振动大，一些原本不会损坏的零件，发生严重损坏，例如水箱开裂、底盘焊口开裂、电器元件触电烧损、轴承寿命大幅缩短等。

　　千万不要忽视联轴器对中。泵组在运输、使用过程中，联轴器的对中会发生变化。应当定期进行检查。对一些新采购的泵组，最好进行一次联轴器的对中检查。

（1）联轴器失准的状况（分为两种类型）
① 轴线平移类型失准（轴线平行不对中）见图 6-36、图 6-37。

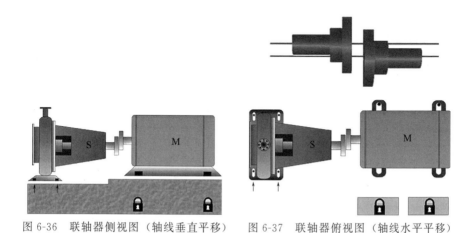

图 6-36　联轴器侧视图（轴线垂直平移）　　图 6-37　联轴器俯视图（轴线水平平移）

② 轴线倾斜类型失准（轴线角度不对中）见图 6-38、图 6-39。

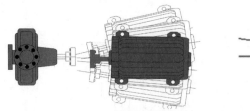

图 6-38　联轴器俯视图（轴线水平转角）

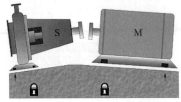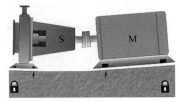

图 6-39　联轴器侧视图（轴线垂直转角）

（2）联轴器对中的标准（表 6-4）

表 6-4　弹性套柱销联轴器装配的允许偏差

（GB 50231—2009 机械设备安装工程施工及验收通用规范）

联轴器外形 最大直径 /mm	两轴线 径向位移 /mm	两轴线 倾斜	两端面 间隙 /mm
71	0.1	0.2/1000	2～4
80			
95			
106			
130	0.15		3～5
160			
190			
224	0.2		4～6
250			
315			
400	0.25		5～7
475			
600	0.3		

（3）联轴器对中的方法

① 钢尺靠齐对中法（精度很差仅适于粗略找正）见图 6-40。

② 百分表双向对中法（见图 6-41、图 6-42）。

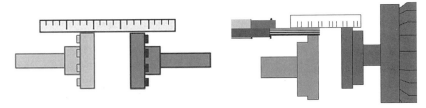

图 6-40 钢尺靠齐对中法

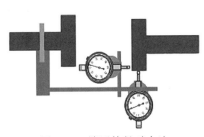

图 6-41 端面外径对中法

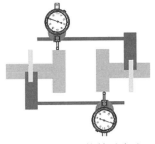

图 6-42 逆置轮轴对中法

③ 激光仪表对中法（见图 6-43）。

（4）联轴器找正的工具（见图 6-44、图 6-45）

（5）联轴器找正的工艺（百分表双向对中法）

进行找正之前，需要使用磁力表座和百分表，检查联轴器的外径和端面是否与轴心同心、垂直。这两位置将是重要的基准面和参考面，如果跳动量超过 0.03mm，误差将严重影响找正精度，需要修复或更换联轴器。

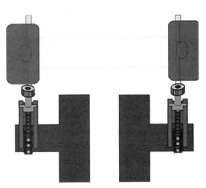

图 6-43 激光仪表对中法

图 6-44 百分表型找正工具

图 6-45　激光对中仪

使用百分表找正之前，应当先采用钢尺靠齐对中法进行粗略找正。当联轴器的偏移误差已经比较小（≤0.5mm）时，再开始采用百分表找正。

进行找正之前，需要确认以驱动机为基准，或以高压泵为基准。将基准设备的地脚垫实，并将螺栓紧固。同时，确认被调整设备的地脚螺孔与螺栓之间，必须保留足够的调整余量。

① 将百分表的固定架与基准设备的转动轴（基准轴）固定，不要安装百分表。手动缓慢转动基准轴，注意观察固定架在转动过程中，有无障碍物影响其通过。并注意观察有无空间，允许安装百分表以后，固定架仍然能顺利通过。

② 安装百分表，并通知其正负量程，确保测量过程中，不超越正负量程的极限。同时注意调整百分表的表盘方向，确保在需要测量取值的位置，可以观察到表盘的数值。

③ 转动基准轴，在垂直位置上下两点和水平位置左右两点读取测量数值。注意观察正反旋转的数值是否一致、施加轴向正反推力时数值是否一致，如果数值变化范围过大，需要修理或更换基准设备。在测量数值稳定重复的基础上，记录上、下、左、右每点各三组数值。通过示意图、点位编号准确记录测量数据。

④ 根据测量记录的偏差数值、被测设备的中心高度、联轴器端面与前地脚螺栓的距离、轴向两螺栓之间的距离，计算各地脚处垫片需要调整的高度，计算以前螺栓为轴需要调整的角度（后地脚的平移距离）。

⑤ 按照计算结论，进行调整。调整时注意保护联轴器处的百分表，避免超越极限量程，损坏百分表。调整垫片应当采用卡尺，精确测量减少误差。平移调整时，应当在后螺栓处，安装百分表检测移动量。完成调整后，适当紧固被测设备的地脚螺栓。

再次按照①、②、③、④、⑤的顺序进行找正对中，直到各点的偏差，全部符合要求。更详细的找正工艺、计算方法，请查看《装配钳工工艺学》。

6. 柱塞编织密封填料的制备

早期的柱塞的密封圈，采用编织填料的形式，见图6-46。其材质从植物苎麻、聚四氟乙烯、芳纶，不断在提高材质的拉伸强度。

经过行业内专家的研究证明，柱塞密封圈的失效原因通常为被撕碎。

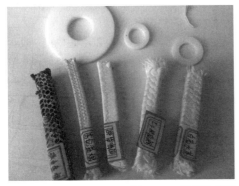

图 6-46　早期的编织填料

密封圈制作的要求：密封填料尺寸准确、切口平行、整齐，接口与轴心线呈45°，见图6-47。采用专用模具压制后的尺寸，符合图纸要求，见图6-48、图6-49。

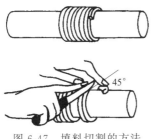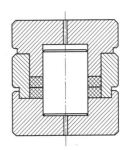

图 6-47　填料切割的方法　　　　图 6-48　填料压制的模具

密封圈的安装要求：组装填料时，按所装填料的圈数，接头对称错开（3圈填料相错角度为120°），搭口不能处于同一直线上，见图6-50。

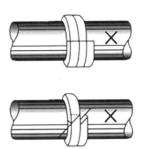

图 6-49　压制完成的填料　　　　图 6-50　填料安装的要求

第九节 压力容器、金属材料及高压泵 承压元件的基础知识

1. 超高压承压元件的强度校核

超高压承压元件的强度校核，是超高压泵设计的基础。超高压承压元件的设计，具有特殊的理论和要求，容不得半点马虎。

根据弹性理论，超高压承压元件应当采用拉美公式，计算周向应力 σ_t、径向应力 σ_r 和轴向应力 σ_x，见图 6-51。

周向应力
$$\sigma_t = \frac{P_i D_i^2 - P_o D_o^2}{D_o^2 - D_i^2} + \frac{D_i^2 D_o^2}{D^2}\left(\frac{P_i - P_o}{D_o^2 - D_i^2}\right)$$

径向应力
$$\sigma_r = \frac{P_i D_i^2 - P_o D_o^2}{D_o^2 - D_i^2} - \frac{D_i^2 D_o^2}{D^2}\left(\frac{P_i - P_o}{D_o^2 - D_i^2}\right)$$

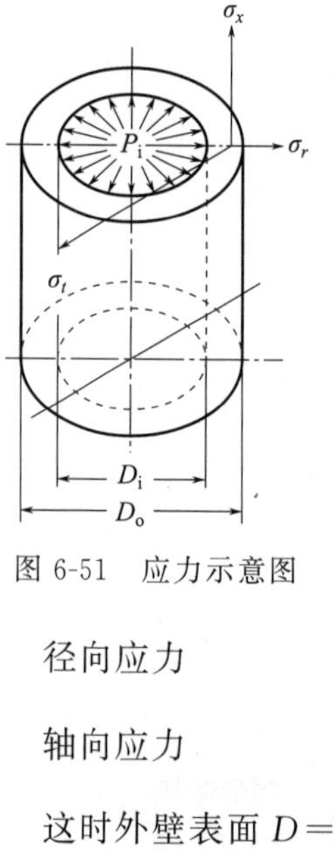

图 6-51　应力示意图

轴向应力
$$\sigma_x = \frac{P_i D_i^2 - P_o D_o^2}{D_o^2 - D_i^2}$$

径比
$$K = \frac{D_o}{D_i}$$

式中　P_i——内压；

P_o——外压；

D_i——内径；

D_o——外径。

一般情况下，超高压承压元件都不承受外压，即 $P_o = 0$
这时内壁表面 $D = D_i$ 的受力状况为

周向应力
$$\sigma_t = P_i\left(\frac{K^2 + 1}{K^2 - 1}\right)$$

径向应力
$$\sigma_r = -P_i$$

轴向应力
$$\sigma_x = \frac{P_i}{K^2 - 1}$$

这时外壁表面 $D = D_o$ 的受力状况为

周向应力
$$\sigma_t = P_i\left(\frac{2}{K^2 - 1}\right)$$

径向应力
$$\sigma_r = 0$$

轴向应力
$$\sigma_x = \frac{P_i}{K^2 - 1}$$

比较以上公式可知，在仅受内压的条件下，超高压承压元件的内壁表面上的

周向应力 σ_t 具有最大值。

根据以上公式计算得到图 6-52，直观反映出超高压承压元件的外壁受力状态。

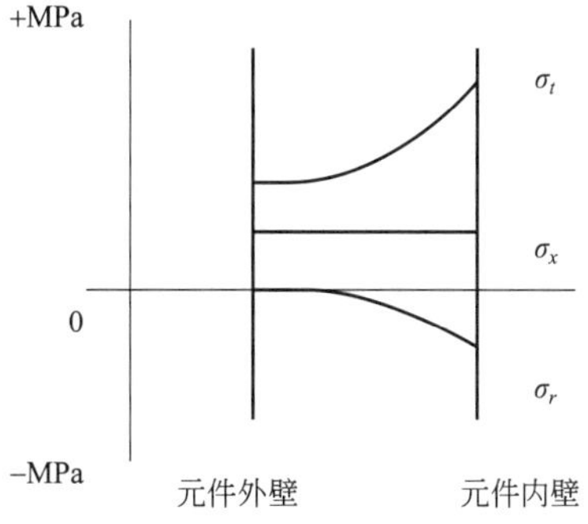

图中曲线可以说明：

轴向应力 σ_x 在环形截面内是均匀一致的拉应力；

径向应力 σ_r 为负值，即压应力，内表面有压应力的最大值，外表面压应力为零；

周向应力 σ_t 远大于径向应力和轴向应力，为拉应力，应力从内向外逐渐递减，最大值位于内表面。

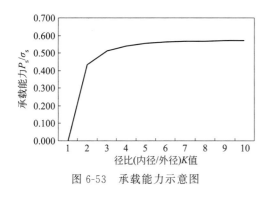

图 6-52　超高压承压元件内
外壁受力状态

设计计算中，应重点校核周向应力。

当超高压承压元件内表面达到屈服时，屈服压力 P_s 与径比有如下关系：

$$P_s = \frac{\sigma_s}{\dfrac{\sqrt{3}\,K^2}{K^2-1}} = \sigma_s\frac{K^2-1}{\sqrt{3}\,K^2}$$

可以进一步推导出公式

$$\frac{P_s}{\sigma_s} = \frac{K^2-1}{\sqrt{3}\,K^2}$$

P_s/σ_s 一般称为受压元件的承载能力，它反映了受压元件的屈服压力和屈服极限之间的关系，见图 6-53。

从图中我们可以直观地看出，在一定的范围内，承载能力随着 K 值（壁厚）的增大而显著增大。也就是说在此范围内，用相同材料制成的受压元件，K 值（壁厚）越大，就可以承受较大的内压。

图 6-53　承载能力示意图

但是当 K 值大于 5 之后，曲线明显趋于平坦。曲线的这种变化说明，当 K 值大于 5 之后，再增加 K 值（壁厚），承载能力已经不能增加。换而言之，当压力达到一定程度后，壁厚怎样增加也将无法承受。因为此时内壁已经达到屈服状态，无论怎样增加壁厚，也无法改变内壁已经达到屈服状态的事实。

这一结论提示我们，如果材料强度不够，仅靠增加壁厚将无济于事。要想提高超高压承压元件的承载能力，要从提高材料强度和改变零件结构上做文章。

另外，还提示我们在测绘仿制国外产品时，不能仅停留在几何尺寸仿制的层面，还要充分注意，分析材料的力学性能和元件的耐压结构以及超高压增强技术。

理想状态下，承压元件内的各点应力最好比较均匀，见图 6-54。

而实际中，承压元件的应力状态并不均匀，见图 6-55。通过分析我们了解到，超高压承压元件的受力状态并不理想。这样就有可能出现，内表面已经超出材料的屈服极限，而外层还远未达到屈服极限。

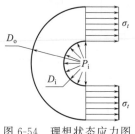
图 6-54　理想状态应力图

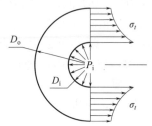
图 6-55　实际状态应力图

这种状态说明，材料的潜力没有被充分发挥和利用，尚有继续挖掘潜力的空间。

所以在超高压元件的设计制造中，自增强技术、多层套筒技术、消除应力集中技术，大有用武之地。这些方法解决了承压元件内应力不均匀的问题，起到了四两拨千斤的作用。

自增强技术的原理为，将单层厚壁圆筒，在使用之前，进行液体加压增强或机械挤压增强处理。增强压力一般超过使用压力，且在材料的屈服极限范围。此压力使圆筒内层屈服，产生塑性变形，形成塑性区，而外层仍保持弹性变形。当卸除增强压力后，内层塑性区因有残余变形，而不可能恢复到原来的状态。结

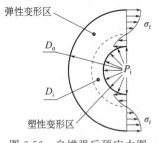
图 6-56　自增强后预应力图

果，内径部分的直径，就比加压前要略大一些，而外层弹性区，卸压后力图恢复到原来的状态。这时，外层受到膨胀的内层阻挡，而不能完全恢复，产生预置拉应力。同时，内层受到外层的紧箍，产生预置压应力，当承受使用内压时，圆筒的受力状态得到一定的平衡。因为，这种方法是利用圆筒自身外层的弹性收缩力来产生预应力，从而提高圆筒的强度，所以称为自增强（图 6-56）。经过自增强处理的圆筒，周向应力 σ_t 得到均衡。

实施自增强的方法有液压、机械和爆炸三类方法，机械类又分为拉推挤压（图 6-57）和滚动挤压等方法。液压和爆炸的方法较难掌握和控制，应用较少。机械增强方法应用相对多一些。

挤压和滚压增强的方法具有增强过程比较直观，专用工具比较简单，见图 6-58；在获得增强的同时，获得精确、光洁的套筒内孔等优点。

此方法也存在缺乏实践数据的问题。不同的材料、不同的模具、不同的挤压量，产生不同厚度的塑性变形区和预应力。实践中缺乏足够的数据支持。初次应用时需要做大量试验和检测。

多层套筒技术的原理为，在制造套筒时，使外筒的内径比内筒的外径小。装配时将外筒加热，使其膨胀，直至其内径比内筒的外径略大时，将其套在内筒上。冷却后，

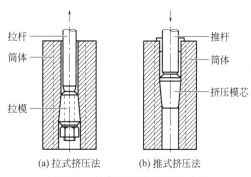

(a) 拉式挤压法　　(b) 推式挤压法

图 6-57　推拉挤压自增强示意图

外筒收缩，对内筒产生压应力，使外筒产生拉应力，见图 6-59。所有应力与应变都限制在弹性范围内。

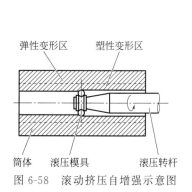

图 6-58　滚动挤压自增强示意图

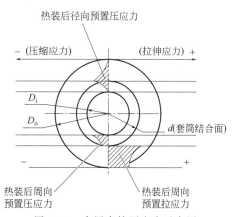

图 6-59　多层套筒预应力示意图

这种方法是利用外筒的弹性收缩力来产生预应力，在套筒使用过程中，内筒处于内外受压状态。外筒产生的预应力，平衡减小内筒的承压，提高外筒的承压。充分利用外层材料的潜力，从而提高套筒的承压能力。

多层套筒技术（图 6-60）使周向应力 σ_t 得到较好的均衡。

多层套筒增强的方法具有精确的计算公式和足够的数据支持；可以精准控制预应力在各层的分配；所有应力均在弹性变形范围内可靠性较高；用于高压泵的套筒尺寸不大，比较容易实现精密加工等优点。

多层套筒增强的方法也存在制造过程中增加了材料的用量；增加工时用量；如果操作不熟练，热装过程容易产生废品等缺点。多层套筒实例图见图 6-61。

绕带、绕丝、剖分的原理与多层套筒基本相近，在超高压泵组的设计制造中很少应用，见图 6-62～图 6-66。

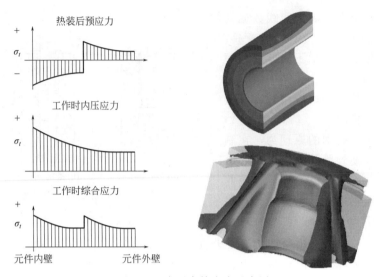

图 6-60　多层套筒应力示意图

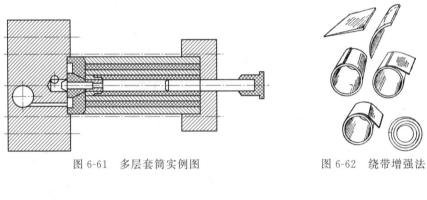

图 6-61　多层套筒实例图

图 6-62　绕带增强法

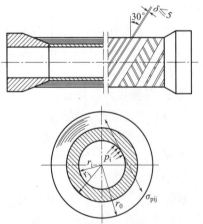

图 6-63　绕带和绕丝增强型圆筒（单位：mm）

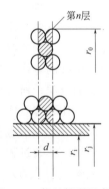

图 6-64　绕丝排列示意图

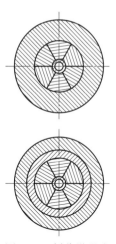

图 6-65　剖分增强法

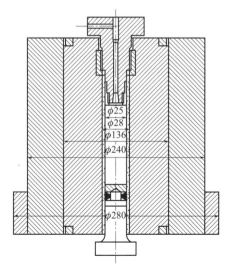

φ25
φ28
φ136
φ240

φ280

图 6-66　剖分结构（单位：mm）

另外，一些国家正在逐步采用塑性失效准则和爆破失效准则，进行设计计算。但是，目前大多数国家还都采用弹性理论进行设计计算，以弹性失效准则确认超高压承压元件是否失效。

近些年，在超高压元件设计中，有限元分析法和有限元仿真软件的应用越来越普遍，见图 6-67。通过使用 MSC. NASTRAN、ABAQUS 或 AN-SYS 软件，可以非常直观地展现超高压承压元件在工作中应力变化的状态、应力集中的区域、危险截面的位置、材料疲劳的周期。通过有限元仿真技术，可以大大提高设计的准确度，大大优化零件结构，提高零件寿命。

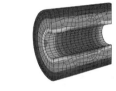

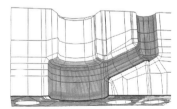

图 6-67　有限元应力分析图

如果我们在超高压承压元件的设计测绘过程中，能够正确应用以上技术，就可以在设计阶段少走很多弯路。

2. 超高压承压元件的材料选用

材料的选择、验证和应用是超高压受压元件设计制造的另一个重要环节。

制造超高压承压元件需要超高强度的不锈钢材料。按国际标准的高强度钢分类见表 6-5。

表 6-5　高强度钢分类

类别	屈服强度 σ_s/MPa	抗拉强度 σ_b/MPa	屈强比/%
Ⅰ 高强度工程用钢	≥350	≥500	≈70

类别	屈服强度 σ_s/MPa	抗拉强度 σ_b/MPa	屈强比/%
Ⅱ 特高强度工程用钢	600~800	700~900	85~90
Ⅲ 超高强度工程用钢	1200~1800	1400~2200	85~95

国内常用的不锈钢材料抗拉强度都低于 750MPa（1Cr18Ni9Ti 的 σ_b＝539MPa、2Cr13 的 σ_b＝637MPa、3Cr13 的 σ_b＝735MPa），远远低于超高压承压元件（σ_b＝1200~1600MPa）的要求，不适合用来制造超高压受压元件。

近年来我国整体工业水平飞速发展，钢材市场上可以方便地采购到高强度不锈钢材料（0Cr17Ni4Cu4Nb 或 0Cr15Ni5Cu3Nb）。这些材料的抗拉强度，相当于美国的 630 高强度不锈钢的材料（630 的 σ_b 为 931~965MPa、0Cr17Ni4Cu4Nb 或 0Cr15Ni5Cu3Nb 的 σ_b 为 932~1324MPa）。

同时国内已经拥有超高强度的不锈钢（00Ni18Co8Mo5TiAl 的 σ_b 为 1667~1829MPa），如果需要随时可以采购。我们现在要制造超高压承压元件，在材料选择上的难度已经大大降低。

但是，我们还要注意高强度不锈钢的选择，不能仅凭型号、化学成分就简单判定材料力学性能，可以达到我们的使用要求。

这些合金含量较高的钢材，普通的冶炼方法达不到使用要求，各种精炼方法也很难控制微量有害元素和微小缺陷的存在。这些微小的、肉眼无法发现的缺陷，在静力学实验中也不易发现。但是，在承受超高压交变应力时，就会在较短的时间内引发疲劳破坏。所以在采购时，一定要确认钢材的冶炼方法。不要选用普通冶炼和精炼钢，必须选用电渣重熔钢。并要求供货方提供化学成分、力学性能检验报告和质量保证书。同时，本企业要进行相应的化学成分分析、强度实验、无损探伤等质量检验。

以上提到的这些超高强度的不锈钢，必须经过特殊的热处理工艺后（固溶和时效），才能达到最大的抗拉强度。所以，在设计过程中要根据零件的工作状况，确定合适的热处理工艺和参数，以保证零件的强度和寿命。

超高压元件制造中，有时需要使用到硬质合金材料。它是一种粉末冶金烧结材料。它具有很高的硬度（68~72HRC），较低的抗弯韧性，属于脆性材料。常用来制造柱塞和旋转密封元件。

因为，该硬质合金材料大量使用稀有元素，原本采购价格就比较昂贵。近些年，国外企业大量低价从中国采购精选矿粉，经过加工后高价返销国内，进一步促使硬质合金材料的价格飞涨。

所以，在设计、制造、使用中必须注意，谨慎选择使用，不要轻易滥用。

采用整体硬质合金制造柱塞，优点在于整体硬度很高、材料均匀密实、精度光洁度高、耐磨、阻力小、热硬性较高。缺点在于材料脆硬、加工困难、精加工更难，使用中振动、磕碰、温度不均匀都可能造成断裂。断裂后，非常容易殃及一系列重要元件，造成严重的损坏。

由于硬质合金材料和柱塞泵的特殊性质，形成低压力等级的柱塞，直径尺寸较大、重量更大。如果同样使用整体硬质合金材料制造，其材料成本就会远远高于超高压柱塞的材料成本，出现非常不合理的状况。

目前国内普遍采用的，在不锈钢柱塞芯棒表面喷焊镍60合金的工艺，是很好的方法。不锈钢芯棒具有很好的抗弯曲性能和强度，表面的镍60合金具有很好的硬度（55～60HRC）。材料成本远远低于整体硬质合金柱塞。喷焊镍60合金材料柱塞的耐用度和可靠性，经过多年大量的实践考验，完全可以胜任140MPa以下的高压泵应用。

其实，喷焊镍60合金的硬度、光洁度、摩擦系数也完全可以胜任超高压柱塞的要求。

整体硬质合金柱塞的硬度、光洁度、摩擦系数等指标，与喷焊镍60合金柱塞没有本质差别，只有很小的提高。超高压柱塞使用的高分子密封材料，比常用的编制填料，对柱塞的磨损更小，并不需要更高的硬度。整体硬质合金柱塞，存在性价比不高的问题。

当然，目前喷焊镍60合金行业的质量，存在很大差别。有的企业在喷焊材料的成分上以次充好，有的企业在喷焊工艺上偷工减料，造成硬度下降、密度不够、光洁度差。这些，严重影响到柱塞的使用效果，我们清洗行业的用户要擦亮眼睛，认真辨别柱塞的品质。

国外的一些企业，在设计制造中，为了显示技术、张扬个性，常常采用不惜代价的做法。用整体硬质合金制造低压柱塞，用非常大尺寸的超高强度的不锈钢，制造低压部分的泵体，类似这般"好钢没用在刀刃上"的做法，我们也不能简单地学习照搬。

3. 超高压承压元件的结构设计

由于超高压承压元件的结构设计中，需要考虑的因素较多，限制条件较多，涉及专利保护较多，导致设计难度增加，技术上难有突破。

设计人员、使用人员都希望将优秀的结构采用到自己的产品中。但是，实践中不可能把所有的优点都集中在同一台高压泵上。

因为，在追求的指标中，有一些相互制约，只能顾及其一，鱼和熊掌不可兼得。例如：清洗泵组经常移动施工，大家追求泵组体积小重量轻。在相同压力和流量时，要想减小体积和重量，只能提高转速或柱塞冲次。由于转速冲次的增加，阀片、阀座开关次数增加，使用寿命降低。而阀组使用寿命也是我们追求的指标。这时，两者很难同时兼得。再如：大家追求泵组运行时，具有自动监测和安全保护，可以实现无需专人看护。而这样的自动控制系统，对操作维护人员的素质要求较高。大家也追求现场维护简单方便，非专业技术人员也可以维护，这两者很难兼顾。

综上所述，把所有的优点，都集中在同一台泵组上，存在相当的难度。但是，尽量多的集中优点仍然是我们追求的目标。

生产企业和清洗企业，如何评价泵组设计的优劣，有这样一些准则。在实现相同功能和效率的情况下，使用的零件数量少、品种少、零件的加工难度小、特殊材料使用少、制造成本低、整体尺寸小、重量轻、操作简便、寿命长、维修方便、维修费用低，是所有设计者、使用者追求的目标。

目前，有些企业在宣传自己产品时，并不严格遵守以上准则，有时会违反常理，将自己产品中本不是优点的结构，刻意夸大为优于其他企业的亮点，误导不是很专业的用户。所以，在评价比较的过程中，不能轻信个别生产厂家的宣传，最好聘请专业人士协助研究分析，为自己的企业把好采购关。

第十节　高压及超高压密封材料及密封结构

1. 密封材料

高压泵的柱塞密封难度较大，国内外都投入大量精力财力开展研究。国内的柱塞密封曾经寿命很短、耐压很低。经过很多专业人员的努力，现在已经有了很大进步。

早期国内只能使用芳纶编织填料，制作有搭接缺口的密封圈。其后，采用聚甲醛材料、聚醚醚酮材料，制作整体成形密封圈。现在，采用超高分子量聚乙烯材料，制作整体成形密封圈。现在采用的材料已经与国外相同，仅在挤压成形、加工精度、表面光洁度上存在一些差距。

（1）芳纶

芳纶是一种化学纤维，具有优良的力学性能、稳定的化学性质和理想的机械性能。其全称为"芳香族聚酰胺纤维"，1974年美国将它们命名为"aramid fibers"，其定义是：至少有85％的酰胺链（—CONH—）直接与两个苯环相连接。我国则将它们命名为"芳纶"，其全称也可简化为"芳酰胺纤维"。它有一系列的产品，可用于航空航天工业、IT（信息技术）产业、国防工业、汽车工业等。

芳纶主要分为两种，对位芳酰胺纤维（PPTA）和间位芳酰胺纤维（PMIA）。

高压泵柱塞密封，就是采用对位芳酰胺纤维，生产的编织填料，制作密封圈。

对位芳纶纤维是重要的国防军工材料，是当今世界上第二代化学纤维，为适应现代战争的需要，美、英等发达国家的防弹衣均为芳纶材质，芳纶防弹衣、头盔的轻量化，有效提高了军队的快速反应能力和杀伤力。在海湾战争中，美、法飞机大量使用了芳纶复合材料。除了军事上的应用外，现已作为一种高技术含量的纤维材料被广泛应用于航天航空、机电、建筑、汽车、体育用品等国民经济的各个方面。在航空、航天方面，芳纶由于质量轻而强度高，节省了大量的动力燃料，据国外资料显示，在宇宙飞船的发射过程中，每减轻1kg的重量，意味着降低100万美元的成本。除此之外，科技的迅猛发展正在为芳纶开辟着更多新的民用空间。据报道，目前，芳纶产品用于防弹衣、头盔等约占7％～8％，航空航天材料、体育用材料大约占40％；轮胎骨架材料、传送带材料等方面大约占20％左右，还有高强绳索等方面大约占13％。轮胎业也开始大量使用芳纶帘线来减轻重量，减少滚动阻力。

（2）超高分子量聚乙烯

超高分子量聚乙烯的英文名称：ultra high molecular weight polyethylene，缩写：UHMWPE。分子式：$\{CH_2-CH_2\}_n$，密度：$0.936～0.964g/cm^3$。热变形温度（0.46MPa）85℃，熔点130～136℃。

超高分子量聚乙烯是一种线型结构的具有优异综合性能的热塑性工程塑料。分子量通常达150万以上，具有优良的耐冲击韧性和自润滑性。

超高分子量聚乙烯纤维是当今世界上第三代特种纤维，强度高达30.8cN/dtex（1cN/dtex＝91MPa），比强度是化纤中最高的，又具有较好的耐磨、耐冲击、耐腐蚀、耐光等优良性能。它可直接制成绳索、缆绳、渔网和各种织物，防弹背心和衣服、防切割手套等，其中防弹衣的防弹效果优于芳纶。国际上已将超高分子量聚乙烯纤维织成不同纤度的绳索，取代了传统的钢缆绳和合成纤维绳等。超高分子量聚乙烯纤维的复合材料在军事上已用作装甲兵器的壳体、雷达的防护外壳罩、头盔等；体育用品上已制成弓弦、雪橇和滑水板等。

高压泵密封圈常用工程塑料主要性能比较表见表6-6。

表6-6　高压泵密封圈常用工程塑料主要性能比较表

性能		单位	测试方法	PTFE 聚四氟乙烯	PA6 尼龙6	PSU 聚砜	PPTA 芳纶杜邦 KEVLAR29	POM 聚甲醛杜邦 500P	PEEK 聚醚醚酮	UHMWPE 超高分子量聚乙烯 200万	UHMWPE 超高分子量聚乙烯 350万	CF 碳纤维
物理性能	相对密度	g/cm³	D792	1.70	1.13	1.29		1.42	1.31	0.94	0.930	1.8
	吸水率 24h	％	D570	0.03	1.6	0.37		0.25	0.1～0.14	<0.01		
	吸水率 饱和	％	D570		9.3	1.10		0.90	0.50			
	介电强度	kV/mm	D149	400	400	360		3.5～19.7		710		
加工性能	溶体指数	g/10min	D1238		0.5～10	14～20		1～6				
	熔融温度 结晶型	℃		270	215			175	334	125～138		
	熔融温度 无定形	℃				225						

性能			单位	测试方法	PTFE 聚四氟乙烯	PA6 尼龙6	PSU 聚砜	PPTA 芳纶杜邦 KEVL AR29	POM 聚甲醛杜邦 500P	PEEK 聚醚醚酮	UHMWPE 超高分子量聚乙烯 200万	UHMWPE 超高分子量聚乙烯 350万	CF 碳纤维
加工性能	加工温度	C 压制	°F		575~625						400~500		
		T 传递	°F										
		I 注射	°F		570~650	505	680~735			660~750			
		E 挤出	°F			485			380~420	660~720			
	注射压力		10³psi		2~20	1~20	10~20			10~20	1~2		
	压缩比		%			3~4	2.2			3			
	模具收缩率		%	D955	0.03~0.04	0.003~0.015	0.007			0.011	0.040		
力学性能	断裂拉伸强度		psi	D638	6500	6000~24000	10100		10000	10200~15000	5600~7000		>3500
	断裂伸长率		%	D638	100~400	30~100	60~120		40~75	30~150	350~525		
	拉伸屈服强度		psi	D638		7400~13100				13200	3100~4000		
	压缩强度		psi	D695	7100	14500				18000			
	弯曲强度		psi	D790	5500	5800~15700	13200		14100~14300	16000			
	拉伸模量		10³psi	D638	120	380~464 100~247	340		400~450				
	压缩模量		10³psi	D695		250							
	弯曲模量	73°F	10³psi	D790	200	390~410 140	350		420~430	560	130~140		
		200°F	10³psi	D790	80				130~135	435			
		250°F	10³psi	D790	60				90				
		300°F	10³psi	D790	20					290			>200000
	悬臂梁冲击强度		J/m	D256A	不断	0.6~2.2 3.0	13		1.5~2.3	1.6	不断		
	硬度	洛氏		D785	R50	R119 M103			M94		R50		
		邵氏		D2240	D75						D61~63		
		巴氏		D2583									

续表

性能		单位	测试方法	PTFE	PA6	PSU	PPTA	POM	PEEK	UHMWPE		CF
				聚四氟乙烯	尼龙6	聚砜	芳纶杜邦 KEVL AR29	聚甲醛杜邦 500P	聚醚醚酮	超高分子量聚乙烯 200万	超高分子量聚乙烯 350万	碳纤维
热性能	线膨胀系数	$10^{-6}℃^{-1}$	D696	59	80~83	17			40~47 108	130~200		
	载荷下变形温度 264psi	℉	D648	160	155~185	405		257~264	320	110~120		
	载荷下变形温度 66psi	℉	D648	220	347~375			334~336		155~180		
	热导率	W/(m·K)	C177	5.7	5.8							

2. 高压泵密柱塞封（成形）的结构

（1）传统 V 形密封圈

遵照机械零件设计手册的传统设计规范，柱塞密封（往复式密封）的应当采用 V 形密封圈（图 6-68）。但是该规范是几十年以前的传统技术，国内机械工业部撤销，设计手册多年没有专业部门认真修订，仅是旧版本再印刷，很多新的技术和元件，在手册上无法查找，新型 V 形密封圈见图 6-69。另外，该规范仅适用于 30~50MPa 的压力等级，套用该规范设计产品，存在诸多的不足。

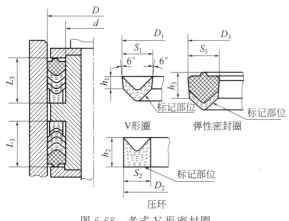

图 6-68 老式 V 形密封圈

图 6-69 新型 V 形密封圈

（2）超高压筒形密封圈

美国福禄公司是最早生产超高压泵组的企业，他们在柱塞密封上采用的是筒形密封圈（图 6-70）。这种密封圈利用工程塑料硬度比较高、自润滑性能好的特性。在超高压的作用下，密封圈产生微量变形，抱紧柱塞（图 6-71）密封严密，

第六章　高压水射流清洗装备的使用与维护　**219**

摩擦力不大，产生热量较少，保证在超高压的情况下，可以有较长的使用寿命。

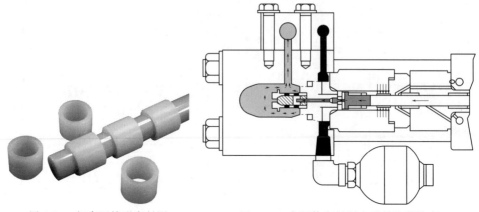

图 6-70　超高压筒形密封圈　　　　图 6-71　水压使密封圈变形并抱紧柱塞

（3）组合形密封圈

柱塞的密封过程，一种形式的密封圈，很难适应全部情况。因为，泵组有时低压、有时超高压，低压时需要密封圈稍软一些，在低压范围产生变形抱紧柱塞，保证不发生泄漏。超高压时需要较硬的密封圈，这时如果密封圈较软，会被挤入柱塞后部的间隙撕碎，导致密封圈寿命大幅降低。所以，现在很多柱塞密封，采用组合形式的密封圈（主要是材质硬度的不同）见图 6-72、图 6-73。在

图 6-72　不同硬度的工程塑料组合的密封圈

组合密封中，有的密封圈负责低压密封，有的负责超高压密封，有的负责产生弹性变形，有的负责防止挤入间隙。

图 6-73　工程塑料与金属组合的密封圈

我们清楚了密封圈各部分的功能与作用后，完全可以根据具体情况，对柱塞密封进行改进和完善。不要认为供应商提供的一定正确合理。包括一些国外厂商，提供的密封圈同样存在设计缺陷。大家解放思想开动脑筋，完全可以通过自己的努力，提高泵组的使用寿命。

第七章

高压水射流清洗作业的收尾工作

第一节　施工质量的自检

按照质量管理体系的要求，施工质量的自检，是施工管理的必要环节。

按照质量管理体系的理论，任何工作都可看成是可策划、可执行、可评定和可改善的过程，小到清洗一段管线的过程，大到核电站建设过程。

大的工作过程中，包括有相互关联的各种过程。一些过程的输出（完成），是另一些过程的输入（开始），它们相互作用，从而有效地实现工作质量目标。

为此，对每一工作过程都必须：

① 施工开始之前周密策划；

② 施工开始以后严格按计划执行；

③ 施工中不断验证，一旦发现问题及时纠正，从而改进过程的能力。

按照质量管理体系的要求，高压水射流清洗施工，比较完整的质量控制流程图，应当参照图 7-1 编制。

按照质量管理体系理论的标准，将过程控制的内容归纳为：

① 与顾客有关的过程（服务相关要求确认与评审、顾客财产）；

② 施工过程的初始策划及控制（服务实现策划及变更）；

③ 工艺过程控制（特种工艺过程、一般工艺过程）；

④ 检查、试验、监督、监察；

⑤ 不符合项和纠正措施（不符合项及偏离控制，纠正预防措施，管理部门审查）；

⑥ 采购控制（清洗泵组、喷头、软管，合格的装备才能保证服务质量）；

⑦ 物资控制（标识、装卸、贮存、运输、维护）；

⑧ 沟通与接口管理。

清洗质量控制点的设置：

依据质量管理体系的原理，应当按质量关键环节和重要部位设置质量控制点，应当由技术、工艺、管理等人员，确定各环节的质量负责人，编制质量控制

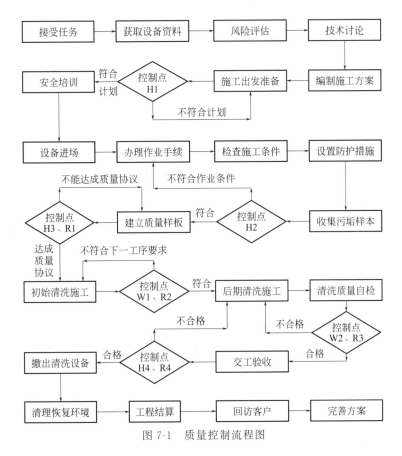

图 7-1 质量控制流程图

点明细表，编制质量控制点示意图，编制清洗作业任务书、自检表、验收单等，并将其纳入质量体系中进行有效运转。

清洗换热器的质量控制中，应当设置两处（W1、W2）质量见证点。控制工序交接和交工验收的施工质量。

其他控制点的设置：

清洗换热器的质量控制中，还应当设置四处停工待检点和四处记录点。

其中，H3 停工待检点是为建立质量验收标准而设立，H4 停工待检点是为甲方交工验收而设立。通过这两点的控制，提高客户满意度。

除了对清洗施工质量进行控制，同时将施工出发准备、施工现场准备纳入控制范围。通过对这些内容的控制，全面保证清洗施工的质量。

设置的 R1 记录点是将清洗质量样板确认、固定，形成文字和照片的文件；R2 记录点是将清洗作业中，工序衔接、作业组交接时，确认并记录清洗质量情况；R3、R4 记录点是将自检和甲方验收时，确认并记录清洗质量情况。

工艺纪律及质量保证措施：

① 开始作业前，对全部清洗作业人员进行专项培训。规定清洗工艺、操作

方法、质量标准，保证所有人员都明确地了解标准。

②开展清洗质量内部考核，划分责任区，准确记录清洗操作者，每班进行检查登记，按清洗质量考核得分，进行奖金分配。

③在清洗过程中，对于甲方提出的质量问题，应及时整改。

④项目负责人对清洗质量负责。加强内部检查，尽量减少返工作业，返工作业按不合格的程度，进行惩罚。

⑤司泵确保泵组完好，连续正常运转，保证足够的清洗时间、保证清洗压力和流量进行作业，及时处理故障，减少误工时间。

质量控制点明细表可见附录一"高压水射流清洗作业指导书模板"。

第二节　施工质量的验收、工程量的确认

由于种种原因，到目前为止，高压水射流清洗行业还没有清洗质量标准。没有检索到国外的相关标准，国内也没有相关的国家标准、行业标准，只有部分企业自行编制的标准，缺乏权威性和适用性。

所以，目前高压水清洗普遍采用，甲乙双方协商确定质量标准。一般这样的质量标准比较模糊，存在较大的不确定性。甲乙双方经常会对同一段质量要求的约定，有不同的理解和解释，为此发生争议。所以应当尽量在开始施工前，将清洗质量的标准，协商清楚、避免误解、准确界定。

一般可以采用，在高压水清洗作业的初期，建立质量样板（选择具有代表性的列管，进行清洗，获得效果实例），甲乙双方代表在现场确认（对清洗前、后的列管、表面等，进行编号标记、拍照取证，双方签署确认质量标准的文件），验收时以此为标准，检查验收本项目的清洗质量。

在验收文件中，应当要求甲方明确清洗质量状况（清洗质量合格、达到质量要求），不能简单（仅签写姓名日期），不能含糊（完成任务、清洗完成），同时应当准确表述完成的工程量。有一些企业还需要确认，在施工中没有发生安全问题、没有发生环境污染、没有违反甲方现场的管理规定，清洗出的垢渣和污水已经集中送至甲方指定的位置等。不要认为这些工作烦琐、多余，这些确认资料对于后续的工程结算、环保检查、安全检查非常重要，如果错过这个机会，单独要求甲方签署这类文件，会非常困难。所以尽量编制一个比较完整的验收文件，让甲方签字确认，使一个文件满足多方的检查要求。

清洗施工产生的垢渣和污水，不是施工单位产生的，是甲方生产过程中产生的，乙方（施工单位）只是将其从设备中、管线中清理出来。所以垢渣和污水的处理责任属于甲方，乙方可以协助甲方收集、运输到甲方指定地点。乙方努力争取将相关内容，明确写入合同和验收文件。防止事后环保部门的追踪检查。

第三节　施工现场环境恢复

每一项施工完成后，应当尽快恢复施工现场的环境卫生状况。应当注意施工中飞溅到墙壁、管廊、设备等位置的垢渣污水痕迹，尽量将其清洗干净。应当注意施工现场地面的污染状况，必要时应当采用手持喷枪清洗地面。应当注意施工现场引导污水排放的地下管道，防止未能沉淀过滤的垢渣堵塞地下管道。不光清洗任务要完成得漂亮，施工现场的环境恢复也很重要，防止施工队伍撤离后，甲方发现这些问题，产生不应有的抱怨，影响我们的企业形象。

在恢复施工现场环境、收集运输现场污物时，应当严格遵守《中华人民共和国固体废物污染环境防治法》中第五条和第二十条的内容：

第五条　产生收集、贮存、运输、利用、处置固体废物的单位和个人，应当采取措施，防止或者减少固体废物对环境的污染，对所造成的环境污染依法承担责任。

第二十条　产生、收集、贮存、运输、利用、处置固体废物的单位和其他生产经营者，应当采取防扬散、防流失、防渗漏或者其他防止污染环境的措施。不得擅自倾倒、堆放、丢弃、遗撒固体废物。

第四节　施工装备的撤出、清点退库

高压水清洗施工后，应当及时彻底地从现场撤出施工设备和机具。一方面应当对施工现场进行全面彻底的巡视检查，对受限空间内部、管线内部、高处平台重点检查，防止发生工具机具的遗留（受限空间内部、管线内部遗留工具，容易引发甲方生产事故，高处遗留工具，容易引发坠物伤人事故）。另一方面应当依据施工前出发装车的清单，逐项核对检查，防止发生遗留丢失。

关于清洗施工现场使用的设备和机具，应当采用借用、退库的管理方法。在每项施工出发准备时，从"在用器材库"填写借条，借用高压软管、脚踏阀、手持喷枪、接头、喷头、对讲机、呼吸器等。施工完成后，依据借条向"在用器材库"退还。并向库房管理人员告知，在使用中哪些器材发生问题。由库房管理人员向维修班下达设备器材的维修任务，保证"在用器材库"内的器材处于完好待命状态，避免施工现场出现前次已经损坏的器材。库房管理人员还要对退库的器材，进行检查试压，及时发现器材的故障，对于确实损坏，无法修复的器材进行报废处理。同时，认真核对借条，避免器材遗失在施工现场，造成企业的异常损失，清洗成本异常增加。

库房管理人员，应当针对每项清洗施工，使用的设备和器材进行统计分析，尽量准确地考核量化施工成本。通过分析施工项目的器材消耗，对异常的消耗进行重点研究，发现使用操作中的问题、发现器材的质量问题等，逐渐提高操作水平、改进完善清洗器材，从管理中挖掘潜力和效益。

第五节　竣工资料整理归档

清洗施工企业应当建立施工档案，应当意识到，认真分类整理、归档保存的施工档案，是企业的宝贵资源和财富。不要错误地认为施工档案，是费时费力、没有用处的废纸，是没有用处的记录，是应付检查的累赘。

完整的施工记录包括：

① 施工合同、施工方案；

② 甲方技术交底、人员进场安全教育记录；

③ 乙方危险源分析和环境因素分析、劳动保护领用记录；

④ 现场环境分析检测报告、允许施工的作业票、班前安全会记录；

⑤ 施工过程中的 HSE 检查记录、质量自检记录、交接班记录；

⑥ 设备运行记录、设备维修记录；

⑦ 施工方案变更记录；

⑧ 完工验收记录、工程结算单；

⑨ 施工成本统计分析表。

除以上内容，还应当认真记录如下内容：

① 清洗项目的甲方单位、装置名称、设备名称、设备位号、设备数量、清洗面积、污垢性质、开工时间、完工时间；

② 施工地点的详细地址、行车路线、联系人、联系电话；

③ 施工现场的作业条件，水源情况、照明情况、作业场地、作业楼层、环境安全、污水排放、安全监护；

④ 施工现场的风险因素，防火防爆、中毒窒息、高空作业、射流伤害、化学灼伤等；

⑤ 施工现场的特殊要求，污水排放、噪声控制、污物处理、尾气控制；

⑥ 施工人员状况，现场主管负责人、作业人员数量；

⑦ 施工装备状况，施工设备数量型号、施工车辆、清洗器材；

⑧ 施工清洗工艺特点、过程控制要求、质量自检方法。

这些记录工作，初看起来比较烦琐，容易引起操作人员的反感。但是，经过一段时间的积累，很快就会发现，这些记录非常宝贵，对以后的再次施工和类似项目的施工，具有非常翔实的指导和帮助作用。人员流动可能造成以前参与施工的人员流失，这些记录可以保证，本次施工人员，可以有非常可靠的前车之鉴。那时，大家就会理解这些记录的必要性。

施工中部分记录和单据，甲方会收回，现场人员应当采用拍照、复印的方法，保留这些记录。一些关键记录，对于保护乙方合法利益，具有至关重要的作用，不能放弃保存。施工记录应当保存三年以上。

部分施工记录的原件，会被财务、企管、库房留存。需要采用复印、拍照的方式保存。对于每一个施工项目，应当形成一套完整的施工记录，单独在工程管理档案中保存。这套档案不允许离开档案室，必要时可以借阅复印件。

第六节　客户回访，征询建议，持续改进

作为比较规范的清洗企业，应当建立客户回访制度。不能认为清洗施工完成就是项目的结束。不能认为客户回访是多此一举的麻烦。做好客户回访是提升客户满意度的重要方法。对于需要重复开展清洗的客户，回访沟通可以得到客户的良好认同，可以建立良好的企业形象，还可以争取、巩固清洗市场。

我们对客户进行回访时，必须调整好心态，高高兴兴、认认真真地去对待每个客户。通过我们的声音，传递出企业的诚信和品质。

清洗施工企业应当专门拟定规范客户回访记录表，以及回访的规范用语和内容。不能随意沟通、信口开河，降低回访质量、影响企业形象。针对一些典型、常见的客户意见，应当编制科学合理的应对预案。

① 对冲动型客户。在回访过程中，可能会碰到性急而暴躁的客户（对于施工中发生的问题严重地抱怨），一时性急而说出气话。这时回访人员不能受其情绪的影响，只当没有听见，仍以温和友好的态度和他沟通，需要耐心地听其倾诉，需要等他逐渐平静下来。这类客户往往很果断，决定自己的所需。作为回访工作人员，对这类客户，应当在其平静后，用温和的语气阐述我们的观点，尽量使其理解我方的努力，令其相信我方十分重视客户意见、可以持续改进、可以满足客户要求、可以长期合作。

② 对寡断型客户。这类客户表现优柔寡断、三心二意，常常是被人左右而又拿不定主意。回访中针对此类客户，应当抓住机会充分介绍本企业的优势（设备能力强、设备数量多、人员经验丰富、人员数量多、企业技术好、企业信誉好等），影响该客户的决策倾向。回访人员必须用坚定和自信的语气，消除客户忧虑，耐心地引导其决定长期采用本清洗企业。

③ 对满足型客户。对这类客户对于我们的施工服务基本满意，又不愿意表现出过度满意，担心以后的服务水平下降。可能会找一些问题，借题发挥或小题大做。对这样的客户，不可对其失礼。不妨请他把话讲完，并征求他对问题应如何解决所持有的意见，满足他的表示态度的心理，使他的自尊心不受伤害。这时，解决他提出的问题、提出改进的措施，不是最重要的内容。可以采用夸赞性语言，赞许他的建议，满足其自尊心理。同时，介绍我们的质量保证体系，宣传我们的服务理念、承诺我们会持续改进、提供更好的服务。

在客户回访中，有效地利用提问技巧非常重要。通过提问，我们可以尽快了解客户的需求和想法。通过提问，理清自己的思路，同时通过提问，也可以让愤怒的客户逐渐变得理智起来。

可以提问一些针对性的问题（质量、进度、卫生、纪律）、选择性的问题（非常满意、比较满意、不满意）、服务性的问题（您有哪些要求、您有哪些建议）、开放性的问题（我们想提高清洗服务水平，您希望我们在哪些方面去努力?）、封闭性的问题（我们想提高服务的满意度，您希望我们提高清洗质量，还是提高清洗速度?）。

清洗企业不仅要回访客户了解情况，应当对客户回访记录，进行认真地分类、统计、分析，从中找出客户最关注的问题、最不能容忍的问题、出现最多的抱怨类别等，针对这些问题制定改进措施，真正实现持续改进。

第八章

高压水射流清洗施工管理资料

高压水清洗施工的组织与管理，需要一些规范文件和记录，本章选择了一部分比较规范的文件，推荐给清洗施工企业，希望可以帮助大家提高施工管理水平。

第一节 作业指导书与施工方案

1. 作业指导书与施工方案的区别

HSE 管理体系中，要求在施工前应当编制"两书一表"（作业指导书、作业计划书、作业检查表）。多数甲方要求，在施工前提交施工方案、HSE 方案。针对这些要求，很多施工单位如坠五里云雾不知所措。这些要求都源于管理体系，都是为了规范施工管理，只是要求侧重点有所不同，不必紧张慌乱，按照管理体系进行编制即可。

作业指导书、作业计划书、施工方案、HSE 方案都属于施工管理的三级文件（即比较具体详细的施工计划）。这些文件是为预防施工风险（质量问题、安全问题、环保问题），规范施工操作（作业前的检查准备、作业中的要求和顺序、作业后的自检和验收），其主要内容基本一致，只是侧重有所不同。

① 作业指导书　是针对某一类清洗项目编制的通用文件（换热器管程清洗作业指导书、换热器壳程清洗作业指导书、反应釜清洗作业指导书、管线清洗作业指导书等）。该类文件可以通用于某一类设备的清洗施工，对于该类设备不必每次重复编制作业计划，直接套用已有的作业指导书即可。

② 作业计划书　是针对某一具体清洗项目编制的作业文件（某年某月对某公司某装置某某位号换热器管程清洗的作业计划书）。该类文件仅针对具体项目一次使用有效。

③ 施工方案　其内容与作业计划书一致，是多数甲方的习惯用语。

④ HSE 方案　其内容与作业计划书、施工方案基本一致，更强调施工中的安全管理、环境保护内容。强调要求方案中必须单独编制危险源分析、环境因素分析、安全隐患防护措施、环境保护污染源控制措施、应急预案等内容。

2. 作业指导书编制指南

在质量管理体系文件中，作业指导书是程序文件的支持性文件，它详细地规定了某些质量控制的管理活动应该如何开展，是对具体作业或质量管理的描述。在贯标过程中，需要制定的作业指导书数量多、工作量大，既要便于管理文件与国际标准接轨，又要达到改善内部质量管理基础工作的目的。所以，对作业指导书的编制和管理应予以高度的重视。

(1) 作业指导书的性质和作用

作业指导书是规定某项活动如何进行的文件，是某个指定的岗位、工作、活动的具体要求，对该岗位、对完成此项工作的员工应该怎样做作业，编制的规范性文件。这些人员应严格执行这一规定，确保此岗位、工作、活动的作业质量。

作业指导书在 ISO 9000 的术语中，虽然没有明确的定义，但在 ISO 9000：2000 族标准中，作业指导书则是质量管理体系程序的支撑文件，称为作业指导书或作业规范或作业标准。

作业指导书的重要性主要体现在：

① 使各项工作或活动有章可循，使过程控制规范化，处于受控状态；
② 确保实现产品、工作、活动质量特征的实现；
③ 保证过程的质量；
④ 对内、对外提供文件化的证据；
⑤ 持续改进质量的基础和依据；
⑥ 避免质量无法得到保证的情况发生。

(2) 编制时应考虑的内容

在编制作业指导书时，要详细地规定，如何开展某项活动或管理工作的要求和验证条件。

作业指导书主要包括以下几个方面的内容：

① 作业的目的；
② 适用范围；
③ 各作业人员的职责；
④ 何时、何地、谁、做什么、怎么做（依据什么去做）；
⑤ 在何时、何环节、谁在何表格中记录何内容；
⑥ 根据何标准检查、证实所做工作是否符合要求。

在编制作业指导书时，要明确关键内容操作的过程：

① 工作的方法；
② 工作中需要使用的设备（如检验或检测仪器等）；
③ 工作环境的要求；
④ 工作流程和要点；

⑤ 工作质量标准和检验方法。

在编制作业指导书时，由于具体岗位、工作、活动等情况繁杂，会涉及许多方面的内容，所以可组织一线经验丰富作业人员讨论，安排具有该专业管理经验的技术人员记录整理，采用示意图、照片、表格等多种形式，准确、直观地表述作业要求和过程。

(3) 编制时应贯彻的原则

作业指导书包括技术性的作业指导书及管理性的工作标准，是质量管理体系文件的重要组成部分。在编制作业指导书时应遵循以下的编写原则。

① 符合性

符合质量方针和质量目标；

符合质量管理体系标准的要求。

② 确定性

在描述任何质量活动过程中，都必须使其具有确定性。即必须明确规定何时、何地、做什么、由谁来做，依据什么文件、怎么做以及应该保留什么记录等，排除人为的随意性。只有这样，才能保证工作过程的一致性，才能保障我们产品的质量和工作质量的稳定性。

③ 相容性

各种与质量体系文件有关的文件之间，应该保持良好的相容性，要协调一致不产生矛盾，而且要与工作的总目标相一致。从质量策划开始就应当考虑保持文件的相容性。

④ 可操作性

在编制作业指导书时，具有可操作性，是文件得以有效贯彻实施的重要前提。因此，编写人员应该进行深入的调查研究，广泛地听取意见，使用人员应该及时地反馈使用中存在的问题，使文件得到不断的改进和完善，以保证文件的可操作性和行之有效。

⑤ 系统性

管理体系应是一个有组织结构、程序、过程和资源构成的有机整体。所以，必须从系统的高度，搞清所编制的作业指导书在体系中的作用，搞清其输入、输出与程序文件及其他作业指导书之间的接口，特别要对程序文件提出的各种要求作出具体的交代和安排。要求保证每个文件的唯一性，加强系统的协调性，不断改善系统的综合性。

⑥ 继承性

应结合实际工作情况，在其原有的管理体系的基础上，使我们的工作规范化、标准化，以满足管理体系标准的要求。这样，才能使我们的管理体系既符合标准的要求，同时能满足施工管理的需要。

⑦ 简化

编制作业指导书要力求精练、简化，通过简化，可以获得诸多的效果：

通过简化管理过程和作业过程，节省一些不必要的管理，减少人力资源的浪费。

简化可以使作业人员对操作的过程更易掌握，减少工作中的各类差错。

简化可以降低对人员素质的要求，易培训、易掌握，更容易充分地执行工作规定。

⑧ 优化

每个工作过程都要在权衡风险、效率和成本的前提下，寻求最佳的办法。在文件实施过程中，要继续进行动态的优化，并持续地改进，才能获得最佳的效果。通过过程的优化，以最低的成本获得预期的成果。

⑨ 预防

预防是质量管理的精髓。在文件的编写过程中，要始终立足于加强预防，要预先对各种可能影响工作质量的因素，做出有效控制的安排，对各类质量策划、设计和开发活动，更要给予特别的关注。还应注重发现潜在的不合格原因并施以预防措施。

⑩ 证实性

作业指导书本身是管理体系的重要的客观证据。管理体系要求保留的各种记录，验证体系运行的状况。所以，在编制文件时，对作业记录应做出周密、细致的安排。以保证对作业是否符合文件和工作要求，进行检查和测评。

⑪ 可测量性

检查或评价质量管理体系运行的符合性、充分性、适宜性和有效性，是促进管理体系不断完善的重要手段。为了便于检查时做出确切的评价，在编制文件时，要注意作业的控制点是否可以测量及如何测量。

⑫ 闭环管理

在编制作业指导书时，要注意对任何管理活动的安排均应善始善终，并按PDCA（计划、实施、检查、改进）循环。在闭环管理中，不断检查和评价管理的效果是否达到预期的要求。在针对不合格项所采取的纠正和预防措施中，必须确保纠正和预防措施的有效性。必须实施跟踪管理，找出措施持续有效的证据。

⑬ 制衡原则

在编制作业指导书时，同样要考虑对应用权力的制衡原则，以避免管理体系过分依赖某一工作人员，这样，才能建立有效的监督机制，以保证在管理体系偏离质量方针、质量目标和标准时，能及时加以纠正。

⑭ 持续改进

ISO 9000 标准要求对管理体系持续改进，实施动态管理。在实施动态控制时，要求不断地跟踪情况的变化和运行实施的效果，并及时、准确地反馈信息，调整相应的控制方法和力度，以保持质量管理体系的适宜性。

高压水射流清洗作业指导书及施工方案的模板见附录一、附录二。

第二节　施工管理资料

（1）清洗任务通知单

见附录一。

（2）清洗施工成本核算表（表8-1）

表8-1　清洗施工成本核算表

项目编号：

项目单位				总收入			元
工程量		清洗施工时间	小时	总成本			元
施工日期			工程负责人			工程总人数	人
可控成本			固定成本				
费用名称	金额(元)	备注	行次	设备名称	设备型号	台班	单价	金额(元)
车辆台班费			1				
车辆通行费			2				
租车费			3				
燃油费			4				
器材费2%			5				
修理费			6				
住宿费			7				
工资90元×人×天			8				
出差补助费			9				
夜班补助费			10				
出车补助费			11				
电话补助费			12				
劳务费			13				
营销费用			14				
管理费2%			15				
税金5.5%			16				
其他			17				
			18				
			19				
小计			小计				
盈利		元	制表			日期	
亏损		元	审核			日期	

（3）设备运行记录（表8-2）

表8-2　设备运行记录

编号：JL—CX—06—02—05—

工程开始维护巡检日期	工程结束日期	本次工程运行小时	无故障累计运行	本次工程地点单位	高压泵状态				柴油机状态				运行中发生故障情况	安排维修内容及处理结果维护巡检情况记录	司泵工签字	工程部签字	维修工签字	工装备部签字	考核人签字	备注
					压力	油温	油压	供水	转速	油温	油压	水温								

（4）设备维修记录（表8-3）

表8-3　高压清洗设备维修单

日期：20　年　月　日　　　　　　　　　　　　　　编号：××—××—××—××—××

维修项目		维修人员		
送修人员		计划工时	（小时）	
送修要求：（修理内容、故障情况）		更换备件登记		
		（请将领料单整齐地粘贴在反面）		
		名称	数量	规格型号
送修人签字：				
修理内容记录：				
解体检查情况				
零件损坏情况				
修复后状况				
附实物照片				
追加内容记录：（修理中发现的新问题）		质量验收记录		
			质量	签名	日期
		维修工自检			
		装备部自检			
		使用方验收			
修理负责人：　　　　　　（签字）		质管员验收			

第一联　库房　财务　统计　　　　　　　　　　第二联　装备部保存
第三联　送修部门保存　　　　　　　　　　　　第四联　修理工保存

第三节　设备管理资料

1. 设备档案

（1）设备档案的内容

① 目录简表。档案目录、高压泵组主要技术参数。

②　原始资料。泵组合格证、泵组合同书、泵组说明书、泵组装箱单、柴油机合格证、柴油机说明书、供水泵资料、供应商资质。

③　设备图纸。厂家提供图纸、企业测绘图纸、企业改造图纸。

④　运行记录。设备运行记录、施工成本核算表。

⑤　维修记录。20××年维修记录……、维修备件消耗统计。

⑥　事故记录。20××年××月××日事故调查、报告、措施文字记录、事故照片记录。

⑦　改造记录。20××年设备改造记录……（改造内容、方案、设计、实施、成本、效果）。

⑧　操作要求。操作规程、检查记录、考评记录。

(2)　电子版设备档案

早期普遍采用纸质版设备档案，在管理和使用中存在一些不便，现在很多企业采用电子版的设备档案，为档案的管理和使用带来很多方便，如图 8-1 所示。

图 8-1　电子化档案管理

电子版的设备档案，可以方便远在外地的施工项目，通过微信、邮箱快速传递图纸、维修方案等。可以根据记录安排定期换油、定期维修，减少设备故障。可以根据运行记录和维修记录分析高发故障原因，研究改造方案，降低设备故障率。

设备档案不是应付检查的"花架子"，是设备管理的有效方法，是减少设备故障的"法宝"，是降低备件消耗降低运行成本的手段，是企业的无形财富。

2. 高压泵检修规程

（1）设备维修的流程（图8-2）

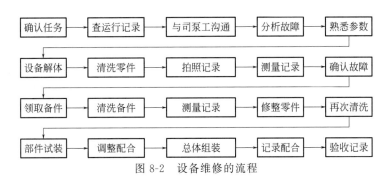

图 8-2　设备维修的流程

（2）高压泵维修参数记录表（表8-4）

表 8-4　高压泵维修参数记录表

项目	部位	完好标准	参考数值	维修范围值	报废范围值
直观检查	动力端输入轴轴承温度	50～75℃	65℃		
	动力端曲轴轴承温度	50～75℃	65℃		
	动力端十字头部位温度	50～75℃	65℃		
	动力端润滑油温度	50～70℃	60℃		
	液力端出口软管脉动	目视无抖动触摸有脉动	与柱塞往复次数相同的平稳脉动		
	液力端低压水管脉动	无脉动	无脉动		
	填料函支撑环部位温度	与气温接近	≤40℃		
	柱塞密封漏水状况	微量滴水较好	5～30 滴/min		

项目	部位	完好标准	参考数值	维修范围值	报废范围值
仪器检查	动力端轴承部位振动	CODE:磨损 NORM:背景 LUB:油膜 Hi mm/s:高频	CODE:≤9 NORM:30~50 LUB:≥6 Hi mm/s:0.28~2.8		≥40 ≤5 ≥5.6
	动力端十字头部位振动	CODE:磨损 NORM:背景 LUB:油膜 Lo mm/s:低频	CODE:磨损≤9 NORM:30~50 LUB:≥6 Lo mm/s:1.1~3.2		≥40 ≤5 ≥7
	液力端垂直方向振动	CODE:磨损 NORM:背景 LUB:油膜 Lo mm/s:低频	CODE:磨损≤9 NORM:30~50 LUB:≥6 Lo mm/s:1.1~3.2		≥40 ≤5 ≥7
	液力端水平方向振动	CODE:磨损 NORM:背景 LUB:油膜 Lo mm/s:低频	CODE:磨损≤9 NORM:30~50 LUB:≥6 Lo mm/s:1.1~3.2		≥40 ≤5 ≥7
动力端	曲轴轴径	$\phi 85$	$\phi 85_{-0.05}^{0}$	修磨轴颈0.25 换配补偿轴瓦	≥1mm
	曲轴瓦径向配合间隙	0.08~0.10mm	$0.1/100 \times 85$ $=0.085mm$	0.10~0.15mm	≥0.15mm
	曲轴瓦轴向串量	2~2.5mm	1.5~2mm	≥3mm	3.5mm
	连杆小头销轴轴径 $\phi 30$	−0.01~0.03mm	$\phi 30_{-0.015}^{0}mm$	0.05~0.08mm	≥0.1mm
	连杆小头铜套径向间隙	0.04~0.06mm	$0.05/100 \times 30+0.05$ $=0.065mm$	0.1~0.15mm	≥0.15mm
	连杆小头铜套轴向串量	0.05~0.3mm	0.2/100×套长(60) =0.125mm	≥0.3mm	≥0.5mm
	十字头直径	$\phi 95mm$	$\phi 95_{-0.03}^{0}mm$	≥0.08mm	≥0.08mm
	十字头大铜套径向间隙	0.10~0.15mm	$0.5/1000 \times 95+0.05$ $=0.0975mm$	≥0.2mm	≥0.2mm
	大齿轮滚动轴承轴径	$\phi 60mm$	$\phi 60 \pm 0.01mm$	−0.035mm	−0.05mm
	小齿轮滚动轴承轴径	$\phi 60mm$	$\phi 60 \pm 0.01mm$	−0.035mm	−0.05mm
	大齿轮滚动轴承状况	表面无点蚀	径向游隙 0.025~0.04mm	表面点蚀	径向游隙 ≥0.07mm
	小齿轮滚动轴承状况	表面无点蚀	径向游隙 0.025~0.04mm	表面点蚀	径向游隙 ≥0.07mm
	小齿轮轴向浮动串量	2~4mm	2~4mm	≥5mm	≥6mm

项目	部位	完好标准	参考数值	维修范围值	报废范围值
动力端	大齿轮轴向浮动串量	1～2mm	1～2mm	≥3mm	≥3mm
	中间杆油封	泄漏量 ≤20滴/min	泄漏量 ≤10滴/min	泄漏量 ≤30滴/min	泄漏量 ≤30滴/min
液力端	排液阀座(高压)	无点蚀和贯通痕	粗糙度0.4以上	点蚀或贯通痕 深度≥0.4mm	点蚀或贯通痕 深度≥0.6mm
	排液弹簧	无点蚀和裂纹 保持原有高度直度	符合原图技术指标	点蚀≥0.3mm 变形≥4mm	点蚀≥0.4mm 变形≥6mm
	排液阀片(高压)	无点蚀和贯通痕	粗糙度0.4以上	点蚀或贯通痕 深度≥0.4mm	点蚀或贯通痕 深度≥0.6mm
	进液阀座(低压)	无点蚀和贯通痕	粗糙度0.4以上	点蚀或贯通痕 深度≥0.4mm	点蚀或贯通痕 深度≥0.6mm
	进液弹簧	无点蚀和裂纹 保持原有高度直度	符合原图技术指标	点蚀≥0.3mm 变形≥4mm	点蚀≥0.4mm 变形≥6mm
	进液阀片(低压)	无点蚀和贯通痕	粗糙度0.4以上	点蚀或贯通痕 深度≥0.4mm	点蚀或贯通痕 深度≥0.6mm
填料函	填料(PPTA+PTFE)	边角增强混编润滑 模压成型套筒保存	8×8　斜口45°	接口松散 边角缺失	接口松散 边角缺失
	柱塞直径	$\phi26/\phi30$mm	$\phi26/\phi30_{-0.05}^{0}$mm	纵向划痕 局部磨损	纵向划痕 局部磨损
	玻璃钢隔环	$\phi26/\phi30$mm	$\phi26/\phi30_{0}^{+0.01～0.03}$mm	磨损分层 局部破碎	磨损≥0.1mm
	碳环(石墨)	$\phi26/\phi30$mm	$\phi26/\phi30_{0}^{+0.01～0.03}$mm	磨损开裂	磨损≥0.1mm
	弹簧	无点蚀和裂纹 保持原有高度直度	符合原图技术指标	点蚀≥0.8mm 变形≥6mm	点蚀≥0.8mm 变形≥8mm
调压阀	阀座	无点蚀和贯通痕	粗糙度0.4以上	点蚀或贯通痕 深度≥0.4mm	点蚀或贯通痕 深度≥0.6mm
	阀杆	无点蚀和贯通痕	粗糙度0.4以上	点蚀或贯通痕 深度≥0.4mm	点蚀或贯通痕 深度≥0.6mm
	阀杆密封	PTFE+丁腈橡胶	内径外径配合良好	冲蚀或贯通痕	深度≥0.1mm
齿轮	左齿轮副顶间隙	1.0～1.5mm	1.0～1.5mm	≥1.7mm	≥1.7mm
	右齿轮副顶间隙	1.0～1.5mm	1.0～1.5mm	≥1.7mm	≥1.7mm
	左齿轮副总侧间隙	0.30～0.35mm	0.30～0.35mm	≥0.4mm	≥0.4mm
	右齿轮副总侧间隙	0.30～0.35mm	0.30～0.35mm	≥0.4mm	≥0.4mm
	齿轮啮合面状况	无点蚀和裂痕	粗糙度0.8以上	点蚀或裂痕	粗糙度0.6以下

3. 高压泵试车验收记录（表8-5）

表8-5　高压泵试车验收记录

试车日期：20××年××月××日　　　　　　　　　　　　　　　　　　试车时间：××∶××

高压泵组基础数据						
用户编号		泵组型号		出厂编号	操作者	
额定流量		额定压力		试验介质	供水压力	
电机型号		额定功率		额定电压	额定电流	
		额定转速		防爆等级	出厂日期	
柴油机型号		额定功率			出厂编号	
		额定转速			出厂日期	
采购日期		启用日期		累计运转		
维修日期		维修人员		维修项目		
质量验收人		操作者验收		维修人验收	验收结论	

试车内容			第一阶段				第二阶段				第三阶段			
			A	B	C	均	D	E	F	均	G	H	L	均
项目	类别	单位												
压力	低、中、高	MPa												
流量	计量时间	min												
	计量容积	L												
转速	驱动机	r/min												
	柱塞冲次	min^{-1}												
柴油机状况	油压	MPa												
	油温	℃												
	水温	℃												
电动机状况	电流	A												
	温度	℃												
高压泵状况	油压	MPa												
	油温	℃												
	柱塞密封	滴/min												
	柱塞温度	℃												
	曲轴轴承温度	℃												
	主轴轴承温度	℃												
	垂直振动	mm/s												
	水平振动	mm/s												

第四节　危机处理资料

(1) 事故调查报告 (主要内容)

① 发生事故单位 (公司、部门、班组)。

② 发生事故时间 (年、月、日、时、分)。

③ 发生事故地点 (省、市、区及公司、车间、装置、位置、楼层)。

④ 发生事故类别 (火灾、爆炸、设备、生产、交通、人身等事故)。

⑤ 发生事故等级 (车间级、企业级、一般、重大、特大事故)。

⑥ 事故伤害情况 (人数、姓名、性别、年龄、工种、工龄、文化程度、何种伤害、伤害部位、伤害程度、伤害原因责任……)。

⑦ 事故设备损失 (设备名称、规格型号、操作状态、损坏情况、操作者……)。

⑧ 事故经过。

⑨ 事故证据 (现场手续、照片、实物、医院诊断、他人证明……)。

⑩ 事故原因 (主要、次要、技术、设备、违章、环境等原因)。

⑪ 事故责任 (直接、主要、次要、领导、管理等责任)。

⑫ 事故损失。

⑬ 事故教训。

⑭ 防范措施。

⑮ 上报时间。

⑯ 上报单位。

(2) 事故分析记录 (表8-6、表8-7)

表 8-6　事故分析记录 A

调查时间		年		月		日		时		分		
调查地点		省		市		区						
		公司		部门								
调查人员	组长		外部专家				组员					
调查问讯记录		调查对象(姓名)										
		事发时间										
	事发地点准确位置	装置名称										
		平台楼层										
		作业点方位										
		操作者体位										

调查问讯记录	作业环境	气体分析				
		现场照明				
		现场温度				
		作业场地				
	现场人员					
	事故过程					
	人员受伤情况					
	设备损坏情况					
	现场救护情况					

调查组长：　　　　　　　　调查对象（签名）　　　　　　　　记录员：

表 8-7　事故分析记录 B

调查问讯记录	作业前教育情况				
	作业前手续办理				
	作业中规章执行				
	安全措施落实				
	现场指挥情况				
	事故相关证据				
	…				
事故原因分析	事故类别				
	事故等级				
	人员伤害等级				
	设备损坏程度				
	…				
	主要原因				
	次要原因				
	技术原因				
	设备原因				
	违章原因				
	人员素质				
	工作环境				

事故原因分析	劳动保护									
	…									
	直接责任									
	主要责任									
	次要责任									
	领导责任									
	管理者责任									
	…									
经济损失	直接经济损失									
	间接经济损失									
伤员登记	姓名	性别	年龄	工种	工龄	文化	何种伤害	伤害部位	伤害程度	伤害原因

设备登记	设备名称	规格型号	操作状态	损坏情况	操作者

(3) 事故处理报告（主要内容）

① 事故经过（发生事故部门、时间、地点、人员、过程……）。

② 事故类别、等级、损失、伤害……确定。

③ 事故原因（主要、次要……判定）。

④ 事故责任及处理。

　×××因……，负直接责任，处￥×××.××罚款

　×××因……，负主要责任，处￥×××.××罚款

　×××因……，负次要责任，处￥×××.××罚款

　×××因……，负领导责任，处￥×××.××罚款

　×××因……，负管理责任，处￥×××.××罚款

　×××因……，负××责任，处￥×××.××罚款

　×××因……，负××责任，处￥×××.××罚款

⑤ 事故教训。

⑥ 防范措施。

　　　　　　　　　　　　　　上报单位：

　　　　　　　　　　　　　　上报时间：

第五节　清洗施工岗位责任制

1. 项目经理岗位责任制

（1）总则

① 为了明确工作职责，提高工作质量和工作效率，做好本公司的管理工作，制定本责任制。

② 本责任制是指导和约束清洗工的工作准则，必须严格遵守。

（2）引用标准

本责任制是参照××公司职工岗位规范、企业内部规章制度全书及其他相关的规定，并结合本公司的实际情况而制定。

（3）岗位职责

① 掌握高压水射流清洗换热器、管线等安全操作规程，并严格按规程操作。

② 清洗操作人员都必须经考核取得合格证书后才能上岗操作。

③ 清洗操作人员对清洗质量负责。必须树立"质量是企业之生命"的宗旨，认真对待每一项工程，一丝不苟、精益求精。

④ 清洗操作人员在清洗作业中，必须服从命令听指挥。为了安全生产，接受准军事化的管理，为了企业形象约束自己的行为。

⑤ 清洗操作人员在清洗作业中，必须精力集中，严禁闲聊、张望、打闹、玩笑。

⑥ 清洗操作人员在高空作业时，必须事先检查作业平台是否坚固、有无可靠的栏杆，并且必须系好自己的安全带。所有行为必须符合相关规定，对自身的安全负责。

⑦ 清洗操作人员在作业过程中必须经常观察现场情况，当被清洗设备的污垢遇水产生气体、升温、烧灼等情况时，必须及时报告、及时采取有效防护措施。清洗操作人员对清洗作业安全负责，对自身的安全负责。

⑧ 清洗操作人员负责在作业区周围设置明显的围栏标志，禁止闲杂人员进入，防止污水喷溅，清洗操作人员有责任避免误伤事故发生。

⑨ 在发生特殊情况（如开关失灵、现场险情）时，严禁丢下喷枪喷头只顾个人安危，清洗操作人员有责任避免造成他人被伤害。

⑩ 喷枪作业时严禁用枪指向他人，防止他人进入有效喷射范围，清洗操作人员有责任避免造成他人被伤害。

⑪ 清洗操作人员有责任维护现场的环境卫生。清洗中防止污水漫流，清洗后及时清理现场，恢复整洁环境，避免造成污染。

⑫ 清洗操作人员有责任遵守甲方的相关规定，尊重甲方人员的要求，文明礼貌地接待相关人员。

⑬ 清洗操作人员有责任爱护所有清洗器材、机具、设备。按规定借用、退库，防止丢失。按要求操作，防止异常损坏。

⑭ 清洗操作人员有责任爱护公司建筑设施、各种设备。

⑮ 清洗操作人员有责任爱护（外埠）住宿设施。保持卫生、清洁、整齐，防止损坏。

（4）工作标准

① 所有清洗操作符合安全操作规程，没有发生安全事故。

② 清洗现场全部作业符合相关的规定，没有违章现象。

③ 全部清洗作业达到质量标准，不出现返工、投诉现象。

④ 全部设备、器材卫生维护达到标准。

⑤ 全部设备、器材不发生人为损坏、丢失现象。

⑥ 清洗操作人员令行禁止，达到准军事化标准。

⑦ 清洗现场在作业完成后，干净整齐、无污水、无污渣，没有环境污染事故。

⑧ 清洗人员着装整齐、干净，行为文明礼貌。

⑨ 清洗人员的休息室、浴池、外埠住房等处，干净整齐，符合卫生标准。

（5）检查与考核

① 本制度与经济责任制是相互关联的管理措施。

② 主管领导和上级部门有权根据责任制检查和考核。

③ 公司每位员工也有权根据责任制对违章行为提出处理意见。

④ 公司将根据经济责任制、奖惩制度进行月评、月奖。

2. 安全员岗位责任制

（1）总则

① 为了明确工作职责，提高工作质量和工作效率，做好本公司的安全管理工作，制定本责任制。

② 本责任制是指导和约束公司安全员的工作准则，必须严格遵守。

（2）引用标准

本责任制是参照××公司职工岗位规范、企业内部规章制度全书及其他相关的规定，并结合本公司的实际情况而制定。

（3）岗位职责

① 负责监督检查本公司安全制度、操作规程的贯彻执行情况。

② 协助各部门负责人审查有关安全技术规程、制度，并贯彻执行。

③ 负责公司清洗工程施工、基地建设施工、动火施工及日常生产等工作中安全措施的具体贯彻实施，对违章作业者有权停止其作业、责令检查整改。

④ 负责分析确定事故原因、负责教育事故责任者和员工、负责制定落实防范措施。

⑤ 负责本单位的事故调查、分析、统计和上报工作，负责编写事故报告。

⑥ 负责对本单位的事故提出处理意见。

⑦ 负责对本单位安全工作进行检查考核，提出奖罚意见。

⑧ 负责对新员工（包括清洗、维修）的车间级安全教育工作。

⑨ 负责日常安全活动的组织，负责安全活动的记录、整理、保存。

⑩ 负责本公司消防工作的贯彻执行。负责消防设施、器材的检查、更换，负责组织消防训练、演习，应急方案的编制、宣传、演练。

⑪ 负责本公司劳保着装的检查，发现不合格者，有权进行处罚。

⑫ 负责本公司环境保护、三废处理工作的贯彻执行。

⑬ 负责本公司各类电器设备、照明设备、临时用电、用电人员的检查监督，发现违章操作、危险设备等，有权停止作业、责令整改，直至进行处罚。

⑭ 负责组织员工进行触电、中毒、外伤急救知识的培训和演练。

⑮ 负责本公司工作环境、职业病预防的检查监督。

（4）工作标准

① 公司生产安全稳定，实现九项事故为零。

② 各岗位安全操作规程齐全、执行认真，有计划地进行督促检查。

③ 按时、按计划对员工进行安全教育，督促职工严格遵守各项安全制度。对违反劳动纪律和违章作业者进行相应的处理。

④ 能够深入现场检查机械、设备、工具、安全装置，并经常督促检查劳动纪律和个人防护用品的穿戴。

⑤ 能够按时组织好安全月（日）活动、安全检查和安全整改、消防演习等活动。能够宣传安全生产的好经验，表扬遵章守纪的典型事例。

⑥ 对发生的事故能够做到"三不放过"，能够如实报告、严肃处理、认真总结事故教训，能够按规定组织、填写、保存、备案资料。

⑦ 本人带头认真执行安全管理制度，严格检查违章违纪行为。

（5）检查与考核

① 本制度与经济责任制是相互关联的管理措施。

② 主管领导和上级部门有权根据责任制检查和考核。

③ 公司每位员工也有权根据责任制对违章行为提出处理意见。

④ 公司将根据经济责任制、奖惩制度进行月评、月奖。

3. 清洗组长岗位责任制

（1）总则

① 为了明确工作职责，提高工作质量和工作效率，做好本公司的管理工作，制定本责任制。

② 本责任制是指导和约束清洗工的工作准则，必须严格遵守。

（2）引用标准

本责任制是参照××公司职工岗位规范、企业内部规章制度全书及其他相关的规定，并结合本公司的实际情况而制定。

（3）岗位职责

① 掌握高压水射流清洗换热器、管线等安全操作规程，并严格按规程操作。

② 清洗操作人员都必须经考核取得合格证书后才能上岗操作。

③ 清洗操作人员对清洗质量负责。必须树立"质量是企业之生命"的宗旨，认真对待每一项工程，一丝不苟、精益求精。

④ 清洗操作人员在清洗作业中，必须服从命令听指挥。为了安全生产，接受准军事化的管理，为了企业形象约束自己的行为。

⑤ 清洗操作人员在清洗作业中，必须精力集中，严禁闲聊、张望、打闹、玩笑。

⑥ 清洗操作人员在高空清洗作业时，必须事先检查作业平台是否坚固、有无可靠的栏杆，并且必须系好自己的安全带。所有行为必须符合相关规定，对自身的安全负责。

⑦ 清洗操作人员在作业过程中必须经常观察现场情况，当被清洗设备的污垢遇水产生气体、升温、烧灼等情况时，必须及时报告、及时采取有效防护措施。清洗操作人员对清洗作业安全负责，对自身的安全负责。

⑧ 清洗操作人员负责在作业区周围设置明显的围栏标志，禁止闲杂人员进入，防止污水喷溅，清洗操作人员有责任避免误伤事故发生。

⑨ 在发生特殊情况（如开关失灵、现场险情）时，严禁丢下喷枪喷头只顾个人安危，清洗操作人员有责任避免造成他人被伤害。

⑩ 喷枪作业时严禁用枪指向他人，防止他人进入有效喷射范围，清洗操作人员有责任避免造成他人被伤害。

⑪ 清洗操作人员有责任维护现场的环境卫生。清洗中防止污水漫流，清洗后及时清理现场，恢复整洁环境，避免造成污染。

⑫ 清洗操作人员有责任遵守甲方的相关规定，尊重甲方人员的要求，文明礼貌地接待相关人员。

⑬ 清洗操作人员有责任爱护所有清洗器材、机具、设备。按规定借用、退库，防止丢失。按要求操作，防止异常损坏。

⑭ 清洗操作人员有责任爱护公司建筑设施、各种设备。

⑮ 清洗操作人员有责任爱护（外埠）住宿设施。保持卫生、清洁、整齐，防止损坏。

（4）工作标准

① 所有清洗操作符合安全操作规程，没有发生安全事故。

② 清洗现场全部作业符合相关的规定，没有违章现象。

③ 全部清洗作业达到质量标准，不出现返工、投诉现象。

④ 全部设备、器材卫生维护达到标准。

⑤ 全部设备、器材不发生人为损坏、丢失现象。

⑥ 清洗操作人员令行禁止，达到准军事化标准。

⑦ 清洗现场在作业完成后，干净整齐、无污水、无污渣，没有环境污染事故。

⑧ 清洗人员着装整齐、干净，行为文明礼貌。

⑨ 清洗人员的休息室、浴池、外埠住房等处，干净整齐符合卫生标准。

(5) 检查与考核

① 本制度与经济责任制是相互关联的管理措施。

② 主管领导和上级部门有权根据责任制检查和考核。

③ 公司每位员工也有权根据责任制对违章行为提出处理意见。

④ 公司将根据经济责任制、奖惩制度进行月评、月奖。

4. 清洗工岗位责任制

(1) 总则

① 为了明确工作职责，提高工作质量和工作效率，做好本公司的管理工作，制定本责任制。

② 本责任制是指导和约束清洗工的工作准则，必须严格遵守。

(2) 引用标准

本责任制是参照××公司职工岗位规范、企业内部规章制度全书及其他相关的规定，并结合本公司的实际情况而制定。

(3) 岗位职责

① 掌握高压水射流清洗换热器、管线等安全操作规程，并严格按规程操作。

② 清洗操作人员都必须经考核取得合格证书后才能上岗操作。

③ 清洗操作人员对清洗质量负责。必须树立"质量是企业之生命"的宗旨，认真对待每一项工程，一丝不苟、精益求精。

④ 清洗操作人员在清洗作业中，必须服从命令听指挥。为了安全生产，接受准军事化的管理，为了企业形象约束自己的行为。

⑤ 清洗操作人员在清洗作业中，必须精力集中，严禁闲聊、张望、打闹、玩笑。

⑥ 清洗操作人员在高空清洗作业时，必须事先检查作业平台是否坚固、有无可靠的栏杆，并且必须系好自己的安全带。所有行为必须符合相关规定，对自身的安全负责。

⑦ 清洗操作人员在作业过程中必须经常观察现场情况，当被清洗设备的污

垢遇水产生气体、升温、烧灼等情况时，必须及时报告、及时采取有效防护措施。清洗操作人员对清洗作业安全负责，对自身的安全负责。

⑧ 清洗操作人员负责在作业区周围设置明显的围栏标志，禁止闲杂人员进入，防止污水喷溅，清洗操作人员有责任避免误伤事故发生。

⑨ 在发生特殊情况（如开关失灵、现场险情）时，严禁丢下喷枪喷头只顾个人安危，清洗操作人员有责任避免造成他人被伤害。

⑩ 喷枪作业时严禁用枪指向他人，防止他人进入有效喷射范围，清洗操作人员有责任避免造成他人被伤害。

⑪ 清洗操作人员有责任维护现场的环境卫生。清洗中防止污水漫流，清洗后及时清理现场，恢复整洁环境，避免造成污染。

⑫ 清洗操作人员有责任遵守甲方的相关规定，尊重甲方人员的要求，文明礼貌地接待相关人员。

⑬ 清洗操作人员有责任爱护所有清洗器材、机具、设备。按规定借用、退库，防止丢失。按要求操作，防止异常损坏。

⑭ 清洗操作人员有责任爱护公司建筑设施、各种设备。

⑮ 清洗操作人员有责任爱护（外埠）住宿设施。保持卫生、清洁、整齐，防止损坏。

（4）工作标准

① 所有清洗操作符合安全操作规程，没有发生安全事故。

② 清洗现场全部作业符合相关的规定，没有违章现象。

③ 全部清洗作业达到质量标准，不出现返工、投诉现象。

④ 全部设备、器材卫生维护达到标准。

⑤ 全部设备、器材不发生人为损坏、丢失现象。

⑥ 清洗操作人员令行禁止，达到准军事化标准。

⑦ 清洗现场在作业完成后，干净整齐、无污水、无污渣，没有环境污染事故。

⑧ 清洗人员着装整齐、干净，行为文明礼貌。

⑨ 清洗人员的休息室、浴池、外埠住房等处，干净整齐符合卫生标准。

（5）检查与考核

① 本制度与经济责任制是相互关联的管理措施。

② 主管领导和上级部门有权根据责任制检查和考核。

③ 公司每位员工也有权根据责任制对违章行为提出处理意见。

④ 公司将根据经济责任制、奖惩制度进行月评、月奖。

5. 司泵工岗位责任制

（1）总则

① 为了明确工作职责，提高工作质量和工作效率，做好本公司的管理工作，

制定本责任制。

②　本责任制是指导和约束公司泵工的工作准则，必须严格遵守。

（2）引用标准

本责任制是参照××公司职工岗位规范、企业内部规章制度全书及其他相关的规定，并结合本公司的实际情况而制定。

（3）岗位职责

①　司泵工负责泵组启动前的常规检查。

a.检查泵组、柴油机的润滑油位、油质是否正常。油底壳、气门室盖、各部接缝、油封有无严重泄漏现象；

b.检查泵柴油机的冷却系统：冷却液是否充足，各部软管、接头、放水阀是否严密，油冷器、水泵有无泄漏现象，散热器有无泄漏、有无飞絮堵塞，风扇传动带张紧度是否合适，风扇、风圈位置有无异物；

c.检查泵柴油机的控制及仪表系统：仪表、传感器、是否完好、齐全，控制电缆、配电电缆是否完好，安全联锁是否完好、灵敏，仪表指示是否准确；

d.检查泵柴油机的蓄电及发电系统：电瓶是否完好齐全，电瓶液位是否合适，电瓶电缆、线柱是否完好、清洁，发电机传动带张紧度是否合适，调节器是否齐全、完好，总电源开关是否灵活好用；

e.对泵组进行手动盘车，连续正转九圈以上；应无卡阻现象；应无异常声音；

f.冬季应格外注意防止冰块挤坏零件；

g.检查液力端、填料函、调压阀有无泄漏；

h.检查泵组油冷系统有无泄漏和堵塞；

i.调整柱塞润滑油杯的注油油量（每分钟 3～5 滴）；

j.打开进水阀门，将进口水压控制在 0.3～0.4MPa，检查进水系统、过滤器是否畅通，有无堵塞或泄漏；

k.检查调压阀手轮，使之处于泄压状态；

l.检查溢流水管和高压水输水管是否连接正常。

②　司泵工负责泵组的操作。

a.泵组启动前必须得到清洗负责人的明确指令。无论预热、试车……在没有指令时，都不允许擅自启动泵组；

b.泵组工作前应怠速运转，对柴油机、动力端进行预热（夏季控制在 3min 左右，冬季控制在 10min 左右）；

c.司泵在清洗过程中必须坚守岗位，随时按负责人的口令进行操作；

d.清洗现场需要升压，必须与清洗负责人反复核实指令无误时，才能操作；

e.升压过程应缓慢、平稳进行（0～15MPa 应控制在 40s 左右，15～50MPa

应控制在 30s 左右）；

f. 升压过程中应随时观察压力表及溢流水的情况，如果表压不再上升或只有微量溢流水，不能继续旋紧手轮，这时应检查喷口状况、柴油机转速情况和输水管线密封情况。必须根据实际情况调整相关参数，在上述情况下禁止继续旋紧手轮强制升压；

g. 泵组运转过程中，必须随时注意泵组的工作情况，如有异常声响、泄漏、振动或异味时，应及时停车检查；

h. 泵组运转过程中，应注意泵组的发电电流变化（正常值 120A 左右）；

i. 泵组运转过程中，应注意泵组溢流水的变化，并及时报告、调整；

j. 泵组运转过程中，应及时补油、补水，维护卫生。

③ 司泵工负责泵组停车后的处理

a. 泵组非紧急情况停车时，应先将水压降低到零位，再降低柴油机的转速，在怠速状态运转 3～5min，再关闭柴油机；

b. 关闭上水阀门，收回上水消防水带，收回高压水输水胶管，所有操作手柄、按钮、开关……恢复正确位置，切断操作电源；

c. 泵组停车后，应及时进行常规检查保养（项目与启动前基本相同）；

d. 返回基地以后，应及时与维修工联系，反映操作中发现的问题，报告运转过程中主要参数（压力、流量、转速、温度、工作时间……），协助填写泵组操作、巡检记录，联系工程部主任签字确认；

e. 冬季必须进行排水防冻处理。柴油机部分（水箱、油冷器、机体……）、高压泵部分（液力端、调压阀、填料函……）采用压缩空气吹扫和低转排空。

④ 司泵工必须遵守施工现场的相关规定（安全、着装、用火、用水……）。

⑤ 司泵工必须经考核取得合格证书后才能上岗操作。

⑥ 司泵工在泵组运转过程中，必须精力集中，严禁闲聊、张望、玩笑。

⑦ 必须服从命令听指挥。为了安全生产，接受准军事化的管理，为了企业形象约束自己的行为。

⑧ 司泵工有责任爱护公司建筑设施、各种设备。

⑨ 司泵工有责任爱护（外埠）住宿设施。保持卫生、清洁、整齐，防止损坏。

（4）工作标准

① 满足清洗现场施工需要，听从清洗负责人指挥，保证清洗作业安全。

② 保证泵组工作状态良好，不发生人为事故。

③ 所有检查、操作、处理均符合操作规程，没有违章。

④ 泵组卫生维护符合要求。

⑤ 操作记录符合要求，及时准确。

⑥ 着装整齐、干净，行为文明礼貌。

⑦ 休息室、浴池、外埠住房等处，干净整齐符合卫生标准。

（5）检查与考核

① 本制度与经济责任制是相互关联的管理措施。

② 主管领导和上级部门有权根据责任制检查和考核。

③ 公司每位员工也有权根据责任制对违章行为提出处理意见。

④ 公司将根据经济责任制、奖惩制度进行月评、月奖。

6. 清洗工程师岗位责任制

（1）总则

① 为了明确工作职责，提高工作质量和工作效率，做好本公司的管理工作，制定本责任制。

② 本责任制是指导和约束公司清洗工艺管理工程师的工作准则，必须严格遵守。

（2）引用标准

本责任制是参照××公司职工岗位规范、企业内部规章制度全书及其他相关的规定，并结合本公司的实际情况而制定。

（3）岗位职责

① 在工程部主任的领导下，进行清洗工艺的技术管理工作。

② 有责任掌握全部清洗设备、机具的参数、性能、状态。有责任掌握全部清洗设备、机具的应用范围、作业能力、技术特点、操作技巧、维修要领。

③ 有责任掌握清洗对象的主要参数、性能、状态。有责任掌握清洗对象的工艺流程、结垢特点、施工条件、安全环境……

④ 有责任了解掌握所有清洗技术、方法、工艺的特点、用途、能力。

⑤ 负责根据清洗对象的实际情况，编制合理的清洗工艺、操作规程、安全措施、质量措施……保证清洗工作顺利进行。

⑥ 负责根据实践案例编制和修订清洗工艺技术文件，逐渐形成标准工艺。

⑦ 负责施工现场清洗工艺的技术服务，选择、调整工艺方法，提高工作效率。

⑧ 负责检查清洗工艺、操作规程执行的情况，检查清洗质量标准执行的情况。

⑨ 负责对初级技术人员、清洗操作人员进行业务培训、技术指导。

⑩ 负责技术培训、技术考核、技能竞赛的技术准备、现场组织、成绩评判。

⑪ 负责典型清洗案例的收集整理、样品保存、拍照备案、记录存档、比较分析、修改工艺、跟踪调查。

⑫ 参加清洗事故的调查分析，负责编写事故分析报告、整改措施（技术

部分）。

⑬ 负责从国内外刊物、专业论文、学术报告中检索清洗工艺、清洗技术方面的信息，整理编辑以后向公司领导报告；分类存入公司资料库。

⑭ 负责通过展览、网络、座谈、交流发现清洗工艺、清洗技术的最新情报，整理编辑以后向公司领导报告；分类存入公司资料库。

⑮ 有责任遵守公司的保护商业秘密暂行规定，有责任对接触到的所有技术资料按照公司规定主动进行保密处理。

⑯ 负责按时编制清洗器材、机具、设备的加工、采购计划，负责编制主要器材质量、寿命评价报告，负责编制清洗作业成本、消耗经济分析报告。

⑰ 有责任在工作中坚持因陋就简、勤俭节约的作风，尽量减少器材消耗。

⑱ 有责任主动学习新知识、新技术、新工艺，避免知识老化、技术落后。

（4）专业知识

① 机械专业技术水平符合公司用人标准。具有比较扎实的工程力学、流体动力工程、机械原理、机械制图、金属及非金属材料等基础理论知识。

② 石化企业检维修技术水平符合公司用人标准。具有比较扎实的化工机械、石化工艺、检修规程、专业知识。

③ 水射流专业技术水平符合公司用人标准。掌握高压密封、流体计算、压力容器计算等专业知识。

④ 清洗工艺专业技术水平符合公司用人标准。掌握流体力学、结垢原理、污垢特性、清洗方法、清洗能力、施工条件、质量标准、安全环境等专业知识。

⑤ 水射流清洗安全生产知识符合公司用人标准。

⑥ 计算机应用、CAD应用、网络应用水平符合公司用人标准。

⑦ 价值工程、系统工程、经济管理等管理知识符合公司用人标准。

⑧ 全面质量管理、现代管理知识符合公司用人标准。

⑨ 企业法、计量法、安全生产法等知识符合公司用人标准。

⑩ 中国石化总公司技术干部外语等级考试合格。

⑪ 具有××公司中级以上的技术职务任职资格。

⑫ 具有从事水射流专业四年以上的工作经验。

（5）工作标准

① 政治素质及职业道德符合职工道德准则干部标准。

② 清洗工艺档案管理工作，记录、台账、资料及时更新、清楚准确、完整规范。

③ 清洗案例档案管理工作，记录、样品、照片及时收集、妥善保管、完整规范。

④ 清洗操作人员、带班组长的培训达到公司要求，清洗操作人员、带班组长的专业能力提高，技术人才的储备增加。

⑤ 满足施工现场的需要，及时解决现场施工困难。

⑥ 施工现场清洗工艺、方法选择合理，没有发生影响施工的情况。

⑦ 按时编制主要器材质量、寿命、使用效果评价报告。

⑧ 按时编制清洗作业成本经济分析报告。

⑨ 完成清洗工艺优化计划，提高清洗能力。

⑩ 技术资料保管符合公司规定，分类清楚、整理及时、保存完好、干净整齐。

⑪ 信息搜集、情报汇编、总结报告、论文撰写达到公司要求。

⑫ 达到公司的保密规定，没有发生泄密事件。

第六节　操作规程

1. 柔性喷枪操作规程

① 由于柔性喷枪（软管）在长度方向，只能承受拉力，不能承受压力（受压时会弯曲），所以，只能配用具有足够自进力的喷头，禁止配用向后运动（向前的喷孔多于向后的喷孔）的喷头；

② 柔性喷枪外壁与被清洗换热器管孔内壁间应保留足够的环形间隙（1/3 直径），使废水、废渣能顺畅排出；

③ 柔性喷枪适用于清洗换热器管孔内松散的脆性污垢，适用于作业空间狭小、立式换热器的清洗，尽量避免使用柔性喷枪清洗换热器管孔内的黏性污垢；

④ 柔性喷枪清洗作业时应连接脚踏阀，操作者应直接控制该阀开关。当用一只脚踏阀控制两支柔性喷枪同时作业时（仅限于同一台换热器清洗时），必须经两个操作者都同意，才可开阀；

⑤ 操作者必须将柔性喷枪插入换热器管内足够长度，才能开阀清洗，以免射流反射，伤及操作者，插入深度不得少于100mm。反之，在柔性喷枪从换热器管孔中退出前（500mm），必须提前关闭脚踏阀；

⑥ 必须采取有效措施，防止柔性喷枪从换热器另一端管孔伸出太多，其伸出长度应小于80mm；

⑦ 柔性喷枪前端必须装有不小于150mm刚性接管，用于插入深度的标记；用于约束软管从换热器对面伸出时甩动；用于增加刚性便于操作者插入管孔；还用于加大喷头至操作者手部的距离，预防射流伤害；

⑧ 为预防柔性喷枪从换热器管孔中退出，需要在柔性喷枪喷头以后500mm处的管体上，进行明显标记；

⑨ 操作中应禁止将软管弯曲到太小的半径，软管弯曲半径不应小于

120mm，以防损坏，喷水伤人；

⑩ 如果可能应采用防护工具，遮挡喷头的反向射流，预防射流伤害；

⑪ 如果可能应采取专用机具，防止喷头从换热器管孔中退出；

⑫ 当清洗作业中，需要旋转软管时，需要谨慎操作。不要扭伤软管、不要划伤外层，必要时增加保护外套引导；

⑬ 当不得不使用柔性喷枪清洗黏性污垢时，需要谨慎操作。需要经常清理软管外表黏结的污垢。需要反复进退，保证环形排渣空隙。加强防护措施，时刻提防反向顶出；

⑭ 清洗作业中，必须控制柔性喷枪进退的速度，不可过快（小于等于0.5m/s）；

⑮ 清洗作业中，为了保证清洗质量和排渣，柔性喷枪需要边喷射、边后退，当退至500mm安全标记时，才能关闭脚阀；

⑯ 清洗作业时，操作者应当站在位于清洗管孔的侧方，减少污水喷向自己。但是，需要保证手握软管正对管孔，禁止手握软管侧向运动，避免换热器管口划伤软管外皮；

⑰ 清洗作业时，应当及时调节被清洗管孔与操作者之间的相对高度，避免过高（高于肩部）或过低（低于小腿中部），形成操作困难或不便；

⑱ 当换热器管孔堵塞严重时，必须采用手持喷枪，逐孔清洗管孔的入口。保证入口处100mm范围内没有厚垢。禁止强行将柔性喷枪插入管孔、开阀清洗，容易造成喷头反弹。

2. 刚性喷枪操作规程

① 由于刚性喷枪（钢管）在长度方向，可以承受一定的压力，可以配用全部向前喷射的喷头，大幅提高射流利用效率，大幅提高清洗能力；

② 刚性喷枪外壁与被清洗换热器管孔内壁间，应保留足够的环形间隙（1/3直径），使废水、废渣能顺畅排出；

③ 刚性喷枪适用于清洗换热器管孔内坚硬的脆性污垢和黏性污垢，不适用于作业空间狭小和立式换热器的清洗，在使用中尽量扬长避短，充分利用其清洗能力强的优势攻坚克难；

④ 刚性喷枪清洗作业时应连接手持喷枪开关阀或脚踏阀，操作者应直接控制阀的开关；

⑤ 操作者必须将刚性喷枪插入换热器管内足够长度，才能开阀清洗，以免喷杆后坐射流飞溅伤及操作者，插入深度不得少于100mm。反之，刚性喷枪从换热器管孔中退出前（500mm），必须提前关闭开关阀；

⑥ 为预防刚性喷枪从换热器管孔中退出，需要在柔性喷枪喷头以后500mm处的管体上，进行明显标记；

⑦ 应采用防护工具，遮挡排渣污水飞溅，预防面部伤害；

⑧ 当清洗作业中，需要安排助手保证刚性喷枪的直线度，每人控制范围不

得大于 1.5m；

⑨ 当清洗作业中，采用旋转型刚性喷枪时，控制刚性喷枪直线度的助手，必须使用专用工具，扶持旋转的钢管，禁止戴塑胶手套，直接扶持刚性喷杆，避免手指卷入，造成人身伤害；

⑩ 旋转喷枪的钢管在使用前必须进行矫直，禁止使用弯度过大的钢管；

⑪ 刚性喷枪的转速不得大于 100r/min，旋转工具必须具有扭矩安全保护，最大扭矩≤50N·m；

⑫ 清洗作业中，遇到坚硬污垢时，需要认真控制射流靶距，努力通过喷枪感觉喷头与污垢断面的距离，努力控制喷头始终与污垢断面保持在靶距范围内。避免将喷枪当成钢钎硬撞，采用蛮力作业；

⑬ 遇到难于清洗的污垢，应当争取条件。例如，采用从换热器的两端分别清洗，由于钢管缩短、刚度提高、便于操作，可以大幅提高清洗效率；

⑭ 清洗作业中，可以采用小车、滑轮、吊架、平衡器等，承担旋转喷枪的重量，减轻操作者劳动强度；

⑮ 当使用刚性喷枪清洗黏性污垢时，需要谨慎操作。需要经常清理软管外表黏结的污垢。需要反复进退，保证环形排渣空隙。当感觉喷枪已经形成轻度柱塞效应时，必须及时后退，清理排渣环隙，同时加强防护措施，时刻提防反向顶出；

⑯ 清洗作业中，必须控制刚性喷枪进退的速度，不可过快（小于等于0.1m/s）。特别要注意，容易通过的管段，更容易出现突发的柱塞效应；

⑰ 清洗作业中，为了保证清洗质量和排渣，刚性喷枪需要边喷射、边后退，当退至 500mm 安全标记时，才能关闭开关阀；

⑱ 清洗作业时，应当及时调节被清洗管孔与操作者之间的相对高度，避免过高（高于胸部）或过低（低于膝部）；

⑲ 当换热器管孔堵塞严重时，必须采用手持喷枪，逐孔清洗管孔的入口。保证入口处 100mm 范围内没有厚垢。禁止强行将刚性喷枪插入管孔；

⑳ 气动旋转喷枪，使用中需要注意气动三联件的状态，保证气马达正常工作。

3. 手持喷枪操作规程

（1）常规要求

① 喷枪上应装有控制阀，喷枪操作者应直接控制该阀的开关；

② 特殊情况下，可以增加脚踏阀，进行双重安全保护；

③ 操作者在发生意外时，严禁将未能关闭的喷枪撒手丢下；

④ 操作者需要集中精力，观察清洗对象、环顾周围情况，双手紧握喷枪，保持正确指向。随时防备特殊情况的发生，防备喷嘴瞬间堵塞而引起的喷头突然偏向、抖动；

⑤ 喷枪初始调压时，应缓慢提升压力，给操作者适应时间；

⑥ 关闭喷枪后，开关扳机必须通过特定机构锁定在关闭状态。

（2）在同一场地多枪作业时

① 应当在输水管路系统中加装平衡阀，防止压力波动，互相影响；

② 喷枪指向同一方向时，操作者相互之间必须保持 3m 以上的距离；

③ 各自的枪口指向外部时，操作者需要保持互相背对背的位置；

④ 严禁操作者面对面进行喷枪作业；

⑤ 当相互距离较近时，应当设置挡板型护栏；

⑥ 非操作者，在喷枪清洗作业时，应远离喷枪 4m 以外。

（3）人员身体状况要求

① 手持喷枪的操作者体重应在 60kg 以上，身体状态良好；

② 手持喷枪操作者所用喷枪反力应当控制在本人体重的 1/3 以下；

③ 一般情况下手持喷枪的反冲力不得大于 200N。

（4）持枪姿势的要求

① 操作者应当采用正确的持枪姿势立姿肩扛、立姿腰顶、立姿腿顶；

② 操作者应尽量避免蹲姿持枪，如果必须蹲姿持枪，需要安排助手在持枪者的身后，进行助力和监护；

③ 禁止在单跳板或窄条支撑上进行手持喷枪作业；

④ 作业时应保持喷枪软管平顺，不能盘绕、扭曲，不能踩踏在软管上进行清洗作业；

⑤ 当作业场地比较宽敞时，应当使用枪管较长的喷枪。喷枪长度控制在操作者枪口向下摆动时，喷嘴已经触地面，枪口与操作者脚部仍然保留有一定安全距离。确保正常持枪作业时，喷枪无法指向自己的脚面之上；

⑥ 手持喷枪操作中必须戴好防护面罩，保护好眼睛及面部；

⑦ 作业中尽量避免垂直喷射清洗表面，争取采用斜角喷射，避免清下的垢渣反射向自己；

⑧ 当清洗对象的污垢具有腐蚀性、刺激性时，必须提前穿戴好防止化学灼伤的防护用具；

⑨ 当使用换能喷头、混合蒸汽喷头或清洗对象加热时，必须提前穿戴防止烫伤的护具；

⑩ 操作者连续作业不得超过 30min，以防疲劳；

⑪ 任何情况下，严禁将喷枪指向人员；

⑫ 更换喷枪操作者时，喷枪必须关闭枪阀，停止清洗作业；

⑬ 禁止在输水管线内有压力的情况下，更换喷嘴、修理开关、松紧接头；

⑭ 喷枪操作者应当合理控制射流靶距，不能太近或太远；

⑮ 喷枪操作者应当合理控制射流角度，尽量使射流射入污垢与基体之间形成水楔，将污垢大块剥离，尽量避免射流总是打击在污垢的上部表面，处于开辟

新断面的状态；

⑯ 喷枪操作者应当合理控制射流移动速度。速度太快容易雾化，速度太慢重复打击效率低；

⑰ 喷枪操作者应当合理控制射流，避免产生水垫，避免产生淹没射流；

⑱ 喷枪操作者应当合理控制旋转射流的移动轨迹，有序移动、均匀移动，注意合理避开中心盲点。

4. 管线喷头操作规程

① 由于管线清洗喷头利用软管实现进退，软管在长度方向，只能承受拉力，不能承受压力。只能配用可以自进的喷头，禁止配用向后运动的喷头（向前喷射的反力，大于向后的推力）。当采用牵引钢绳时，可以例外；

② 管线清洗喷头的软管上应装有脚踏阀，操作者应直接控制该阀的开关；

③ 特殊情况下，可以增加脚踏阀，进行双重安全保护；

④ 操作者在喷头未能完全放入被清洗管线时，严禁开启脚踏阀；

⑤ 操作者需要集中精力，通过软管的拉力和管内射流声音判断清洗状况、时刻注意拉力和声音的变化。随时防备特殊情况的发生，防备喷头反向钻出；

⑥ 暂停清洗作业时，必须将喷头放进管线深处，避免意外伤人（喷嘴口径大、质量好，伤害严重）；

⑦ 禁止在同一管口，同时双向作业；

⑧ 作业时，必须将被清洗管线的出口和各分支开孔，进行遮挡和监护，防止射流伤人；

⑨ 为了有效防止喷头反向钻出，可以采用在喷头后部连接一段钢管（长度与被清洗管线的直径相等，可以采用专用机构限制和遮挡喷头的反向钻出；

⑩ 使用管线清洗喷头时，需要在喷头后部1000mm处的软管上作出明显标记，防止操作失误，将喷头拉出管线；

⑪ 操作管线清洗喷头时，必须戴好防护面罩，保护好眼睛及面部；

⑫ 作业中操作者应当站于管线入口的侧面，避免污水和垢渣直接喷射到自己身上；

⑬ 当清洗对象的污垢具有腐蚀性、刺激性时，必须提前穿戴好防止化学灼伤的防护用具；

⑭ 喷枪操作者应当合理控制射流靶距，不能太近或太远；

⑮ 喷枪操作者应当合理控制射流角度，尽量使射流射入污垢与基体之间形成水楔，将污垢大块剥离。尽量避免射流总是打击在污垢的上部表面，处于开辟新断面的状态；

⑯ 喷枪操作者应当合理控制射流移动速度。速度太快容易雾化，速度太慢重复打击效率低；

⑰ 喷枪操作者应当合理控制射流，避免产生水垫，避免产生淹没射流；

⑱ 喷枪操作者应当合理控制旋转射流的移动轨迹，有序移动、均匀移动，注意合理避开中心盲点；

⑲ 喷枪操作者不要追求喷头具有过大的拉力，重点追求合适的靶距和射角。

附录

附录一　高压水射流清洗作业指导书模板

文件编号：××××-××

受控状态：

发放编号：

版本号/修订状态：×/×

HSE 管理体系三级文件

高压水射流清洗作业指导书

（换热器管程清洗）

HSE 文件编制：_____

日　期：_____

HSE 文件审核：_____

日　期：_____

HSE 文件批准：_____

日　期：_____

××××××高压水射流清洗有限公司

20××年××月××日发布　　　　20××年××月××日实施

目录

高压水射流清洗作业指导书
（换热器管程清洗）

1 编制依据及引用标准

- GB 26148—2010 高压水射流清洗作业安全规范；
- AQ 3026—2008 化学品生产单位设备检修作业安全规范；
- AQ 3025—2008 化学品生产单位高处作业安全规范；
- AQ 3022—2008 化学品生产单位动火作业安全规范；
- GB 8978—1996 污水综合排放标准等；
- 《高压水射流技术工程》手册；
- ××企业相关的检修施工作业安全规范；
- 企业 HSE 管理体系手册、程序文件、规章制度。

2 工程概况及施工范围

2.1 工程概况

在流程工业的日常生产运行中，冷换设备（冷凝器、蒸发器、再沸器、复水器）逐渐结垢产生堵塞。需要采用高压水射流清洗除垢。

通过高压或超高压泵组，产生 50～300MPa 的压力，采用柔性或刚性喷枪对换热器列管管孔内的污垢进行切割破碎，并将其排出管孔。

2.2 施工范围

冷换设备的清洗工程包括：清洗换热器管程的清洗、换热器壳程的清洗、空冷器、冷凝器、蒸发器、再沸器、复水器等类型冷换设备的清洗。冷换设备的清洗工程还包括：在设备原位的卧式清洗、立式清洗，在专用清洗场地的集中清洗，以及针对脆性污垢、黏性污垢的清洗。

3 施工作业人员配备与人员资格

3.1 参加作业人员配置

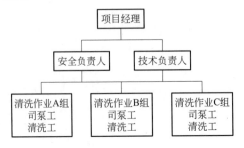

计划投入人员：　×× 人

其中：管理人员：×× 人（包括：项目经理、安全负责人、技术负责人）

　　　司泵工：　　×× 人（包括：维修钳工）

　　　清洗工：　　×× 人

　　　后勤人员：×× 人（包括：司机、餐饮供应）

3.2 参加作业人员的素质要求

项目经理应经过专项培训合格，获得清洗施工项目经理资质证，具有组织相关项目的施工经验，对该清洗施工现场的施工环境、安全风险、作业要求有准确了解。

安全负责人应经过专项培训，合格后获得清洗施工安全员资质证，具有组织相关项目的施工经验，对该清洗施工现场的施工环境、安全风险、作业要求有准确了解。

技术负责人应具有机械专业工程师（技师）能力、具有该施工现场相关的专业知识、具有高压水清洗技师的能力，获得相关的学历或技能资质，具有组织相关项目的施工经验，对该清洗施工现场的施工环境、安全风险、作业要求有准确了解。

司泵工、清洗工应经过专项培训，合格后获得清洗工资质证，具有相关项目的施工经验，对该清洗施工现场的施工环境、安全风险、作业要求有一定了解。同时，司泵工需要掌握一定的维修钳工技能，需要掌握高压泵、柴油机的操作技能。

4 施工所需设备、器材及安全防护用品

计划投入设备　高压水清洗机　　　　×台

其中：280MPa、36L/min　　　　　×台

　　　150MPa、70L/min　　　　　×台

　　　100MPa、100L/min　　　　×台

　　　计划投入器材（执行机构）　×套

　　　液压旋转刚性喷枪　　　　　×只

　　　高压速断脚踏阀　　　　　　×只

　　　"女巫型"喷头　　　　　　　×只

　　　"梭鱼型"喷头　　　　　　　×只

　　　质检电子式窥镜　　　　　　×套

计划投入安全防护用品

　　　防爆气体检测仪　　　　　　×台

　　　安全防护面罩　　　　　　　×套

　　　安全防护服　　　　　　　　×套

　　　安全带　　　　　　　　　　×套

　　　有防护钢板雨靴　　　　　　×双

5 施工条件及施工前准备工作

（1）开工前甲乙双方必须认真进行现场勘察，分析安全风险、环境因素，制定安全措施；

（2）开工前甲乙双方必须对施工作业范围进行安全检查，施工开始前，严格按安全措施的要求，对清洗场地设置警戒标志；

（3）开工前甲乙双方必须对搭建的施工脚手架进行安全检查，搭建的施工脚手架必须符合相关的标准及安全规定，支撑必须牢固稳定，横杆必须有足够强度，踏板必须两端固定，作业平台必须有拦腰杆围挡；

（4）施工开始前对换热器两端的管板进行遮挡，防止射流飞溅伤人。对清洗现场周围的带电设备、作业面下方的带电设备等都要进行遮挡，防止发生触电事故；

（5）清洗作业面应设置接水槽，将污水引流至甲方污水井，通过污水管道送至污水处理厂，并在接水槽、引流渠设置沉淀池、清污分离网，将清理出的固体污物分离后集中处理；

（6）如果是在管箱内、封头内作业，需要采取相应措施，编写相应条款；

（7）清洗人员登高作业、进入高空作业平台必须按规定系好安全带；

（8）清洗人员进入现场必须按规定穿戴劳动保护用品；

（9）清洗人员需要遵守清洗作业安全规范，还要遵守施工现场甲方的安全施工规范；

（10）清洗人员进入现场以前，必须将烟火掏出，存放在现场以外的地方。

6 作业程序、方法及要求

6.1 作业程序流程图

施工作业流程图

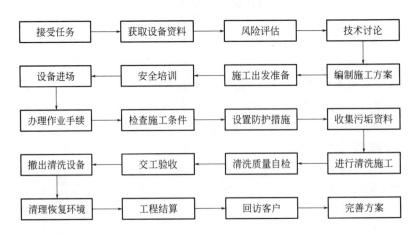

6.2 作业方法及要求

高压水射流清洗换热器的作业方法及要求（工艺）：

根据清洗施工现场换热器、结垢的具体情况，科学合理地选择匹配清洗参数（压力、流量、喷头形式、喷孔直径、喷嘴靶距、喷头转速、旋转机构、柔性喷枪、刚性喷枪、排渣间隙、进给速度等），选择适用的高压水射流专业清洗设备和执行机构，按照一定的操作程序进行清洗作业，是清洗工艺的基本要求。

换热器清洗还有一些特殊的作业方法及要求（工艺）：

（1）作业开始时，采用手持喷枪清洗换热器管板的表面，使列管管口80mm范围内没有污垢；

（2）柔性喷枪（软管）在长度方向，只能承受拉力，不能承受压力（受压时会弯曲），所以，只能配用具有自进力的喷头，禁止配用可以向后运动的喷头；

（3）刚性喷枪（钢管）在长度方向，可以承受一定的压力，可以配用全部向前喷射的喷头，以便大幅提高射流利用效率，大幅提高清洗能力；

（4）柔性喷枪、刚性喷枪的外径与被清洗换热器管孔内壁间，应保留足够的环形间隙（1/3直径），使废水、废渣能顺畅排出；

（5）柔性喷枪适用于在清洗换热器管孔内松散的脆性污垢，适用于在狭小空间作业和立式换热器的清洗，尽量避免使用柔性喷枪清洗换热器管孔内的黏性污垢；

（6）刚性喷枪适用于清洗换热器管孔内坚硬的脆性污垢和黏性污垢，不适用于在狭小空间作业和立式换热器的清洗，在使用中尽量扬长避短，充分利用其清洗能力强的优势攻坚克难；

（7）柔性喷枪清洗作业时应连接脚踏阀，操作者应直接控制该阀开关。当用一只脚踏阀控制两支柔性喷枪同时作业时（仅限于同一台换热器清洗时），必须经两个操作者都同意，才可开阀；

（8）操作者必须将柔性喷枪、刚性喷枪插入换热器管内足够长度，才能开阀清洗，以免射流反射，伤及操作者，插入深度不得少于100mm。反之，在喷枪从换热器管孔中退出前（500mm），必须提前关闭脚踏阀；

（9）必须采取有效措施（定位工具），防止柔性喷枪从换热器另一端管孔伸出太长，其伸出长度应小于80mm；

（10）柔性喷枪前端必须装有不小于150mm刚性接管，作为插入深度的标记；可约束软管从换热器对面伸出时甩动；可增加刚性便于操作者插入管孔；还可加大喷头至操作者手部的距离，预防射流伤害；

（11）为预防柔性喷枪从换热器管孔中退出，需要在柔性喷枪喷头以后500mm处的管体上，进行明显标记；

（12）操作中应禁止将软管弯曲到太小的半径，软管弯曲半径不应小于

120mm，以防损坏，喷水伤人；

（13）应采用防护工具，遮挡喷头的反向射流，预防射流伤害；

（14）应采取专用工具，防止喷头从换热器管孔中退出；

（15）当清洗作业中，需要旋转软管时，需要谨慎操作。不要扭伤软管，不要划伤外层，必要时增加保护外套引导；

（16）当不得不使用柔性喷枪清洗黏性污垢时，需要谨慎操作，需要经常清理软管外表黏结的污垢，需要反复进退，保证环形排渣空隙，加强防护措施，时刻提防反向顶出；

（17）清洗作业中，必须控制柔性喷枪进退的速度，不可过快（小于等于0.5m/s）；

（18）清洗作业中，为了保证清洗质量和排渣，柔性喷枪需要边喷射、边后退，当退至500mm安全标记时，应当关闭脚阀；

（19）清洗作业时，操作者应当站在位于清洗管孔的侧方，减少污水喷向自己。但是，需要保证手握软管正对管孔，禁止手握软管侧向运动，避免换热器管口划伤软管外皮；

（20）清洗作业时，应当及时调节被清洗管孔与操作者之间的相对高度，避免过高（高于肩部）或过低（低于小腿中部），形成操作困难或不便；

（21）管孔堵塞严重时，禁止强行将柔性喷枪插入管孔、开阀清洗，防止造成喷头反弹；

（22）刚性喷枪作业中，要安排助手保证刚性喷枪的直线度，每人控制范围不得大于1.5m。

6.3 专项技术措施

（1）采用旋转型刚性喷枪时，控制刚性喷枪直线度的助手，必须使用专用工具，扶持旋转的钢杆，禁止带任何手套扶持刚性喷杆，避免手指卷入，造成人身伤害；

（2）旋转喷枪的钢管在使用前必须进行矫直，禁止使用弯度过大的钢管；

（3）采用刚性喷枪清洗作业时，转速不得大于100r/min，刚性喷枪必须具有扭矩安全保护机构，最大扭矩≤50N·m；

（4）气动旋转喷枪，使用中需要注意气动三联件的状态，保证气马达正常工作；

（5）遇到难于清洗的污垢，应当采取有效措施。例如，采用从换热器的两端分别清洗，由于钢管缩短、刚度提高、便于操作，可以大幅提高清洗效率；

（6）可以采用小车、滑轮、吊架、平衡器等，承担旋转喷枪的重量，减轻操作者劳动强度；

（7）刚性喷枪立式清洗作业时，应当在作业区上方设置滑轮，利用软管将刚性喷枪吊起竖直，防止刚性喷枪产生大幅晃动；

（8）清洗含有硬块的松散泥沙时，应当利用射流涡流卷吸硬块，将其吸引在喷头前端，缓慢移向管口处，利用工具将其勾出；

（9）清洗黏性污垢或塑料堵塞物时，可以利用加热的方法（加热器、蒸汽、换能喷头），提高污垢的流动性，降低清洗难度，同时需要科学控制加热参数，加热过程不能太长时间，及时加热及时清洗，避免污垢中的轻组分的快速挥发；

（10）在清洗难度较大的污垢时，尽量采用旋转射流，提高清洗效率；

（11）清洗作业中，遇到坚硬污垢时，需要认真控制射流靶距，努力通过喷枪感受喷头与污垢断面的距离，努力控制喷头始终与污垢断面保持合理的靶距，禁止将喷枪当成钢钎硬撞，采用蛮力作业；

（12）清洗作业中，应当努力遵守工作压力略突破污垢的门限压力即可的原则；不要追求过高的工作压力；

（13）清洗作业中，突破门限压力后，剩余的功率尽量向增加流量方面投入；

（14）对于存在易燃易爆气体或污垢的清洗现场，作业前、作业中必须进行专业检测分析；可燃气体浓度必须符合，当被测气体或蒸气的爆炸下限大于等于4%时，其被测浓度不大于0.5%（体积百分数）；当被测气体或蒸气的爆炸下限小于4%时，其被测浓度不大于0.2%（体积百分数）；对于易燃易爆气体浓度较高的现场，应当采用防爆轴流风机进行强制通风，驱散易燃易爆气体，确保施工现场环境安全；

（15）对人员有毒有害、有灼伤可能的清洗现场，作业前、作业中必须进行专业检测分析；有毒有害气体、物质的浓度必须符合 GBZ 2.1—2019 的规定；对于有毒有害气体浓度较高的现场，应当采用防爆轴流风机进行强制通风，驱散有毒有害气体，确保施工现场环境安全；如果污垢中存在对人体具有灼伤腐蚀的物质（遇水后产生），操作人员必须穿戴专用防护服、佩戴防护镜、涂抹防护油。

7 质量控制及质量验收

7.1 质量控制标准

由于目前国内没有高压水射流清洗施工的质量标准、检测方法，普遍采用双方协商确定质量标准和检测方法。

换热器清洗作业的初期，应当建立质量样板（选择具有代表性的列管，进行清洗，获得效果实例），双方现场确认（对清洗前、后的列管，编号标记，拍照取证，双方签署确认文件），验收时以此为标准，检查验收本项目的清洗质量。

7.2 清洗质量控制点设置

依据质量管理体系的原理，应当按质量关键环节和重要部位设置质量控制点，应当由技术、工艺、管理等人员确定各环节的质量负责人、编制质量控制点明细表、编制质量控制点示意图、编制清洗作业任务书、自检表、验收单等，纳入质量体系中进行有效运转。

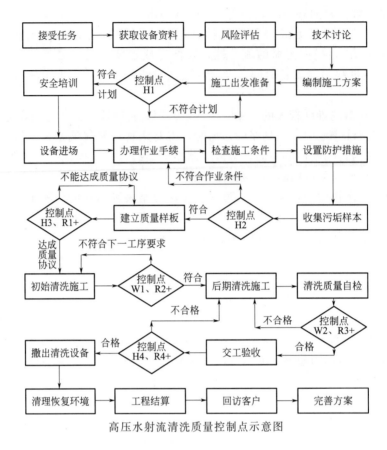

高压水射流清洗质量控制点示意图

清洗换热器的质量控制中，设置了两处（W1、W2）质量见证点。控制工序交接和交工验收的施工质量。

7.3 其他控制点的设置

清洗换热器的质量控制中，还设置了四处停工待检点和四处记录点。

其中，H3 停工待检点是为建立质量验收标准而设立，H4 停工待检点是为甲方交工验收而设立。通过这两点的控制，提高客户满意度。

除了对清洗施工质量进行控制，同时将施工出发准备、施工现场准备纳入控制范围。通过对这些内容的控制，保证清洗施工的质量。

设置的 R1 记录点是将清洗质量样板确认、固定，形成文字和照片的文件；R2 记录点是将清洗作业中，工序衔接、作业组交接时，清洗质量情况确认的记录；R3、R4 记录点是将自检和甲方验收时，清洗质量情况确认的记录。

通过这些点的控制，确保清洗施工质量。

7.4 工艺纪律及质量保证措施

（1）开始作业前，对全部清洗作业人员进行专项培训。规定清洗工艺、操作方法、质量标准，保证所有人员都明确地了解标准。

（2）开展清洗质量内部考核，划分责任区，准确记录清洗操作者，每班进行检查登记，按清洗质量考核得分，进行奖金分配。

（3）在清洗过程中，对于甲方提出的质量问题，应及时整改。

（4）项目负责人对清洗质量负责。加强内部检查，尽量减少返工作业，返工作业按不合格程度进行惩罚。

（5）司泵确保泵组完好，连续正常运转，保证足够的清洗时间、清洗压力和流量进行作业，及时处理故障，减少误工时间。

质量控制点明细表

序号	编号	控制内容	要求	责任者	检验方法	备注
1	H1	施工出发准备	依据施工方案、清洗施工任务单、清洗器材领用单，充分准备确保施工需求	××× 清洗组长	对照单据逐项核对，清点登记	
2	H2	施工现场准备	依据相关作业规范,确保各项手续合格,确保环境安全、设施合格、防护到位、作业安全	××× 清洗组长	检查手续是否齐全,检查设施防护是否合格	
3	H3	建立质量样板	具有典型代表性,采用方案规定的参数和工艺,可以保持大规模作业	××× 清洗组长	对照施工方案,核对压力流量喷头,检验操作方法和清洗时间	
4	R1	形成验收标准	清洗前取样拍照,清洗后取样拍照,样品编号,样板编号,填写记录,甲方代表确认签字	××× 项目经理	×××××××××××	
5	W1	工序衔接验收 班组交接验收	××××××××××××××××××	××× 清洗组长	×××××××××××	
6	R2	形成过程记录	××××××××××××××××××	××× 清洗组长	×××××××××××	
7	W2	乙方质量自检	××××××××××××××××××	××× 清洗组长	×××××××××××	
8	R3	形成过程记录	××××××××××××××××××	××× 项目经理	×××××××××××	
9	H4	甲方质量验收	××××××××××××××××××	××× 项目经理	×××××××××××	
10	R4	形成竣工记录	××××××××××××××××××	××× 项目经理	×××××××××××	

清洗任务通知单（工程）

日期： 年 月 日　　　　　　　　　　　　　　编号：JL—CX—08—02—08—

清洗项目			现场主管		作业组长	
甲方单位			作业组员			
装置名称		设备名称				
设备数量		设备位号		施工设备	数量	型号
清洗面积		污垢性质				
		开工时间				
		完工时间		施工车辆	司机	车号/车型
工单号						
外委单号						
合同号			清洗器材			

甲方相关信息

详细地址		派工员签字	20 年 月 日
行车路径		接受任务签字	20 年 月 日
联系人	联系电话	结算负责签字	20 年 月 日
联系人	联系电话		

施工现场信息

水源情况		照明情况	
作业场地		作业楼层	
环境安全			
设备安全			
污水排放			
安全监护			

清洗作业工艺流程过程控制
（完成每道工序后在方框下签字）

现场调查 → 安全讲话 → 办理手续 → 安全复查

完工自检 ← 中间抽查 ← 甲方确认 ← 清洗样板

甲方验收 → （纠正） → （再验收） → 清理现场

风险评价	防火防爆		高空作业	
	中毒窒息		射流伤害	
	化学灼伤			

质量验收记录

	质量	签名	日期
清洗小组自检			
公司质检抽查			
现场主管验收			
销售部验收			
甲方验收			

环境识别	污水排放		噪声控制	
	污物处理		尾气控制	
			燃油控制	

第一联　库房　财务　统计　　　　　第二联　工程部保存
第三联　销售部　保存　　　　　　　第四联　清洗组保存

8 安全文明施工及环境保护要求和措施

（1）开始作业前进行相关教育，了解甲方环保要求，明确防止污染的办法；

（2）对清洗作业区进行围挡，确保污油、污水不外溢、不直排。将污油污水组织引导到甲方指定的排放点；

（3）在高层格栅式平台施工作业时，需要事先准备接水槽、引水管、防止污水飞溅的塑料薄膜，防止作业中污水飞溅和漫流；

（4）在厂房内清洗施工时，对周围墙壁要进行遮挡；

（5）司泵工要经常检查消防带滴水情况，发现问题及时处理；

（6）司泵工要正确操作柴油机型泵组，防止柴油机在不良状态下运转，产生大量浓烟，造成空气污染；

（7）在清洗作业区施工用具物品集中存放，禁止随地乱扔废物；

（8）现场就餐后，将餐盒等废物集中，送至甲方指定地点，禁止乱扔；

（9）施工结束后，应彻底清理现场，做到工完、料净、场地清；

（10）所有作业人员配发耳塞、减少噪声伤害；

（11）严格着装要求，进入施工作业现场，必须戴安全帽、穿工作服，清洗作业时，必须穿防护雨衣和带保护钢板的雨靴；

（12）进行登高作业时，必须佩戴安全带；

（13）清洗含硫较高的原油时，操作人员外露的皮肤，需要进行涂抹凡士林的防护处理，防止发生化学灼伤。

8.1 职业健康安全风险控制

工序	风险及危害	风险影响	削减措施	HSE关键任务分配	监督人
通用过程	交通事故	造成人员伤亡、财产损失	1.加强对司机的安全培训，坚决杜绝违规操作；2.定期进行车辆维护，保证机械完好	司机	安全员
	食物中毒	造成人员伤亡	1.对施工人员进行安全培训，增强安全防范意识；2.建立应急预案，出现问题及时处理	项目经理	安全员
	化工场所（易燃易爆等区域）	造成人员伤亡	1.借鉴所在化工场所的危险识别；2.进行入厂安全培训	项目经理施工队长	安全员
	自然灾害潜在危险	造成人员伤亡事故	制定应急预案	项目经理施工队长	安全员
	高空作业	操作人员高空坠落	1.避免高空作业，作业时脚手架必须搭建栏杆防护；2.佩戴安全帽、安全带等防护设施；3.加强上岗人员事故处理能力	项目经理施工队长	安全员

工序	风险及危害	风险影响	削减措施	HSE关键任务分配	监督人
通用过程	交叉作业	意外伤害	进行操作区域隔离,在操作区域悬挂警示牌	操作员	安全员
	固体废弃物	环境污染	包装袋等固体废弃物必须收集起来由相应的合格分包方回收处理	施工队长安全员	安全员
	进入容器、塔釜作业	人员窒息	1.执行进入受限空间作业规定;2.提高人员安全意识	操作员	安全员
施工准备阶段	施工用电违反操作规程	1.造成人员触电;2.导致设备损坏;3.引发火灾	1.严格按照用电规程进行操作;2.对操作人员加强安全培训	施工队长电工	安全员
	设备吊装时违反操作规程	造成人员伤害或设备损伤	1.严格按照操作规程进行操作;2.对操作人员加强安全培训	项目经理施工队长	安全员
清洗操作阶段	高压水枪操作失控	高压水基体穿透人体受伤	1.制定高压水清洗施工操作规范;2.配备防护服	操作员	安全员
	扩散感染伤害	细菌与病毒进入人体	配备医药箱,及时就医	操作员	安全员
	设备运转噪声、高压水射流与清洗物接触产生噪声	听力下降	1.设备发动机改装有消音器;2.操作人员配备耳塞	操作员	安全员
	射流使碎物飞溅、反弹到人体伤害	人体击伤、眼部击伤	1.配备面罩、护目镜等防护用品;2.尽量减少人体与操作面的距离	操作员	安全员
	清洗污垢有毒化学品	人员中毒	1.尽量避免人体直接接触,改用可自动清洗的喷头;2.配备防护雨衣、防护面罩	操作员	安全员
	水射流击起铁锈与基体摩擦产生火花,遇到易燃易爆气产生爆炸	爆炸	1.对清洗现场的气体进行检测;2.对人员进行安全培训	操作员	安全员
	照明用电雨水短路	人员触电	1.使用防爆灯具;2.采用36V安全电压供电	操作员	安全员

8.2 环境因素及控制措施

序号	作业活动	环境因素	目标和指标	控制措施	措施执行人	签名	检查/监督人	签名	备注
1	设备安装	清洗盘柜表面易发生火灾，污染环境	发生次数为0	现场严禁吸烟，易燃物不得随意放置，应及时回收	组长		班长/安全员		
2	设备调试	产生废料垃圾	发生次数为0	及时回收	组长		班长/安全员		

注：重大环境因素要确定目标或指标。

8.3 不符合项目处理单

不符合项事实陈述：

检修负责人（签字）：　　　　　　　　　　　检修单位负责人（签字）：

日期：　年　月　日　　　　　　　　　　　日期：　年　月　日

纠正、预防措施： □ 返工　□ 返修　□ 让步接受　□ 报废 设备部点检员（签字）： 日期：　年　月　日	纠正、预防措施意见： □ 同意　□ 不同意 设备部部长（签字）： 日期：　年　月　日

纠正、预防措施完成情况：

检修负责人（签字）：　　　　　　日期：　年　月　日

纠正和预防措施验证意见： 监理（签字）： 日期：　年　月　日	纠正和预防措施验证意见： 设备部点检（签字）： 日期：　年　月　日

8.4 完工报告单

项目名称		检验级别	□A 级
工作负责人		检修单位	

一、计划检修时间　　　年　　月　　日　　时　至　　年　　　月　　　日　　　时
　　实际检修时间　　　年　　月　　日　　时　至　　年　　　月　　　日　　　时

二、检修中进行的主要工作

三、检修中发现并消除的主要缺陷

四、尚未消除的缺陷及未消除的原因

五、技术记录情况

六、设备变更或改进情况,异动报告和图纸修改情况

七、质量监督点执行情况
本项目设置 H 点＿＿＿个,W 点＿＿＿个;　　　　　　　检验合格的 H 点＿＿＿个,W 点＿＿＿个

八、设备和人身安全情况

九、主要备品配件、材料消耗记录

名称	规格型号	实耗量	备注

十、检查与检验意见

检修	工作负责人	□合格　　□不合格 签名:　　　　日期:	检修单位	□合格　　□不合格 签名:　　　　日期:
监理	监理负责人	□合格　　□不合格 签名:　　　　日期:	监理主管	□合格　　□不合格 签名:　　　　日期:
业主	点检员	□合格　　□不合格 签名:　　　　日期:	专业主管	□合格　　□不合格 签名:　　　　日期:

附录二 施工方案模板

合同编号：××××-××
文件编号：CX—05—01—0012
施工归档：
经营归档：

××省××市××企业××装置××管线的高压水清洗

HSE 施工方案

建设单位审核：＿＿＿＿＿＿＿＿＿＿　施工单位编制：＿＿＿＿＿＿＿＿＿＿

　　日期：＿＿＿＿＿＿＿＿＿＿　　　　日期：＿＿＿＿＿＿＿＿＿＿

建设单位批准：＿＿＿＿＿＿＿＿＿＿　施工单位批准：＿＿＿＿＿＿＿＿＿＿

　　日期：＿＿＿＿＿＿＿＿＿＿　　　　审核：＿＿＿＿＿＿＿＿＿＿

××××××高压水射流清洗有限公司

275

目录

××省××市××企业××装置××管线的高压水清洗

HSE 施工方案

1 编制依据及引用标准

高压水射流清洗作业安全规范 GB 26148—2010；

《高压水射流技术工程》手册；

××企业相关的检维修施工作业安全规范；

企业 HSE 管理体系手册、程序文件、规章制度。

2 工程概况及施工范围

2.1 工程概况

××省××市××企业（甲方）××装置××管线在日常生产运行中，××管线内逐渐结垢产生堵塞，需要采用高压水射流清洗除垢。

×××××高压水射流清洗有限公司（乙方）与甲方签订清洗施工合同，采用乙方的设备和技术，为甲方的管线清除堵塞、恢复原有的流通能力。

2.2 施工范围

ϕ××的管线××米，结垢××mm 厚；

ϕ××的管线××米，结垢××mm 厚；

ϕ××的管线××米，结垢××mm 厚；

ϕ××的阀门××个；

ϕ××的弯头××个……

清洗施工预定于 20××年××月××日开始，至 20××年××月××日结束。

清洗质量要求：×××××××××××××××××××××。

3 施工作业人员配备与人员资格

3.1 参加作业人员配置

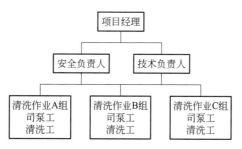

计划投入人员： ××人

其中：管理人员： ××人（包括：项目经理、安全负责人、技术负责人）

司泵工： ××人（包括：维修钳工）

清洗工： ××人

后勤人员： ××人（包括：司机、餐饮供应）

3.2 参加作业人员的素质要求

项目经理应经过专项培训，合格后获得清洗施工项目经理资质证，具有组织相关项目的施工经验，对该清洗施工现场的施工环境、安全风险、作业要求有准确了解。

安全负责人应经过专项培训，合格后获得清洗施工安全员资质证，具有组织相关项目的施工经验，对该清洗施工现场的施工环境、安全风险、作业要求有准确了解。

技术负责人应具有机械专业工程师（技师）能力、具有该施工现场相关的专业知识、具有高压水清洗技师的能力，获得相关的学历或技能资质，具有组织相关项目的施工经验，对该清洗施工现场的施工环境、安全风险、作业要求有准确了解。

司泵工、清洗工应经过专项培训，合格后获得清洗工资质证，具有相关项目的施工经验，对该清洗施工现场的施工环境、安全风险、作业要求有一定了解。同时，司泵工需要掌握一定的维修钳工技能，需要掌握高压泵、柴油机的操作技能。

4 施工所需设备、器材及安全防护用品

计划投入设备 高压水清洗机 ×台

其中：150MPa、70L/min ×台

100MPa、100L/min ×台

计划投入器材 （执行机构） ×套

溢流型手持喷枪 ×只

高压速断脚踏阀 ×只

"獾猪"型喷头 ×只

"二维"型喷头 ×只

专用型牵引机构 ×套

水射流型吸渣器 ×只

质检电子式窥镜 ×套

计划投入安全防护用品

防爆气体检测仪 ×台

防爆型轴流风机 ×台

防逆向返回机构 ×套

安全防护面罩 ×套

安全防护服 ×套

五点式安全带 ×套

防噪声耳塞 ×副

有防护钢板雨靴 ×双

5 施工条件及施工前准备工作

(1) 开工前甲乙双方必须认真进行现场勘察，分析安全风险、环境因素，制定安全措施；

(2) 开工前甲乙双方必须对施工作业范围进行安全检查，并指派专人进行安全监护，施工开始前，严格按安全措施的要求，布置现场机具、设置警戒标志；

(3) 开工前甲乙双方必须对搭建的施工脚手架进行安全检查，搭建的施工脚手架必须符合相关的标准及安全规定，支撑必须牢固稳定、横杆必须有足够强度、踏板必须两端固定、作业平台必须有拦腰杆围挡；

(4) 施工开始前对清洗污水的飞溅、引流、遮挡措施进行检查，确认均已准备妥当才能开工，清洗现场周围的带电设备、作业面下方带电设备、周围墙壁等都要进行遮挡，并确保清污水全部回收到接水槽内；

(5) 清洗作业面应设置接水槽，将清洗水引流至甲方污水井，通过污水管道送至污水处理厂，并在接水槽、引流渠设置沉淀池、清污分离网，将清理出的污物分离后集中处理；

(6) 如果是在地下井、基坑内作业，需要采取相应措施，编写相应条款；

(7) 清洗人员登高作业、进入高空作业平台必须按规定系好五点式安全带；

(8) 清洗人员进入现场必须按规定穿戴劳动保护用品；

(9) 清洗人员需要遵守清洗作业安全规范，还要遵守施工现场甲方的安全施工规范；

(10) 清洗人员进入现场以前，必须将烟火掏出，存放在现场以外的地方；

(11) 清理现场必须设立安全警戒围栏，禁止闲杂人员进入。

6 作业程序、方法及要求

6.1 作业程序流程图

施工作业流程图

6.2 作业方法及要求

高压水射流清洗管线的作业方法及要求（工艺）：

根据清洗施工现场管线、结垢的具体情况，选择匹配科学合理的清洗参数（压力、流量、喷头形式、喷孔直径、喷嘴靶距、喷头转速、进给速度），选择适用的高压水射流专业清洗设备和执行机构，按照一定的操作程序进行清洗作业，是清洗工艺的基本要求。

管线清洗还有一些特殊的作业方法及要求（工艺）：

（1）作业前需要将被清洗管线与其他设备断开隔离，防止发生意外事故；

（2）对于较长的管线，需要确定清洗施工的开口位置，对于地下管线需要，开挖作业基坑；

（3）在施工作业的位置，需要设置污油污水收集、引导的设施，确保清洗出的污油污水，通过管线或转运储罐，排入甲方的污水处理系统；

（4）对于具有易燃易爆风险、有毒有害风险的作业现场，需要请甲方进行安全检测分析，获得甲方允许进行施工作业的文字手续；

（5）根据被清洗污垢的情况，科学选择清洗参数，确保突破门限压力，优化流量匹配，采用高效的执行机构和喷头喷嘴，关注排渣效果，保证清洗质量和效率；

（6）清洗作业开始时，首先采用手持喷枪、刚性喷枪清洗管口 0.8～1.5m 的管段；

（7）然后采用高压软管配合"二维"型喷头，清洗直线管段；清洗直线管段时，应当在喷头的后部连接一段大于被清洗管径的钢管，防止发生喷头反向钻出伤人事故；

（8）其后采用高压软管配合"獾猪"型喷头，清洗转弯管段（被清洗管线的转弯，不能超过 3 处），采用可以转弯的喷头时，应注意防止发生喷头反向钻出伤人事故；

（9）对于结垢较厚、垢量较多的管线，不能连续推进，当向前推进一定距离后，必须进行排渣作业，采用逐渐向后拽出软管，利用喷头向后喷射的射流，吹扫管线内沉积的碎垢，使其向后排出，直至从管口排出；当管线结垢较厚、垢量较多时，可以在管线的上游，采用消防水向下游冲水的方法，加大管内流量流速，加快垢渣向后移动的速度；

（10）清洗完成后，采用消防水（大量的清水）进行通水检测、排渣；

（11）在施工作业区安排专人查看清洗水飞溅、漫流情况，及时进行处理出现的问题；

（12）清洗作业中，应当安排专人经常查看污水引流、沉淀、过滤情况，及时处理出现的问题。

6.3 专项技术措施

（1）清洗作业前必须查清管线走向，应当从管线的最下游方向开始清洗作业；在清洗作业口的上游打开检查孔，观察清洗情况；当检查孔与作业口之间的管段清洗完成以后，向上游方向推进；用原检查孔当作业口，并打开上游方向的另一个检查孔，观察清洗情况。这样逐步推进，直至整条管线清洗完毕；当清洗上游管线作业时，对于已经清洗完成的下游管线需要设置隔挡（封堵气囊、过滤筛网），防止上游的污物流入已经清洗好的管线；

（2）清洗垂直管段时，垢渣很难从管线的上口排出，应当采用从管线下部向上部清洗的方法；当管线下口，具有弯头或水平管时，需要控制排渣量，防止垢渣在这些位置堆积，造成二次堵塞；当清洗的垂直管段与水平管段相连时，在水平管段内会积满污水，此时，喷头处于淹没射流状态，打击力会大幅下降，作业中应当尽量避免这种状态；

（3）对于长距离的垂直管段或水平管段，可以采用钢丝绳绞车牵引喷头的方法，提高清洗效率，防止发生喷头反向钻出伤人事故；

（4）选择清洗喷头时，应当注意喷射角度，不要追求喷头钻进的速度和力量，应当努力争取合适的靶距和楔角；同时要努力避免产生水垫效应，努力争取获得水楔效应；

（5）清洗作业中，应当努力遵守工作压力略高于污垢的门限压力即可的原则；不要追求过高的工作压力，那样会产生大块垢渣，造成排渣困难；

（6）清洗作业中，突破门限压力后，剩余的功率尽量向增加流量方面投入；

（7）对于存在易燃易爆气体或污垢的清洗现场，作业前、作业中必须进行专业检测分析；可燃气体浓度必须符合，当被测气体或蒸气的爆炸下限大于等于4％时，其被测浓度不大于0.5％（体积百分数）；当被测气体或蒸气的爆炸下限小于4％时，其被测浓度不大于0.2％（体积百分数）；对于易燃易爆气体浓度较高的现场，应当采用防爆轴流风机进行强制通风，驱散易燃易爆气体，确保施工现场环境安全；对于管线内易燃易爆气体浓度超标，应当采用氮气或惰性气体进行置换吹扫，防止发生爆鸣事故；

（8）对人员有毒有害、有灼伤可能的清洗现场，作业前、作业中必须进行专业检测分析；有毒有害气体、物质的浓度必须符合 GBZ 2.1—2019 的规定；对于有毒有害气体浓度较高的现场，应当采用防爆轴流风机进行强制通风，驱散有毒有害气体，确保施工现场环境安全；如果污垢中存在，对人体具有灼伤腐蚀的物质（遇水后产生），操作人员必须穿戴专用防护服、佩戴防护镜、涂抹防护油；

（9）对于进入特大直径管线作业的清洗工，必须遵守进入受限空间作业的安全规定，必须进行易燃易爆气体分析，必须进行有毒有害气体分析，同时要进行氧含量分析，氧含量应当符合 18％～21％，在富氧环境下，氧含量不得大于23.5％，应当尽量避免人员进入管线的清洗作业，尽量采用专用机具进行自动清洗作业；

（10）如果在夏季人员进入管线清洗作业，还要注意防止高温中暑；应当采用防爆轴流风机和帆布筒向管线内输送清凉的新鲜空气。

7 质量控制及质量验收

7.1 质量控制标准

由于目前国内没有高压水射流清洗施工的质量标准、检测方法，普遍采用双方协商确定质量标准和检测方法。

经协商确定，本项目采取在清洗作业的初期，建立质量样板（选择具有代表性的管段，进行清洗，获得效果实例），双方现场确认（对清洗前、后的管线，编号标记，拍照取证，双方签署确认文件），以此为标准，检查验收本项目的清洗质量。

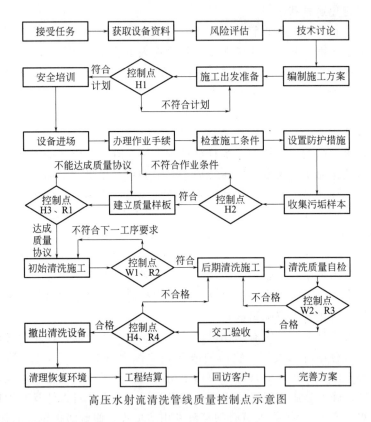

高压水射流清洗管线质量控制点示意图

7.2 清洗质量控制点设置

依据质量管理体系的要求，按质量关键环节和重要部位设置质量控制点，由技术、工艺、管理等人员确定各环节的质量负责人、编制质量控制点明细表、编制质量控制点示意图、编制清洗作业任务书、自检表、验收单等，纳入质量体系中进行有效运转。

清洗工业管线的质量控制中，设置了两处（W1、W2）质量见证点。控制工序交接和交工验收的施工质量。

7.3 其他控制点的设置

清洗工业管线的质量控制中,还设置了四处停工待检点和四处记录点。

其中,H3 停工待检点是为建立质量验收标准而设立,H4 停工待检点是为甲方交工验收而设立。通过这两点的控制,提高客户满意度。

除了对清洗施工质量进行控制,同时将施工出发准备、施工现场准备纳入控制范围。通过对这些内容的控制,保证清洗施工的质量。

设置的 R1 记录点是将清洗质量样板确认、固定,形成文字和照片的文件;R2 记录点是将清洗作业中,工序衔接、作业组交接时,清洗质量情况确认的记录;R3、R4 记录点是将自检和甲方验收时,清洗质量情况确认的记录。

通过这些控制点的检查记录,确保清洗施工质量。

7.4 工艺纪律及质量保证措施

(1)开始作业前,对全部清洗作业人员进行专项培训。规定清洗工艺、操作方法、质量标准,保证所有人员都明确地了解标准。

(2)开展清洗质量内部考核,划分责任区,准确记录清洗操作者,每班进行检查登记,按清洗质量考核得分,进行奖金分配。

(3)在清洗过程中,对于甲方提出的质量问题,应及时整改。

(4)项目负责人对清洗质量负责。加强内部检查,尽量减少返工作业,返工作业按不合格程度进行惩罚。

(5)司泵确保泵组完好,连续正常运转,保证足够的清洗时间,保证清洗压力和流量,及时处理故障,减少误工时间。

质量控制点明细表

序号	编号	控制内容	要求	责任者	检验方法	备注
1	H1	施工出发准备	依据施工方案、清洗施工任务单、清洗器材领用单,充分准备确保施工需求	×××清洗组长	对照单据逐项核对,清点登记	
2	H2	施工现场准备	依据相关作业规范,确保各项手续合格,确保环境安全、设施合格、防护到位、作业安全	×××清洗组长	检查手续是否齐全,检查设施防护是否合格	
3	H3	建立质量样板	具有典型代表性,采用方案规定的参数和工艺,可以保持大规模作业	×××清洗组长	对照施工方案,核对压力流量喷头,检验操作方法和清洗时间	
4	R1	形成验收标准	清洗前取样拍照,清洗后取样拍照,样品编号,样板编号,填写记录,甲方代表确认签字	×××项目经理	××××××××××××××××	
5	W1	工序衔接验收班组交接验收	××××××××××××××××××××××	×××清洗组长	××××××××××××××	

序号	编号	控制内容	要求	责任者	检验方法	备注
6	R2	形成过程记录	××××××××××××××××××	×××清洗组长	××××××××××××××××	
7	W2	乙方质量自检	××××××××××××××××	×××清洗组长	××××××××××××××××	
8	R3	形成过程记录	××××××××××××××××	×××项目经理	××××××××××××××××	
9	H4	甲方质量验收	××××××××××××××××	×××项目经理	××××××××××××××××	
10	R4	形成竣工记录	××××××××××××××××	×××项目经理	××××××××××××××××	

8 安全文明施工及环境保护要求和措施

（1）开始作业前进行相关教育，了解甲方环保要求，明确防止污染的办法；

（2）对清洗作业区进行围挡，确保污油、污水不外溢。将污水组织引导至甲方指定的排放点；

（3）在高层格栅式平台施工作业时，需要事先准备接水槽、引水管、防止污水下漏的塑料薄膜，防止作业中污水飞溅和漫流；

（4）在厂房内清洗施工时，对周围墙壁要进行遮挡；

（5）司泵工要经常检查消防带滴水情况，发现问题及时处理；

（6）司泵工要正确操作柴油机，防止柴油机在不良状态下运转，产生大量浓烟，造成室内污染；

（7）在清洗作业区施工用具物品集中存放，禁止随地乱扔废物；

（8）现场就餐后，将餐盒等废物集中，送至甲方指定地点，禁止乱扔；

（9）施工结束后，应彻底清理现场，做到工完、料净、场地清；

（10）所有作业人员配发耳塞、减少噪声伤害；

（11）严格着装要求，进入现场必须戴安全帽、穿工作服，作业时必须穿雨衣和带保护钢板的雨靴；

（12）进行登高作业时，必须佩戴安全带；

（13）清洗含硫较高的原油时，操作人员外露的皮肤，需要进行涂抹凡士林的防护处理，防止发生化学灼伤。

清洗任务通知单（工程）

日期：　年　月　日　　　　　　　　　　　　编号：JL—CX—08—02—08—

清洗项目			现场主管			作业组长	
甲方单位			作业组员				
装置名称		设备名称					
设备数量		设备位号		施工设备		数量	型号
清洗面积		污垢性质					
		开工时间					
		完工时间		施工车辆		司机	车号/车型
工单号							
外委单号							
合同号			清洗器材				

甲方相关信息						
详细地址			派工员签字		20　年　　月　　日	
行车路径			接受任务签字		20　年　　月　　日	
联系人		联系电话	结算负责签字		20　年　　月　　日	
联系人		联系电话				

施工现场信息		
水源情况		照明情况
作业场地		作业楼层
环境安全		
设备安全		
污水排放		
安全监护		

清洗作业工艺流程过程控制
（完成每道工序后在方框下签字）

现场调查 → 安全讲话 → 办理手续 → 安全复查

完工自检 ← 中间抽查 ← 甲方确认 ← 清洗样板

甲方验收 → （纠正） → （再验收） → 清理现场

风险评价	防火防爆		高空作业		质量验收记录		
	中毒窒息		射流伤害		质量	签名	日期
	化学灼伤				清洗小组自检		
环境识别	污水排放		噪声控制		公司质检抽查		
	污物处理		尾气控制		现场主管验收		
			燃油控制		销售部验收		
					甲方验收		

第一联　库房　财务　统计　　　　　　第二联　工程部保存
第三联　销售部　　保存　　　　　　　第四联　清洗组保存

8.1 职业健康安全风险控制

工序	风险及危害	风险影响	削减措施	HSE关键任务分配	监督人
通用过程	交通事故	造成人员伤亡、财产损失	1.加强对司机的安全培训,坚决杜绝违规操作;2.定期进行车辆维护,保证机械完好	司机	安全员
	食物中毒	造成人员伤亡	1.对施工人员进行安全培训,增强安全防范意识;2.建立应急预案,出现问题及时处理	项目经理	安全员
	化工场所(易燃易爆等区域)	造成人员伤亡	1.借鉴所在化工场所的危险识别;2.进行入厂安全培训	项目经理施工队长	安全员
	自然灾害潜在危险	造成人员伤亡事故	制定应急预案	项目经理施工队长	安全员
	高空作业	操作人员高空坠落	1.避免高空作业,作业时脚手架必须搭建栏杆防护;2.佩戴安全帽、安全带等防护设施;3.加强上岗人员事故处理能力	项目经理施工队长	安全员
	交叉作业	意外伤害	进行操作区域隔离,在操作区域悬挂警示牌	操作员	安全员
	固体废弃物	环境污染	包装袋等固体废弃物必须收集起来由相应的合格分包方回收处理	施工队长安全员	安全员
	进入容器、塔釜作业	人员窒息	1.执行《进入受限空间作业规定》;2.提高人员安全意识	操作员	安全员
施工准备阶段	施工用电违反操作规程	1.造成人员触电;2.导致设备损坏;3.引发火灾	1.严格按照用电规程进行操作;2.对操作人员加强安全培训	施工队长电工	安全员
	设备吊装时违反操作规程	造成人员伤害或设备损伤	1.严格按照操作规程进行操作;2.对操作人员加强安全培训	项目经理施工队长	安全员
清洗操作阶段	高压水枪操作失控	高压水基体穿透人体受伤	1.制定《高压水清洗施工操作规范》;2.配备防护服	操作员	安全员
	扩散感染伤害	细菌与病毒进入人体	配备医药箱,及时就医	操作员	安全员
	设备运转噪声、高压水射流与清洗物接触产生噪声	听力下降	1.设备发动机改装有消音器;2.操作人员配备耳塞	操作员	安全员

工序	风险及危害	风险影响	削减措施	HSE关键任务分配	监督人
清洗操作阶段	射流使碎物飞溅、反弹到人体伤害	人体击伤、眼部击伤	1.配备面罩、护目镜等防护用品；2.尽量减少人体与操作面的距离	操作员	安全员
	清洗污垢有毒化学品	人员中毒	1.尽量避免人体直接接触,改用可自动清洗的喷头；2.配备防护雨衣、防护面罩	操作员	安全员
	水射流击起铁锈与基体摩擦产生火花,遇到易燃易爆气产生爆炸	爆炸	1.对清洗现场的气体进行检测；2.对人员进行安全培训	操作员	安全员
	照明用电雨水短路	人员触电	1.使用防爆灯具；2.采用36V安全电压供电	操作员	安全员

8.2 环境因素及控制措施

序号	作业活动	环境因素	目标和指标	控制措施	措施执行人	签名	检查/监督人	签名	备注
1	设备安装	清洗盘柜表面易发生火灾,污染环境	发生次数为0	现场严禁吸烟,易燃物不得随意放置,应及时回收	组长		班长/安全员		
2	设备调试	产生废料垃圾	发生次数为0	及时回收	组长		班长/安全员		

注：重大环境因素要确定目标或指标。

附录三　国内高压水射流发展历程

一、以科研单位和大专院校为主的水射流学会活动

1978.08.10—08.17　煤炭工业部在徐州召开高压水细射流新技术座谈会

1979.06.25—06.29　煤炭工业部在徐州召开高压水射流科技情报中心站成立会议

1981.10.27—11.01　在无锡召开第一次高压水射流技术情报讨论会

1983.10.28—11.02　在宁波召开第二次高压水射流技术情报讨论会

1985.08.25—08.28	煤炭工业部在徐州召开高压水射流技术应用座谈会
1985.10.15—10.19	在无锡召开第三次高压水射流技术情报讨论会
1986.03.25	煤炭工业部向国家科委科协申请成立中国高压水射流研究会
1987.04.18—04.22	在成都召开第四次高压水射流技术情报讨论会
1987.09.09—09.11	在北京召开北京国际水射流会议
1989.10.15—10.19	在无锡召开第五次高压水射流技术情报讨论会
1991.10.16—10.18	在天津召开第六次高压水射流技术情报讨论会
1993.07.24—07.25	在徐州召开水射流和清洗技术座谈会
	提出请劳动部筹办水射流和清洗技术协会
1993.10.21—10.23	在椒江召开第七次高压水射流技术情报讨论会
1995.11.21—11.24	在北京召开中国劳保学会　水射流技术专业委员会成立大会
	第一届专委会靠挂矿业大学　北京研究生部　赵大庆主任委员
1996.10.15—10.17	在北京召开第八次全国水射流技术研讨会
1997.11	在无锡召开第九次全国水射流技术研讨会
1999.11.08—11.10	在东营召开第十次全国水射流技术研讨会
	第二届专委会靠挂石油大学（华东）仝兆岐主任委员
2001.11.05—11.07	在扬州召开第十一次全国水射流技术研讨会
2006.10.09—10.12	在青岛召开第十二次全国水射流技术研讨会
	同时召开第八届环太平洋国际水射流会议
	第三届专委会靠挂北京科技大学　刘廷成主任委员
2009.11.26—11.27	在北京召开第十三届全国水射流技术研究与应用技术研讨会
2011.12.16—12.18	在徐州召开第十四届全国水射流技术与应用研讨会
	第四届专委会靠挂矿业大学（华东）王瑞和主任委员
2014.11.21—11.22	在青岛召开第十五届全国水射流技术与应用研讨会

学会主要活动

从 1979 年开始编辑出版《高压水射流新技术》，1980 年更名为《高压水射流》至 1990 年停刊共出版了 43 期。同时还编辑出版多期《水射流简报》。从 1995 年开始在《中国安全科学学报》以增刊形式，刊发水射流专业技术论文与资料。

在国际国内水射流会议中发表了大量的专业论文，并组织学者专家，到国外考察、研究、讲学，有效地推进了技术交流与沟通。与美国、日本、欧洲等国际水射流组织保持着密切的联系，使国际水射流界了解中国的水射流的发展。国际水射流组织也非常重视中国水射流的发展与进步,有多位专家学者被推选为国际水射流组织的秘书长、委员。

水射流专委会的主要成员为大学和研究机构,初期曾经有上百家的清洗施工企业、设备制造企业和其他应用企业积极参加该组织的活动,希望得到技术上的提升和帮助。

学会在1993年曾经组织一些企业到日本的大学实验室、企业研究所、水射流展会考察、学习。对这些企业的技术进步起到了很好的帮助。

但是,由于学会没有常设的工作人员,平时所有工作人员全承担着教学、研究、生产任务。会员平时很难与学会取得联系和得到帮助。学会的日常事务也很难落实推进。虽然一些工作人员挤出自己的休息时间、发动自己的学生,努力为学会的运行,承担一些工作,还是很难满足高压水射流行业快速发展的需求,以致每两年一次的研讨会都无法保证按时召开。

当前中国水射流领域的顶级专家

中国石油大学教授　沈忠厚　中国工程院院士(资深院士)

武汉大学校长、教授　李晓红　中国工程院院士

中国石油大学教授　李根生　中国工程院院士

二、以研究生产水射流设备为主的喷射技术信息网的活动

1992年组织召开第一届全国喷射技术会议

1994.05.30—06.04　在昆明召开第二届全国喷射技术会议

1996.09.24—09.27　在九江召开第三届全国喷射技术会议

1998.08.31—09.02　在承德召开第四届全国喷射技术会议

2000.09.10—09.12　在合肥召开第五届全国喷射技术会议

2002年　　　　　　组织召开第六届全国喷射技术会议

2004.05.26—05.28　在无锡召开第七届喷射技术会议

2006年　　　　　　组织召开第×届喷射技术会议

信息网主要业绩

1992.01—2001.06　编辑出版《喷射技术》55期,还编写了《高压水射流技术与应用》《高压水射流技术工程》两部专业技术手册。为高压水清洗行业的技术人员提供了非常实用的技术资料。在1992—2010年期间,组织编制《高压水射流清洗作业安全规范》等十一篇技术标准。

信息网采用开放式服务,将合肥通用技术研究所多年收集的国外技术资料公开展示。应用企业、制造企业、研究机构根据各自的需求,提出索取资料的目录,合肥通用技术研究所安排复制邮寄,为信息网的成员提供了重要的技术帮助。

信息网从 1996 年开始，每年组织大批施工企业、制造企业到国外的水射流展会和设备制造企业参观考察。使大批企业迅速了解到国外最新的水射流技术、了解到本企业的技术差距和发展方向。在推动国内水射流技术提高方面，信息网发挥了重要作用。

1999.07.02—07.05　在上海协办上海国际工业清洗设备展览。

在 1999 年引入并代理 Lechler 公司的水射流喷嘴产品。

喷射技术信息网负责人

　　合肥通用技术研究所　薛胜雄　教授级高工

三、以清洗施工企业为主的中国工业清洗协会的活动

1996.06.13—06.14　由化工部科技司、电力部安生司、中国石油天然气管道局、中国昊华化工（集团）总公司等在北京联合召开中国清洗工业协会筹备会议。成立协会筹备组和办事机构，编写讨论《中国清洗工业协会章程》。向国内清洗行业和清洗机生产科研单位、清洗工程公司、大专院校等相关单位发出成立中国清洗工业协会的倡议书。

1999.05.12—05.14　北京　第一届清洗行业信息协作网年会。

2000.06　北京　网络经济与中国清洗业研讨会。

2000.09.30　开通中国清洗资源信息网。

2000.12　编辑《国内外清洗行业标准汇编》共 131 篇，国内 32 篇。

2001.05.15—05.17　杭州　第二届全国清洗行业技术研讨会。

2001.07　编辑《国际最新清洗技术总览》6 册。

2002.08　编辑《清洗世界》。

2011.12.20　正式成立中国工业清洗协会。

参考文献

〔1〕　任建新.物理清洗.北京：化学工业出版社，1999.
〔2〕　卢晓江.高压水射流清洗技术及应用.北京：化学工业出版社，2005.